提升专业服务产业发展能力

高职高专系列教材

城市水系规划与治理

主　编　王其恒

副主编　李宗尧

参　编　尹程　张时珍

　　　　张峰

主　审　丁瑞勇

合肥工业大学出版社

内 容 提 要

本书共分 6 个单元,即城市水系规划任务与要求、城市水系保护规划、城市水系综合利用规划、涉水工程协调规划、城市水系治理与生态修复、城市水系管理。内容包括城市水系的概念、城市水系的规划任务和原则、城市水域和水生态保护、城市水质和形态保护、城市水系的布局、岸线分配和利用、滨水区规划、涉水工程规划、涉水工程协调规划、城市水系的治理、城市水生态的修复、城市水景观规划、城市水文化建设、城市水系管理体制、城市水系管理机构、城市水系管理范围等。

本书是高职高专城市水利专业或相关水利专业的理论教材,也可供城建、环保、农业、国土资源、规划设计等部门的工作人员参考使用。

图书在版编目(CIP)数据

城市水系规划与治理/王其恒主编 . —合肥:合肥工业大学出版社,2013.8
ISBN 978 - 7 - 5650 - 1419 - 2

Ⅰ.①城… Ⅱ.①王… Ⅲ.①城市供水系统—供水规划—高等职业教育—教材②城市供水系统—治理—高等职业教育—教材 Ⅳ.①TU991

中国版本图书馆 CIP 数据核字(2013)第 138924 号

城市水系规划与治理

主编 王其恒		责任编辑 陆向军 魏亮瑜	
出 版	合肥工业大学出版社	版 次	2013 年 8 月第 1 版
地 址	合肥市屯溪路 193 号	印 次	2013 年 8 月第 1 次印刷
邮 编	230009	开 本	787 毫米×1092 毫米 1/16
电 话	总 编 室:0551 - 62903038	印 张	13.5
	市场营销部:0551 - 62903198	字 数	325 千字
网 址	www.hfutpress.com.cn	印 刷	安徽江淮印务有限责任公司
E-mail	hfutpress@163.com	发 行	全国新华书店

ISBN 978 - 7 - 5650 - 1419 - 2　　　　　　　　　　定价:26.80 元

如果有影响阅读的印装质量问题,请与出版社市场营销部联系调换。

前　言

　　水是生命之源,也是文明之本。人类活动的各个环节都与水息息相关。当前,以水资源的可持续利用促进经济社会的可持续发展已成为全社会的共识。"坚持以人为本,树立全面、协调、可持续的发展观,促进经济社会和人的全面发展"已成为新时期治水的指导原则。如何适应经济社会发展和水资源供求状况的变化,加强水资源科学管理,提高用水效率,保护水生态环境,通过水系的综合规划和治理提供"人与自然和谐相处"的基础平台,已成为水利建设和管理的长期目标。进入21世纪以来,人们对水系作用的关注正日益增强,水系是人类社会与自然界共生、共存、共享、共融的产物,担负着供水、纳污、防洪、排涝以及生态环境保护和水景观建设等重任,它是支撑经济社会可持续发展的重要基础,是生态环境良性循环的重要保障和人类文明的重要标志。在全面建设资源节约型和环境友好型社会的总体要求下,人们更加重视维护水系的健康生命,对水系规划、治理、保护、修复和开发建设的认识更加理性。城市水系状况最具代表性地反映出每个城市的文明程度和人居环境状态。重视和加强城市水系规划与保护、治理和建设,已成为一件事关城市发展全局的大事,对当前加速城市化文明建设的进程具有重要意义。

　　《城市水系规划与治理》一书,是基于经济社会可持续发展和水资源可持续利用的观点,利用新思路、新观点、新资料、新理论、新方法,统筹协调生活、生产和生态环境用水需求,在充分考虑经济社会与生态环境用水需求的基础上,优化配置地表水与地下水、当地水与外调水、传统水源与非传统水源,统筹考虑防洪排涝、水环境保护、水生态修复、水系的综合利用、水景观建设和涉水工程规划的合理性,以及城市水系管理和政策法规建设等问题,给出城市水系规划治理方案和各项工程措施目标,并通过城市水系规划与治理案例,来阐述城市水系可持续发展理论。城市水系规划是城市规划的重要组成部分,其规划治理的状况决定了城市的防洪排涝、饮用水安全、水运交通、生态环境、滨水景观、水体质量、空气质量等各项指标的高低。

　　本书不仅建立了一套面向防洪安全、供水安全和生态环境安全的全面反映生活、生产和生态环境用水需求的水系综合规划理论技术体系,而且提出了有关城市可持续发展的水系规划和治理系列举措,为加强城市水资源的合理开发、科学配置、全面节约、高效利用、有效保护、综合治理,以及加强水务一体化管理等提供了重要依据,并为我国的城市水系规划和治理提供借鉴。

　　本书是根据《教育部财政部关于支持高等职业学校提升专业服务产业发展能力的通知》（教职成〔2011〕11号）、安徽省财政支持省属高等职业院校发展项目和《城市水利专业人才培养方案》、《城市水利专业课程教学大纲》等文件精神以及城市水利专业核心能力的培养要求编写的。本书由安徽水利水电职业技术学院王其恒主编，李宗尧任副主编。其中，单元1城市水系规划任务与要求由李宗尧编写，单元2城市水系保护规划由尹程编写，单元3城市水系综合利用规划和单元5城市水系治理与生态修复由张时珍编写，单元4涉水工程协调规划由张峰和王其恒编写，单元6城市水系管理由王其恒编写。

　　本书由安徽省水利水电勘测设计院丁瑞勇高级工程师担任主审，并提出了宝贵的意见和建议；在编写过程中也得到了各有关单位领导及老师们的大力支持，在此一并致以衷心的感谢。

　　本书在编写过程中参考并引用了大量国内外相关文献资料，在此表达谢意。

　　因受时间和作者水平所限，书中难免有错误和不足之处，恳请读者批评指正！

编　者
2013 年 8 月

目　录

单元 1　城市水系规划任务与要求 ………………………………………… (1)

一、城市水系规划任务 ……………………………………………………… (1)

二、城市水系规划对象及内容 ……………………………………………… (12)

三、城市水系规划要求 ……………………………………………………… (13)

单元 2　城市水系保护规划 ……………………………………………… (17)

一、一般要求 ………………………………………………………………… (17)

二、三线界定 ………………………………………………………………… (21)

三、水域保护 ………………………………………………………………… (25)

四、水生态保护 ……………………………………………………………… (30)

五、水质保护 ………………………………………………………………… (33)

六、滨水空间控制 …………………………………………………………… (36)

单元 3　城市水系综合利用规划 ………………………………………… (40)

一、城市水系布局——水体利用 …………………………………………… (40)

二、岸线分配和利用 ………………………………………………………… (43)

三、滨水区规划布局 ………………………………………………………… (46)

四、水系改造 ………………………………………………………………… (49)

单元 4　涉水工程协调规划 ……………………………………………… (59)

一、水源工程规划 …………………………………………………………… (59)

二、防洪排涝工程规划 ……………………………………………………… (69)

三、水运及路桥工程规划 …………………………………………………… (82)

四、涉水工程协调规划 ……………………………………………………… (110)

单元 5　城市水系治理与水生态修复 …………………………………… (114)

一、城市水系治理 …………………………………………………………… (114)

二、城市水环境规划与水生态修复 ………………………………………… (121)

三、城市水景观和水文化 …………………………………………………… (139)

单元 6　城市水系管理 ……………………………………………………………（158）

一、城市水系管理的基本原则和要求 ………………………………………（158）

二、城市水系管理的主要方法和措施 ………………………………………（159）

三、城市水系管理体制 ………………………………………………………（163）

四、城市水系管理范围 ………………………………………………………（167）

附　录 ………………………………………………………………………………（183）

附录一　城市水系规划编制提纲及成果要求 ………………………………（183）

附录二　××市城市水系规划 ………………………………………………（186）

附录三　××市城市水系规划 ………………………………………………（196）

参考文献 ……………………………………………………………………………（207）

单元1 城市水系规划任务与要求

学习指导

目标:1. 掌握城市水系规划任务、规划原则及要求,城市水系规划内容及资料收集与评
价方法;

2. 掌握城市水系概念及河流、湖泊、水库、湿地等水体的作用;

3. 了解城市河道的功能及整治的主要措施;

4. 了解河流阶地、河流生命与健康的概念;

5. 了解城市水系规划提纲编制方法。

重点:1. 城市水系概念,城市水系规划任务及原则;

2. 城市水系规划内容及资料收集、评价方法。

一、城市水系规划任务

城市水系(Urban water system),是指城市规划区内各种水体构成脉络相通的系统的总称。城市水系可分为河流、湖泊、水库、湿地及其他水域。河流包括江、河、沟、渠等。湿地主要指有明确区域命名的自然和人工的狭义湿地。城市其他水域主要是指除河流、湖泊、水库、湿地之外的城市洼陷地域,如城市内的水坑及其与外部水系相通的居住小区和大型绿地中的人工水域。城市水系在城市中发挥着极其重要的作用,可作为城市水源、行洪蓄洪、排水调蓄、珍稀水生生物栖息地、生态调节和保育、景观游憩、航运和水产养殖等。城市水系规划,是指以城市水系为主要规划对象,利用和保护城市水系资源,并对水系多种功能之间、水系与城市建设之间关系进行协调和具体安排。

(一)城市水系

1. 水系

地表水与地下水可通过地面与地下途径,由高处流向低处,汇入小沟、小溪,最后汇成大小河流。河流分为干流与支流。由大大小小的河流和湖泊、水库等构成脉络相通的泄水系统,称为河系,又叫水系或河网。直接流入海洋的河流称干流,汇入干流的河流称为一级支流,汇入一级支流的河流称为二级支流,以此类推。水系又称河网、河系。根据干支流的分布形态,水系的几何形态可分为:

(1)树枝状水系——干支流呈树枝状,是水系发育中最普遍的一种类型。如西江上游接纳柳江、郁江、桂江等支流。

(2)扇形水系——河流的干支流分布形如扇骨状,如海河水系。

(3)羽形水系——干流两侧支流分布较均匀,近似羽毛状排列的水系,如红水河。羽形水系汇流时间长,暴雨过后洪水过程缓慢。如西南纵谷地区,干流粗壮,支流短小且对称分布于两侧。

(4)平行状水系——支流近似平行排列汇入干流的水系,如淮河水系。

(5)格子状水系——由干支流沿着两组垂直相交的构造线发育而成的,如闽江水系。

（6）混合水系——一般大的江河多为以上二至三种水系组成，称为混合水系，如长江、黄河等。

常见的水系形状如图1-1所示。水系的形状不同，会产生不同的水情。如扇形水系，汇流时间短，峰现时间早，同样量级的降雨量所产生的洪峰流量大；羽形水系流程长，则洪峰流量小。当暴雨中心由上游向下游移动时，平行状水系极易发生洪水。

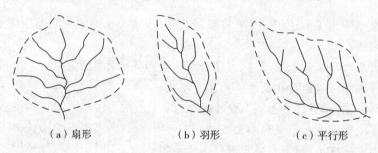

（a）扇形　　　　　（b）羽形　　　　　（c）平行形

图1-1　常见水系示意图

2. 河流

地表水在重力作用下，经常或间歇地沿着地面上的线形低凹地流动，这种线形低凹流动的水流称为河流（《中华实用水利大词典》）。注入海洋的河流称为外流河，如长江、黄河、淮河、海河等。流入内陆湖泊或消失于沙漠之中的河流称为内陆河，如青海的布喀河、新疆的塔里木河、甘肃的石羊河等。

河流是接纳地面径流和地下径流的泄水通道，是水文循环的路径之一，和人类的关系最密切。例如，黄河、长江孕育了伟大的中华民族；发源于土耳其亚美尼亚高原的幼发拉底河是两河文明（底格拉斯河）的发源地，也是人类最早的发源地之一；埃及的尼罗河同样是古代文化的发祥地之一。河流是重要的自然资源，在灌溉、航运、发电、城市及工矿企业给水以及养鱼等方面发挥着巨大的作用。但是，河流也会给人们造成洪涝等灾害。

（1）河流的形成与分段

降落在地面的雨水，除下渗、蒸发损失外，形成的地表水在重力作用下，沿着陆地表面上的有一定坡度的凹地流动，这种水流称地面径流。地面径流长期侵蚀地面，冲成沟壑，形成溪流，最后汇成河流。河流流经的谷地称为河谷，河谷底部有水流的部分称为河床或河槽（见图1-2）。面向下游，左边的河岸称左岸，右边的河岸称右岸。一条河流可分为河源、上游、中游、下游及河口五段。

河源：河源是河流的发源地，可以是泉水、溪涧、沼泽，常呈面状分布。

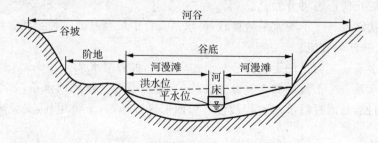

图1-2　河谷横断面示意图

上游：河流的上游连接河源，水流具有较高的位置势能，在重力作用下流动，受河谷地形的影响，水流湍急，落差大，冲刷强烈，奔流于深山峡谷之中，常常出现瀑布、急滩。

中游：随着河槽地势渐趋缓和，两岸逐渐开阔，河面增宽，水面比降减缓，两岸常有滩地，冲淤变化不明显，河床较稳定。

下游：下游与河口相连，一般处于平原区，河床宽阔，河床坡度和流速都较小，淤积明显，浅滩和河湾较多。

河口：河流的终点，即河流注入海洋或内陆湖泊的地方。这一段因流速骤减，泥沙大量淤积，往往形成三角洲。

如长江，发源于唐古拉山的沱沱河（也有学者把当曲作为长江正源），宜昌以上为上游，宜昌到湖口为中游，湖口到上海为下游。

（2）河流的基本特征

表征河流基本特征的要素有：河流长度、河流断面、比降、阶地、河网密度等。

自河源沿主河道至河口的距离称为河流长度，或简称河长，以 km 表示，可在适当比例尺的地形图上量出。

河流的断面分横断面和纵断面两种。横断面是指与水流方向相垂直的断面，两边以河岸为界，下面以河底为界，上界是水面。横断面也称过水断面，枯水期水流所占部分为基本河床，或称为主槽。洪水泛滥所及部分为洪水河床，或称滩地。只有主槽而无滩地的断面称单式断面，既有主槽又有滩地的断面称复式断面。纵断面是指沿着河流中泓线（河流中沿水流方向各断面最大水深点的连线）的剖面。用测量方法测出中泓线上若干河底地形变化点的高程，以河长为横坐标，可绘出河流纵断面图（见图1-3）。它表示河流纵坡与落差的沿程分布，是推算河流水能蕴藏量的主要依据。

单位河长的落差（任意河段两端的河底高程差称为落差）称为河道纵比降，简称比降。比降常用小数表示，也可用千分数表示。常用的比降有水面比降和河底比降。

流域平均单位面积内的河流总长度称为河网密度，它表示一个地区河网的疏密程度，能综合反映一个地区的自然地理条件、水量调蓄能力等。我国河流众多，但地区分布不均衡。流域面积超过 100 km² 的河流有 5 万条，超过 1 000 km² 的河流有 1 500 余条，超过 1 万 km²的有 79 条。我国天然河道总长约 43 万 km，其中以太平洋水系的河流流域面积最大，约占全国总面积的 56.71%；河网密度自东南向西北递减。

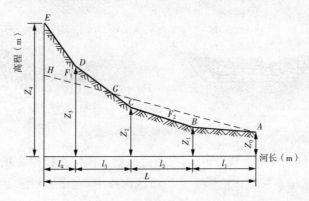

图1-3　河道纵断面示意图

河流阶地是超出洪水位、有台面和陡坎的呈阶梯状分布于河谷两侧谷坡上的地貌形态（见图1-4）。阶地的平台面叫阶地面,陡坎叫阶地斜坡,阶地前边部分叫阶地前缘,后边部分叫阶地后缘,阶地面与河流平水位之间的垂直距离称为阶地高度。一般河谷中常出现多级阶地,从高于河漫滩或河床算起,向上依次称为一级阶地、二级阶地……一级阶地形成的时代最晚,一般保存较好;越老的阶地形态相对保存越差。

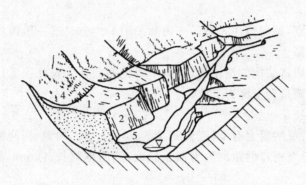

图1-4　阶地形态要素示意图
1—阶地面;2—阶地斜坡;3—阶地前缘;4—阶地后缘;5—坡脚

阶地的形成,主要是由于地壳运动周期性的变化,引起河流侧蚀和下蚀作用交替进行的结果。即在地壳相对稳定或下降时期,河流侧蚀和沉积作用比较显著,使河谷加宽,并形成平缓的滩地;当地壳上升时,侵蚀基准面相对下降,河流下蚀作用加强,使河床下切,把河漫滩相对抬高到洪水期也不再被水淹没的位置,便形成阶地。阶地由阶地面和阶地陡坎两个形态要素组成。阶地面实际上是古代河流的谷地,阶地面的宽度反映了当时地壳运动稳定时间的长短;阶地陡坎的存在是由地壳上升运动所引起的。阶地高度反映了地壳运动的变化幅度。

根据成因,阶地可分为侵蚀阶地、基座阶地和堆积阶地等三种类型(见图1-5)。

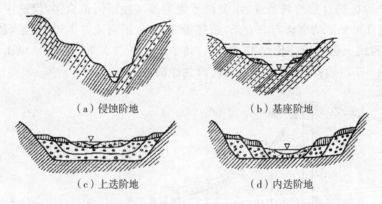

（a）侵蚀阶地　　　　　　　　　（b）基座阶地

（c）上迭阶地　　　　　　　　　（d）内迭阶地

图1-5　河流阶地类型示意图

① 侵蚀阶地。侵蚀阶地由基岩组成,有时阶地面上残留有极少冲积物,基岩裸露,故又称基岩阶地。侵蚀阶地多发育在地壳上升的山区河谷中,它作为桥梁等建筑物的地基是有利的。

② 基座阶地。基座阶地分布于新构造运动上升显著的地区,由两部分组成:在阶地陡

坎的剖面上可以看到,其上部为冲积物,下部为基岩,且冲积物覆盖在基岩底座上。这是由于后期河流下蚀深度超过原有河床中冲积物厚度,从而冲积物切入基岩内部而形成的。

③ 堆积阶地。堆积阶地全部由河流冲积物所组成。它的形成过程是:河流侧向侵蚀,拓宽谷底,同时大量冲积物堆积成河漫滩,然后河流强烈下蚀形成阶地。它常见于河流中下游。根据下蚀深度不同,堆积阶地又可分为上迭阶地和内迭阶地,内迭阶地套置在先成的阶地之内。大河流的中下游河谷非常开阔,沉积作用十分强烈。当阶地面积广大时,即形成一片平缓的广阔平原,称为冲积平原。

(3)河流的功能

河流从总体上分为自然功能,以及社会、经济、文化功能。

① 自然功能。是指在没有人类干预情况下,伴随着沿河流水系不断进行的水循环,水流利用其自身动力和相对稳定的路径,实现从支流到干流再到海洋的物质输送(主要是水沙搬运)和能量传递的最基本的功能。在河流水沙输送和能量传递过程中,河床形态在水沙作用下不断发生调整、入河污染物的浓度和毒性借助水体的自净作用逐渐降低、源源不断的水流和丰富多样的河床则为河流生态系统中的各种生物创造了繁衍的生境。以上功能与人类存在与否没有关系,故系河流的自然功能。河流水系中的适量河川径流是河流自然功能维持的关键,通过水循环,陆地上的水不断得以补充、水资源得以再生。正是有了水体在河川、海洋和大气间的持续循环或流动,才有了地表水、地下水、土壤水和降水之间的持续转换和密切联系,进一步有了河床和河流水系的发育,以及河流生态系统的发育和繁衍。

② 社会、经济、文化功能。随着人类活动的增加、利用和改造自然能力的提高,人们充分发挥河流的自然功能,给河流赋予了泄洪、供水、发电、航运、景观和文化传承等功能,这些功能可称为河流的社会经济文化功能。

社会功能,一般是指河流为社会安定、经济发展、文化繁荣、精神文明、改善气候、美化环境等提供的服务功能。

经济功能,一般是指直接为经济服务的功能,如泄洪排涝、引水灌溉和城乡供水、水力发电、水上运输、水上旅游等。自有人类以来,总是依水而居,以便于引水、用水和排水。在中国 7 大江河的中下游地区,人口密集,城市集中,经济发达,集中了全国1/2的人口、1/3的耕地和70%的工农业产值。

文化功能,即河流不仅产生生命,也孕育和产生人类文化。人类社会文明起源于河流文化,人类社会发展积淀河流文化,河流文化生命推动社会发展。许多民族和国家都把河流比做自己的母亲,如中国的黄河、印度的恒河和俄罗斯的伏尔加河。四大文明古国都发源于大河流域,黄河流域是中国古代文明的发祥地,尼罗河孕育了古埃及文化,印度文化起源于恒河和印度河流域,古代巴比伦也是在幼发拉底河和底格里斯河形成的两河流域发展繁衍的。河流以其丰富的资源孕育了人类早期的伟大文明,并在河流两岸崛起大批的繁华城市群。凡是河网水系发达的地区,都是城市文明最发育的地区。

河流的社会、经济、文化功能是河流对人类社会经济系统支撑能力的体现,是人类维护河流健康的初衷和意义所在。河流的自然功能是河流生命活力的重要标志,并最终影响人类经济社会的可持续发展。人类赋予河流以社会功能,但由于人类活动加大和人类价值取向不当又使其自然功能逐渐弱化,最终制约其社会功能的正常发挥,影响人类经济社会的可持续发展。

(4)河流的生命与健康

一般来说,一条河流的形成,大都经历过地壳运动、沟谷侵蚀、水系发育、河床变迁等时期。尽管每条河流的地质条件和地理形态各不相同,但都拥有以下共同的生命特征:①河流具有完整的生命形态。它们是由源头、干支流、湿地、连通湖泊、河口尾闾等组成的水循环系统,经过漫长的水流作用,形成了稳定的地貌形态和贯通的水文通道,从而使水体在大气、陆地和海洋之间不断循环。②河流是一种开放的动态系统。其流域各水系之间,以流动为主要运动特征,不仅创造出壮丽的自然景观,而且不断地进行大量而丰富的物质生产和能量交换,连接起各有关生命系统。③河流是一个有机的生态整体。河流与其间的生物多样性共存共生,构成了一种互相耦合的生态环境与生命系统。④在构成河流生命的基本要素中,流量与流速代表了河流生命力的强度,洪水与洪峰标志着河流生命力的能量,水质标志着河流生命的内在品质,湿地则体现了河流生命的多样性。正是由于这些特征,无数的河川溪流才显示了旺盛的生命力。它们昼夜不停地腾挪搬运,以一种巨大的力量维持着生态环境和能量交换的总体平衡。河流的生命问题,不仅关系到陆地水生生物的繁衍、生息和生态稳定,也直接影响人类在长期历史传统中形成的对河流与人及其社会休戚相关的精神信仰、心灵形象和品位象征意义。

河流健康的概念在上个世纪末提出,目前没有统一的概念。国际自然与自然资源保护联盟提出:可持续的健康河流是维持环境流量,保证足够的鱼类、水生生物和有益植物生长所需流量的河流。一般认为,河流健康是指河流在一定相应时期其社会功能与自然功能能够和谐并均衡地发挥,其标志是具有良好的水质、安全通畅的水沙通道、满足人类和其他生物需要的水资源供给能力及良性循环的河流生态系统;主要表现在河流的自然功能能够维持在可接受的良好水平,并能够为相关区域经济社会提供可持续的支持。尽管河流健康的概念提出才十几年,但有关监测与研究已有较长的历史,评价体系和标准在逐步建立和完善。一个世纪前,人们注意到水生态系统的任何变化都会影响水生生物的生理功能、种类丰度、种群密度、群落结构与功能等,开始尝试使用生物监测手段来评价河流生态系统健康状况。赵彦伟等提出了城市河流生态健康评价指标体系,用水质、水量、河岸带、物理结构与生物体等5个要素来评价。这5个要素互相依存、互相影响、互相辅助,完成不同的河流生态过程,发挥不同的功能,有机组成完整的河流生态系统。①水量与水质。这是水资源的两大重要属性,水量综合反映流域气候特征、地表覆盖特征及河流地形地貌与受人工设施干扰的程度,是流态变更的重要表现载体;水质则是社会生产、生物与人群健康的根本保障。两者的有机组合是水生生物生存、水体各种物理过程与生物化学反应得以完成的基本要求,也是社会经济发展的重要物质保障。以水工建设导致的流速与水位变化、开发利用率两个指标来描述水量受人类社会经济活动的干扰状况;流体水质表征水环境质量状态,用水质平均污染指数(WQI)来表达;底泥污染状况则预示着潜在的水环境污染压力,采用底泥污染指数表示。②河岸带。它是处于水陆交界处的生态脆弱带,是异质性最强、最复杂的生态系统之一,在维持区域生物多样性、促进物质与能量交换、抵抗水流侵蚀与渗透、营养物过滤及吸收等方面发挥重要的作用,表现为廊道、缓冲与护岸等3方面生态功能。城市河岸带所受到的干扰主要包括人类的不合理土地利用侵占、水力干扰机制变迁、景观梯度破坏、基础设施建设导致的廊道间断等,其作用体现在水土流失控制、景观效应与防洪等3个方面,对城市河流景观功能、抗灾及生物保护等至关重要,用河岸管理带宽度、植被覆盖、景观建设面积、效果、可达性与防洪标准来衡量。③物理结构的变化。它是人类物理重建活动的直接后果,直接表现为水体同河岸河道交换能力的强弱,栖息与洄游环境的好坏,物理稳固及连通程度等4个方面。可以河岸固化状况、河道固化状况、河床、河岸稳定性、与周围水体(湖泊、湿地等)及自然生态斑块(绿地、公园等)的连通性、河流廊道连续性、栖息地结构完整性、鱼道设置与阻碍鱼类洄游的水工设施状况来表达。④水生生物状况。它是相对综合的河流健康状态的表达,可反映人类活动对河流胁迫及河流自然生态演替的累积效应,用鱼类生物完整性指数(IBI)表示,并引入珍稀生物存活状况指标,表明特殊生物的保护需求。

健康河流体现人水和谐,不仅关注河流的生态系统,也协调河流的服务功能,包括供水、通航、行洪、输沙纳污等。维持健康河流就是控制人类的活动不能过度,河流保持自净能力、保持最小生态基流、保持足够的行洪通道及输沙能力,也就是保持一条"活的"河流。维护河流健康的目的是通过河流自然功能的恢复,使其和社会功能得到均衡发挥,以维持河流社会功能的可持续利用,保障人类经济社会的可持续发展。

(5)河流的整治

河道整治是按照河道演变规律,因势利导,调整、稳定河道主流位置,改善水流、泥沙运动和河床冲淤部位,以适应防洪、航运、供水、排水、生态等国民经济建设要求的措施。河道整治包括控制和调整河势,裁弯取直,河道展宽,疏浚等。城市河道作为城市的重要基础设施,既是城市防洪排涝和引水、供水的通道,又是城市景观和市民休闲的场所。随着经济的发展和人们对生活环境质量要求的不断提高,对于河道的治理在满足行洪排涝基本功能的基础上,应重视其生态、景观、休闲、娱乐等功能。河道整治是一项综合性的系统工程,它具有长期性、复杂性和艰巨性。

3. 湖泊与水库

湖泊是指陆地表面洼地积水形成的比较宽广的水域。终年蓄水,又不直接与海洋相连,它是湖盆和湖水的总称。湖盆是指蓄纳湖水的地表洼地。

水库是指在河流或山沟的狭口处建造拦河坝形成的人工湖泊。水库建成后,可起防洪、蓄水灌溉、供水、发电、养鱼等作用。有时天然湖泊也称为水库(天然水库)。

(1)湖泊

我国湖泊众多,面积大于 1 km^2 的约 2 300 个,总面积达 71 000 多 km^2(20 世纪 80 年代数据)。全国湖泊总贮水量约 7 077 亿 m^3,其中淡水贮量 2 249 亿 m^3,占我国陆地淡水资源量的 8%。湖泊是重要的国土资源,具有调节河川径流、发展灌溉、提供工业和饮用的水源、繁衍水生生物、沟通航运、改善区域生态环境以及开发矿产等多种功能。在国民经济的发展中发挥着重要作用的同时,湖泊及其流域是人类赖以生存的重要场所。湖泊本身对全球变化响应敏感,在人与自然这一复杂的系统中,湖泊是地球表层系统各圈层相互作用的联结点,是陆地水圈的重要组成部分,与生物圈、大气圈、岩石圈等关系密切,具有调节区域气候、记录区域环境变化、维持区域生态系统平衡和繁衍生物多样性的特殊功能。

① 生命的源泉。水是生命的源泉,是人类赖以生存和从事各种经济和社会活动的命脉。湖水可用于灌溉农田、沟通航道、发电、工业用水、城镇用水、养殖等。

② 蕴藏巨大水能。分布在高原和山区的一些湖泊不仅蓄积了丰富的水量资源,而且还蕴藏了巨大能量的水力资源,如洱海、滇池、镜泊湖和日月潭等。其中部分已开发,筑水库、建电站,如中国第一个水力发电站于 1912 年在滇池出口河道螳螂川上游的石龙坝建成,到

2005 年,滇池流域已建成各型蓄水工程 143 座。

③ 保护生物多样性。湖泊生物资源丰富多彩,它们中有人们喜爱的副食品,如鱼、虾、蟹、贝、莲、藕、菱、芡;有工农业生产的原材料,如苇、蒲、席草、蚌、壳等;有的可以入药,如苇根、莲心、莲蕊和鳖甲等;还有很多的水生植物和螺、蚬、蚌等水生动物,可作为家畜和家禽及鱼类养殖的饵料;水生植物还可用做农肥。此外,湖泊生物还在维持生态系统平衡、净化水质以及保存生物多样性方面起着重要的作用。

④ 调节气候,提供旅游休闲地。湖泊水体的存在,可以调节湖区气候,改善湖区生态环境,提高环境质量。许多湖泊风光优美,景色宜人,是得天独厚的旅游胜地。如云南昆明滇池、东北长白山的天池、台湾的日月潭等均蕴藏着丰厚的风景资源。

长期以来,人们注重开发湖泊的经济功能,忽视湖泊的生态功能。为了增加粮食产量而大规模地围湖造田;为了满足供水、防洪发电与航运等需要,修建了许多闸坝工程,这样极大地改变了湖泊的自然状态。为此,人们付出了沉重的代价。因此湖泊的保护和利用,必须更注重湖泊经济功能与生态功能的协调。

湖泊水资源开发利用所带来的环境问题,一方面为直接对湖泊水资源开发所产生的问题。如过度开发利用湖泊水量、过度捕捞、污染物大量排入湖内、大面积围湖造田等不适当的人类活动,可能导致湖泊水位下降、湖面萎缩、水质恶化,生态失衡。另一方面,由于人口过度增加,各种开发活动对湖泊流域与水域可能造成影响或破坏,如不合理的农业灌溉技术导致水的大量蒸发,入湖水量减少;化肥和农药以及流域内含磷洗涤剂的大量使用导致湖泊的富营养化;流域内坡地的过度垦殖又会造成湖泊的淤积和萎缩。这主要由我们人类活动所造成的,它与湖泊的自然演化过程不同,后者极其缓慢,而前者则是在数十年甚至数年内即可显示出其变化。由于湖泊生态系统既受其外部环境的制约,又要受到内部生态系统诸多要素的影响,其中只要有某个要素发生了较大变化就会牵一发而动全身,从而造成整个湖泊生态系统的破坏,乃至湖泊的消亡。因此,合理开发利用湖泊资源和保护湖泊是可持续发展的必然要求,也是当代人义不容辞的责任。

(2)水库

水库是指在河道、山谷等处修建水坝等挡水建筑物形成蓄积水的人工湖泊。水库的作用是拦蓄洪水,调节河川径流和集中落差。一般来说,坝筑得越高,水库的容积(简称库容)就越大。但在不同的河流上,即使坝高相同,其库容相差也很大,这主要是由于库区内的地形不同造成的。如库区内地形开阔,则库容较大;如为一峡谷,则库容较小。此外,河流的坡降对库容大小也有影响,坡降小的库容较大,坡降大的库容较小。通常按库容大小划分,水库可分为小型、中型、大型等。库容小于 100 万 m^3 的为小型水库,库容在 1 000 万 m^3 ~1 亿 m^3 为中型水库,库容在以上 1 亿 m^3 以上的为大型水库。库容小于 10 万 m^3 的则称为塘坝。

在被保护城镇的河道上游适当地点修建水库,可调蓄洪水,削减洪峰,保护城镇的安全。同时还可利用水库拦蓄的水量满足灌溉、发电、供水等发展经济的需要,达到兴利除害的目的。

4. 沼泽与湿地

沼泽是指地表过湿或有薄层常年或季节性积水,土壤水分几乎饱和,生长有喜湿性和喜水性沼生植物的地段。由于水多,致使沼泽地土壤缺氧,在厌氧条件下,有机物分解缓慢,只呈半分解状态,故多有泥炭的形成和积累。又由于泥炭吸水性强,致使土壤更加缺氧,物质分解过程更缓慢,氧分也更少。因此,许多沼泽植物的地下部分都不发达,其根系常露出地表,以适应缺氧环境。全世界沼泽(按泥炭层 30 cm 计)面积约 5 亿 hm^2,占陆地总面积的 3.35%。

沼泽是水的贮藏体,具有蓄水保水作用,对涵养水源、调节河川径流和河流补给起一定作用。它可以减少一次降雨对河流的补给量,削弱河流洪峰值和延缓洪峰出现时间,还会使当年水不至于完全流出,延长汇水时间。沼泽是天然的大水库,它通过水面蒸发和植物的蒸腾作用,增加大气湿度,调节气候,有利于森林和农作物生长,促进农、林、牧业的发展,同时对人体健康也有良好作用。因此,开发沼泽必须十分小心,防止因开发而破坏地区的生态平衡;对沼泽中的植物资源,应有计划地合理利用,并加以培育和保护。

湿地泛指暂时或长期覆盖水深不超过 2 m 的低地、土壤充水较多的草甸以及低潮时水深不过 6 m 的沿海地区,包括各种咸水淡水沼泽地、湿草甸、湖泊、河流以及泛洪平原、河口三角洲、泥炭地、湖海滩涂、河边洼地或漫滩、湿草原等。按《国际湿地公约》定义,湿地系指不问其为天然或人工、长久或暂时之沼泽地、湿原、泥炭地或水域地带,带有静止或流动、或为淡水、半咸水或咸水水体者,包括低潮时水深不超过 6 m 的水域,潮湿或浅积水地带发育成水生生物群和水成土壤的地理综合体。湿地是地球上具有多种独特功能的生态系统,它不仅为人类提供大量食物、原料和水资源,而且在维持生态平衡、保持生物多样性和珍稀物种资源以及涵养水源、蓄洪防旱、降解污染、调节气候、补充地下水、控制土壤侵蚀等方面均起到重要作用。湿地具有强大的的生态净化作用,因而又有"地球之肾"的美名。

流域内湖泊、沼泽与湿地,对河川径流能起到调蓄作用,它可以延续洪水、增加枯水期径流量和水面蒸发量,对促进水文循环、改善气候条件起着积极作用。通常以湖泊、沼泽面积占流域面积的百分数(即湖泊、沼泽度)来比较对径流的影响程度。

(二)城市水系规划任务及原则

1. 城市水系规划任务

城市水系规划包括综合利用规划、保护规划和涉水工程协调规划等三方面内容。水系保护规划主要任务是建立城市水系保护的目标体系,提出水域、水质、水生态和滨水景观环境保护的规划措施和要求,建立空间形态保护体系,明确水体水质保护目标,并根据城市发展与水质目标的关系建立以排污总量为依据的污染控制体系等。水系综合利用规划的主要任务是在城市整体空间构架的基础上,确定水体功能,完善城市水系布局,科学确定水体功能,合理分配水系岸线,提出滨水区规划布局要求,引导滨水控制建设区的布局和构建水系网络系统。城市水系涉水工程协调规划的任务是落实水系利用和保护规划中涉及的基础性工程内容,协调好各项涉水工程设施之间以及与城市水系的关系,优化各类设施布局,包括城市水源工程、防洪排涝工程、水运及航道工程、水环境保护工程等内容,必要时还应包括水系改造和调整工程等。

2. 城市水系规划原则

编制城市水系规划时,应坚持下列原则:

(1)安全性原则

充分发挥水系在城市给水、排水和防洪排涝中的作用,确保城市饮用水安全和防洪排涝安全。安全性原则主要强调水系在保障城市公共安全方面的作用,包括饮用水安全和防洪排涝安全。

（2）生态性原则

维护水系生态环境资源，保护生物多样性，改善城市生态环境。该原则主要强调水系在改善城市生态环境方面的作用，包括水系在城市生态系统中的重要作用、避免对水生态系统的破坏、对城市水系进行必要的改造时采用生态措施。要尊重水系的自然属性，按照水域的自然形态进行保护或整治。坚持以人为本，人水和谐，满足居民休闲娱乐的需要。这一原则突出体现了人水和谐的理念。

（3）公共性原则

水系是城市公共资源，城市水系规划应确保水系空间的公共属性，提高水系空间的可达性和共享性。公共性原则主要强调城市水系资源的公共属性。一方面表现为权属的公共性，这一直是世界各滨水城市高度关注的问题，为确保水系及滨水空间为广大市民所共享，不少国家的城市对此制定了严格的法规；另一方面还表现在功能的公共性，在滨水地区布局公共性的设施有利于促进水系空间向公众开放，并有利于形成核心积聚力来带动城市的发展。如杭州西湖等滨水地区的建设带动了城市旅游业的发展等。

（4）系统性原则

城市水系规划应将水体、岸线和滨水区作为一个整体进行空间、功能的协调，合理布局各类工程设施，形成完善的水系空间系统。城市水系空间系统应与城市园林绿化系统、开放空间系统等有机融合，促进城市空间结构的优化。系统性原则主要强调水系与城市在功能和空间上的统一关系。水体、岸线和滨水陆域空间是水系综合功能实现的基本构成要素，水系规划应将水体—岸线（水陆交接带）—滨水空间（陆域）作为一个整体进行保护和利用，实现水系规划各项目标。第一层次是水体，是水系生态保护和生态修复的重点。第二层次是水体岸线，是水域与陆域的交接界面，是体现水系资源特征的特殊载体。第三层次是濒临水体的陆域地区，是进行城市各类功能布局、开发建设以及生态保护的重点地区。水系规划必须统筹兼顾这三个圈层的生态保育、功能布局和建设控制，岸线和滨水地区功能的布局必须形成良性互动的格局，避免相互矛盾，确保水系与城市空间结构关系的完整性。水系空间系统和园林绿地系统、开放空间系统具有密切的功能和空间联系，从而成为城市总体空间格局的重要组成部分。同时，系统性原则还应体现：城市水系与流域和区域水系协调；城市水系规划应符合流域水利规划的格局，与城市总体规划发展布局、目标和建设要求协调；统筹兼顾水安全、水资源、水环境、水景观、水文化等的需求，与城市防洪排涝、给水排水、水环境保护、航运水道、道路交通、旅游景观以及其他专业规划相协调。

（5）特色化原则

城市水系规划应体现地方特色，强化水系在塑造城市景观和传承历史文化方面的作用，形成有地方特色的滨水空间景观，展现独特的城市魅力。特色化原则主要强调城市水系的地域特性。水系作为体现城市特征的自然要素，在城市的发展过程中对城市空间布局和文化延续有着重要影响。如各个城市的滨水景观建设、防洪墙建设等均具有地方特色。

（三）城市水系规划资料收集与评价

1. 资料收集

基础资料的调查与收集应根据城市水系的特征和规划的实际需要，提出调查提纲并有侧重地进行。基础资料的调查与收集应分类进行，取得准确的现状和历史资料，并宜包括下列内容：

（1）测绘资料

水系规划使用的地形图，其精度不应低于城市总体规划使用的地形图精度，必要时还可利用航拍、卫星等遥感影像资料。

（2）城市基础资料

包括自然地理、社会经济、历史文化和城市建设等方面资料。①自然条件资料。主要包括规划区内的水系、气象、水文、地形、地貌、地质、土壤、植被、生物（水生植物和水生动物）、自然保护区等资料。②社会经济发展资料。主要包括规划区域内的人口、工业、农业、水利、林业、渔业、市政、交通、旅游等现状与发展规划资料，城市的历史沿革等资料。经济发展资料应主要包括国民生产总值、财政收入、产业结构及产值构成等资料。人口资料主要包括城市现状常住人口、流动人口和暂住人口数量，人口的年龄构成、劳动构成、城市人口的自然增长和机械增长（人口迁入等引起的）情况等资料。③土地利用资料。主要包括城市土地利用现状和规划的具体布局，城市用地的综合评价资料。④水资源开发利用资料。主要包括水资源特征、水资源量、水资源开发利用和供需状况、水资源配置等资料；生活、工业、农业等取水设施技术指标；城市饮用水水源位置、水量、水质及水源区陆域植被、水土保持、环境布局、生态状况等；城市工业用水和农业用水水源位置、水量和水质资料；再生水可利用量、再生水厂分布等资料。⑤防洪排涝资料。主要包括历次发生洪水的水位、洪量、持续时间、洪水频率、受灾情况等资料；城市防洪标准、排涝设计标准、现有防洪与排涝设施、堤防情况、抗洪与排涝能力等资料；城市给水排水管网布置、雨污泵站、道路、居住规划、景观规划、经济开发区分布和格局等。⑥水污染防治资料。主要包括城市污水排放、污水处理等资料。污水排放资料应包括城市入河湖排污口位置、排放量、污染物类型、污染物浓度，以及水污染事故发生和危害分析等资料。污水处理资料应包括城市污水处理规模和处理率、污水管网覆盖率、生活污水和工矿企业废水处理设施、排放标准和处理情况等资料。水污染防治资料应包括水污染防治现状与发展规划、污染源管理、达标情况等资料。

（3）水体（及水资源）资料

包括城市水系的水体形态、面积、权属、水文特征、水质、底泥、重要水生动植物、地下水等内容，以及水体的利用现状。主水资源及客水资源相关资料主要包括流域水系现状、城市水系概况、河流、湖泊、水库、湿地及其他水域的基本情况及水系管理等资料。城市所处流域水系的现状调查及其与城市水系关系分析，涉及不同流域水系的应分别加以分析。城市水系概况应主要包括城市水系现状布局、集水区域与排水关系、供水关系与服务范围、城市水系生态状况等资料。河流现状基本情况应主要包括河道起讫位置、长度、上下口宽度、河底高程、堤岸高程、设计及现状水位与流量、水位控制地点及控制幅度、等级、水面面积、规模、功能、水生生物、供水服务范围、集水区域、航道等级、水利工程、水质、排污口、河段在水系中的地位及其与上下游（级）河道的相互适应关系、河道硬质化情况等资料。湖泊和水库现状基本情况应主要包括湖泊和水库位置、岸线长度、水面面积、水深、水位变幅、等级、功能、水生生物、供水服务范围、集水区域、航道等级、水利工程、水质、排污口、湖库在水系中的地位及其与上下游（级）河道的相互适应关系等资料。湿地现状基本情况应主要包括湿地位置、岸线长度、面积、水位变幅、物种统计等资料。其他水域情况等。城市水系现状管理体制、机制、办法、机构、人员设置及运行管理费用来源等资料。

（4）岸线资料

包括岸线形态、河势与岸线演变、使用现状，岸线水文特征和水深条件，陆生植物种类和分布、特殊岸线概况，排水设施和防洪设施布局规模。

（5）滨水区资料

包括滨水区的土地使用与批租情况、建设状况、人口总量与分布、滨水建筑景观状况。

（6）相关规划资料

注意收集城市及其所在流域的经济社会发展总体规划、流域和区域的水资源综合规划及专项规划、有关部门的发展规划和有关科研成果，了解经济社会发展对水系、土地利用的需求、布局。包括城市总体规划、江河流域防洪规划、流域环境保护规划和水利工程规划等相关规划和流域管理规定等。

（7）其他资料

包括水系的历史演变过程和流域状况，排入水体的污水量和污水成分，桥梁等水上构筑物的基本概况等。编制城市水系规划应注意收集城市及其所在流域主要水系的历史情况、功能演变过程、大事件、历史水面面积、历代治水与主要水利工程建设与运行情况等，了解城市水系自然演变规律和城市建设对水系的影响，为城市水系规划提供历史借鉴和指导。

2．城市水系的现状分析和评价

城市水系的现状分析和评价是确定城市水系功能、制订保护措施、统筹水系综合利用和协调涉水工程设施的规划依据。编制城市水系规划应充分收集与水系相关的资料，基础资料应符合《城市水系规划规范》（GB50313—2009）附录 A 的规定，并进行下列评价：

（1）城市水系功能定位评价

从宏观上分析水系在流域、在城市空间体系以及在城市生态体系中的定位。

（2）水体现状评价

包括水文条件、水质等级与达标率、水系连通状况、水生态系统多样性与稳定性、保护或改善水质的制约因素与有利条件、水系利用状况及存在问题等。

（3）岸线利用现状评价

包括各类岸线分布、基本特征和利用状况分析、岸线的价值评价等。

（4）滨水区现状评价

包括滨水区用地现状、空间景观特征及价值评价等。

（5）其他方面的评价

根据水系的具体情况，可进行交通、历史、文化等其他方面的评价。

二、城市水系规划对象及内容

（一）城市水系规划对象

城市水系规划的对象宜按下列规定分类：

1．水体

按形态特征分为江河、湖泊和沟渠三大类。湖泊包括湖、水库、湿地、塘堰，沟渠包括溪、沟、渠。水体的形态十分丰富，但分类过多不利于制定基本的保护利用对策和措施，因此根据其基本形态特征分为江河、湖泊和沟渠三大类，江河以"带"为基本形态特征，一般水面宽度在 12 m 以上，具备较大的流域（汇流）范围；沟渠以"线"为基本形态特征；湖泊以"面"为基本形态特征。滨海城市可以增加海湾类别。

水体按功能类别又分为水源地、生态水域、行洪通道、航运通道、雨洪调蓄水体、渔业养殖水体、景观游憩水体等。

2. 岸线

岸线，是指水体与陆地交接地带的总称。有季节性涨落变化或者潮汐现象的水体，其岸线一般是指最高水位线与常水位线之间的范围。

岸线按功能分为生态性岸线、生产性岸线和生活性岸线。生态性岸线是指为保护城市生态环境而保留的自然岸线；生产性岸线是指工程设施和工业生产使用的岸线；生活性岸线是指提供城市游憩、居住、商业、文化等日常活动的岸线。

生态性岸线是有明显生态特征的自然岸线，需要加强原生态保护；生产性岸线主要为满足城市正常的交通、船舶制造、取水、排水等工程和生产需要，包括港口、码头、趸船、船舶停靠、桥梁、高架路、泵站、排水闸等设施；生活性岸线主要满足城市景观、市民休闲、娱乐和展现城市特色的需要，生活性岸线应尽可能对公众开放。

3. 滨水区

指在空间上与水体有紧密联系的城市建设用地的总称。滨水区规划布局应有利于城市生态环境的改善，有利于水环境保护，有利于水体岸线共享，有利于滨水空间景观的塑造等。

(二)城市水系规划内容

城市水系规划包括保护规划、利用规划和涉水工程设施协调规划等。具体内容应包括：明确规划期的目标、构建城市水系系统和水系布局、确定城市适宜水面面积和水面组合形式、确定城市河湖生态水量和控制保障措施、制定城市河湖水质保护目标和改善措施、制订城市水景观建设方案、划定城市水系行政管理范围和制定管理办法、制订城市水系整治工程建设方案。城市水系规划编制提纲见附录一。

1. 保护规划

建立城市水系保护的目标体系，提出水域、水质、水生态和滨水景观环境保护的规划措施和要求，核心是建立水体环境质量保护和水系空间保护的综合体系。明确水体水质保护目标，建立污染控制体系，划定水域、滨水绿化带和滨水区保护控制线，提出相应的控制管理规定。

2. 利用规划

完善城市水系布局，科学确定水体功能，合理分配水系岸线，提出滨水区规划布局要求，核心是要构建起完善的水系功能体系。通过科学安排水体功能、合理分配岸线和布局滨水功能区，形成与城市总体发展格局有机结合并相辅相成的空间功能体系。

3. 工程设施协调规划

协调各项涉水工程设施之间以及与城市水系的关系，优化各类设施布局，核心是协调涉水工程设施与水系的关系、涉水工程设施之间的关系。工程设施的布局要充分考虑水系的平面及竖向关系，避免相互之间的矛盾和产生不良影响。

三、城市水系规划要求

1. 合理确定规划目标和重点

城市水系规划首先应立足水系现状和经济技术条件，从近期与长远的需求出发，以可持续发展与生态文明建设的思想构建规划思路,因地制宜地提出水系利用、保护与水质改善的总体目标,并制定近期、中期、远期目标和治理重点。目标不宜过低或过高。

如太湖新城生态水系规划,在城市生态经济发展模式的基础上,以控源(点源、面源)为主,保持城市水系原生态,增强新城河网水体流动性,改善河道水环境、河流水质接近太湖水体水质,主要指标达到地表水Ⅳ类标准,维持江南特色河网原生态水系景观与风格。规划实施后,实现太湖新城生态水系"水优、水活、水清、水美",生态系统优良,提升太湖新城经济发展潜力,促进无锡太湖地区社会、经济与环境的可持续发展。规划目标包括近期规划目标(2007—2010年)、中期(建设期)规划目标(2011—2015年)和远期规划目标(2016—2020年)。远期以新城河流整体原生态保护、生态功能修复以及污染防治为主,继续构建城市透水地面与雨水渗蓄系统,加强城市生态水系管理,实现城市地表水与地下水体之间相互沟通相互补充,城市河流景观形成"河川文化"特色的规划目标,使整个太湖新城生态河网水系生态系统成为无锡新城生态文明建设的重要组成部分,最终实现太湖新城"水优、水活、水清、水美"城市水网文化。新城河流水网的水体水质得到整体优化,接近太湖水体水质,主要指标达到地表水Ⅳ类标准,整个城市水网河道生态堤岸所占比例高于80%;整个新城绿地、透水地面以雨水渗蓄系统建设面积所占比例高于城市总建设面积的40%。该规划针对目前新城水系存在的问题,结合新城城市总体规划等相关规划,将促进新城水系与周边水网的水体交换、增强河网水系之间以及城市地表水与地下水体之间的联系、改善城市河网水系生态环境、打造太湖新城成为"人、城、河、湖"和谐统一新兴生态城市为规划最终目标。其规划重点是从新城的自然环境和水系特点以及新城水系的整体生态治理着手,以新城生态水系的污染源控制和调水引流为基础,通过新城透水地面系统与雨水渗蓄系统的建设,将其净化清洁雨水补充城市河流水体,充分利用新城雨水资源,另外配以新城骨干河流与普通水体的原生态保护与水质改善工程,对新城水系进行全方位的水环境改善。

2. 明确提出城市水系规划总体框架

城市水系规划应在充分论证的基础上,明确提出城市水系规划总体布局构想,合理确定符合城市现状水平和发展需求的适宜水面面积和水面组合形式,提出城市范围内河流、湖泊、水库、湿地以及其他水面的保持、恢复、扩展或新建的要求,以便在今后治理中循序渐进地推进。规划好的总体构架不要轻易打破,要有连续性。

如上海市,城市景观水系规划总体框架是以黄浦江两岸开发、苏州河综合治理为重点,以市域中小河道整治为基础,充分利用现有河网水系,市区突出亲水和文化,郊区体现自然和生态,通过"双治双添"(治水治岸、添绿添景),构建"一纵、一横、四环、五廊、六湖"相互沟通、各具特色的景观水系框架,打造"水清、岸绿、景美、游畅"的东方水都新景观(见图1-6)。"一纵"指黄浦江,结合黄浦江两岸用地调整和功能开发,改善地区生态环境,开辟活跃的公共活动岸线,构建具有都市繁华特征的滨江景观带和休闲旅游带。"一横"指苏州河,结合苏州河综合整治,以蜿蜒曲折的自然流向为主轴,进一步挖掘两岸自然与人文历史景观,形成水质清洁、环境优美、历史文化内涵丰富、安居休闲的滨水景观。"四环"指西环、东环、外环、崇明环岛河。"五廊"指以通江、达海、连湖、串景为目标,重点打造水系条件较好的大治河、金汇港、淀浦河、油墩港、川杨河等五条景观走廊。"六湖"指在现有淀山湖、滴水湖、明珠湖、北湖的基础上,规划新建两个大中型人工湖泊,分别为东滩湖、金山湖,开发湖泊的防汛调蓄、生态景观、休闲度假等功能。

图 1-6　上海市城市景观水系规划示意图

郑州市水系生态规划中提出,构建形成健康安全的"六纵六横三湖"的河网体系,确保防洪安全、供水安全和生态安全,打造一流的河湖滨水环境和生态环境,突出水景再造,展现亲水魅力,注重生态保护,展示绿色环境,构造最适宜人居的黄金岸线,把郑州建设成"水通、水清、水美"、河湖水景辉映、森林水域交融、碧水蓝天与绿色城市融合、人水和谐共生的生态城市。"六纵"是指索须河、金水河、熊儿河、七里河及其支流、十八里河和支流十七里河、潮河;"六横"是指枯河、贾鲁河、魏河(贾鲁支河)、东风渠、南水北调总干渠、南运河(规划中);"三湖"是指西流湖、龙湖、龙子湖;两湿地是指郑州黄河湿地和中牟雁鸣湖湿地。合肥市城市水系规划总体框架是:构建"一湖、两水、四脉、五湖连珠水系"。一湖,即巢湖;两水,即董铺水库、大房郢水库;四脉,即店埠河、南淝河及其支流(包括二十埠河、板桥河、四里河)、十五里河、派河;五湖连珠,即以滁河干渠为红丝线,串起双凤湖、双龙湖、鹤翔湖、梅冲湖、大官塘水库等五颗水景珍珠。太湖新城水系规划提出构建"三纵三横"6大骨干河道以及12片各具特点、相对独立的水网片区。"三横"为第一横"板南桥河"、第二横"庙钱杨河"、第三横"亲水河";"三纵"为第一纵"长广溪"、第二纵"尚贤河"以及第三纵"蠡河"(如图 1-7 所示)。

　3. 明确不同规划的具体要求

　(1)城市水系保护规划要求

　城市水系的保护包括水域保护、水生态保护、水质保护和滨水空间控制等内容,根据实际需要,可增加水系历史文化保护和水系景观保护的内容。城市水系保护规划应体现整体

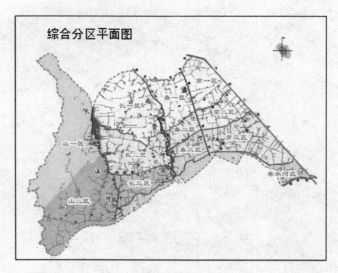

图 1-7　太湖新城水系规划平面布置图

保护与重点保护相结合的原则,保护水系的完整性,明确重点保护的水域、保护的重点内容。城市水系保护规划提出的保护措施应结合城市的特点,因地制宜,切实可行。

(2)城市水系利用规划要求

应体现保护和利用协调统一的思想,统筹水体、岸线和滨水区之间的功能,并通过对城市水系的优化,促进城市水系在功能上的复合利用。城市水系利用规划应贯彻在保护的前提下有限利用的原则,应满足水资源承载力和水环境容量的限制要求,并能维持水生态系统的完整性和多样性。

(3)涉水工程协调规划要求

应对给水、排水、防洪排涝、水污染治理、再生水利用、综合交通等工程进行综合协调,同时还应协调景观、游憩和历史文化保护方面的内容。涉水工程协调规划,应有利于城市水系的保护和提高城市水系的利用效率,减少各类涉水工程设施的布局矛盾,并应协调下列内容:涉水工程与城市水系的关系;各类涉水工程设施布局之间的关系。涉水工程各类设施布局有矛盾时,应进行技术、经济和环境的综合分析,按照"安全可靠、资源节约、环境友好、经济可行"的原则调整工程设施布局方案。

复习思考题:

1. 何谓城市水系?水系有哪些类型?不同类型的水系对径流有何影响?

2. 简述城市水系规划任务及要求。

3. 何谓河流阶地?有哪些类型?

4. 简述河流的功能及整治的主要措施。

5. 简述湖泊、水库、湿地等水体的作用。

6. 简述城市水系规划原则及要求。

7. 城市水系规划需要收集哪些资料?

8. 城市水系规划包括哪些内容?

9. 城市水系规划提纲如何编制?

单元 2　城市水系保护规划

学习指导

目标：1. 了解城市水系保护规划的主要内容；

　　　2. 了解蓝、绿、灰三线界定办法，掌握三线保护内容；

　　　3. 掌握水域保护范围划定方法；

　　　4. 了解水系生态功能，掌握其保护措施；

　　　5. 了解水质保护要求；

　　　6. 了解滨水空间控制要求。

重点：1. 三线界定方法及保护内容；

　　　2. 水域保护范围划定；

　　　3. 滨水空间控制要求。

　　水是城市存在的基础，人类的生存离不开水。在畜牧业社会，先民们逐水草而居，农业社会中，农田和村庄为了便于灌溉和生活取水，都选择上风上水处居住，而集中了大量人口的城市更是一时一刻都离不开水。我们民族的先哲在《管子·乘马》一书中提出了城市选址的理论："凡立国都，非于大山之下，必于广川之上，高勿近埠，而水用足，下勿近水，而沟防省。"它指出都城选址的原则，城市依山傍水而建，既利于防御，又有水运之便；城址位置不宜过高，使水用充足，也不宜过低，以减少洪水灾害。管子的这一理论对我国历代城市的选址产生了深远的影响。而在《管子·度地》一书中，管子又提出了建立城市水系的学说："故圣人之处国者，必于不倾之地，而择地形之肥饶者。乡山，左右经水若泽。内为落渠之写，因大川而注焉。"，"地高则沟之，下则堤之。"意思是说：圣人建设都城，一定选在平稳可靠的地方，又是肥饶的土地，靠着山，左右有河流或湖泽，城内修砌完备的沟渠排水，随地流入大河；地势高则挖沟，地势低则筑堤。由此可见，我们的祖先很早就注意到水以及城市水系对城市存在的重要意义。而时至今日，水对于城市的重要性更是不言而喻的，城市水系不仅仅为城市提供水源、作为城市排水主渠道，同时滨水岸线还是城市居民休闲娱乐的好去处，可以说城市水系依然是城市的一张名片，城市水系利用、保护的好坏，直接影响城市的对外形象。因此做好城市水系规划，是提升一座城市形象的重要保证；而城市水系规划的第一项内容就是水系保护规划。

一、一般要求

　　水系保护规划作为水系规划的重要组成部分，它应当具备哪些内容；在设计规划的过程中，与其他城市规划发生冲突该如何协调；如何结合城市特点，科学有效地做好对城市水系的保护与治理，这些都是在水系保护规划设计过程中首先需要考虑的问题。

　　（一）水系保护规划的基本内容

　　中华人民共和国国家标准《城市水系规划规范》第四章第一节第一条规定："水系保护规划应包括水域保护、水生态保护、水质保护和滨水空间控制等内容，根据实际需要，可增加水系历史文化保护和水系景观保护的内容。"

由此可见,城市水系规划中需要进行保护规划的基本内容包括对水域、水生态、水质、滨水空间和部分水系中存在的历史或自然景观的保护与控制。这些内容是城市水系作为城市资源并实现其资源价值的主要构成要素。

1. 水域保护

近年来,伴随着我国城市化进程的大幅推进,多数城市出现用地紧张的现象。为加大城市土地的供应,部分城市存在填湖造地的现象;而一些城市由于自然气候的变化,持续干旱少雨,水域水位下降,岸线后移。这些因素直接导致了水域面积的大幅减少。如素有"千湖之省"美誉的湖北省在 20 世纪 50 年代末有湖泊 1 066 个,至 80 年代初剩约 309 个,而目前官方的统计数据表明,湖北现在面积大于 1 km^2 的湖泊仅剩 181 个,大于 10 km^2 的湖泊不到 40 个;总的水面面积也从 50 多年前的 7 000 多 km^2,缩减到如今的 2 400 km^2。水域作为水系在城市中发挥功能的重要载体,其面积的丧失意味着水系功能的大范围减少,因而水域保护是整个水系保护规划的重中之重。

2. 水生态保护

水系的生态功能有基本功能和衍生功能,其基本功能包括:城市水源、通道功能、调节水量功能、调节气候功能、自净和屏障功能和作为城市物种多样性存在的基地。而衍生功能包括:休闲娱乐和文化功能、城市绿地的建设基地、城市景观多样性的组成部分、城市居民文体娱乐、亲近自然的场所和城市自然教育的标本等几方面。而这些功能的利用,需要城市生态系统的完整性和物种多样性的丰富程度来保证。因而水生态保护是水系保护的重要组成部分。

3. 水质保护

城市在运营过程中需要城市水系提供大量清洁的水源,同时城市水系水体又作为城市在运营过程产生污水的直接纳污体。如合肥市 2012 年城市供水量近 4 亿 m^3,预计到 2015 年末,合肥市城市年需水总量约 5.7 亿 m^3。在 2012 年合肥市城区八个集中式污水处理厂单日污水处理量已达到 843 715 m^3(见表 2-1),而这些处理后的污水最终都经由合肥市内南淝河、十五里河、塘西河等河流排入巢湖。水质的好坏是水系功能发挥的重要保证,水质下降将影响水系的正常和持续利用。要保证城市的良好运营状态,城市水系的水质保护就一刻也不能放松。因而水质保护必然是水系保护中不可缺少的组成部分。

表 2-1　合肥市城市集中式污水处理厂污水处理量统计表

污水处理厂名称	设计污水处理量 (万 m^3/d)	实际污水处理量 (万 m^3/d)
合肥经济技术开发区污水处理厂	20	18.4
合肥市职教城污水处理厂	0.5	0.5
合肥朱砖井污水处理有限公司	5.5	5.5
合肥蔡田铺污水处理厂	5	5
合肥望塘污水处理厂	18	18
合肥市十五里河污水处理厂	5	5.1715
合肥滨湖新区塘西河污水处理厂	0.5	1.8
合肥王小郢污水处理有限公司	30	30

4. 滨水空间控制

滨水空间是水系空间向城市建设陆地空间过渡的区域,包括滨水绿化区和必要的滨水建筑区两个功能区。滨水空间的功能主要体现在三个方面:一方面是城市居民享受城水水系带来衍生生态功能的重要场所;另一方面滨水空间为城市提供了生态廊道,并作为城市面源污染拦截场所;第三方面则是为城市提供绿化景观、建筑景观与水景观的交相辉映来展现和提升城市水环境景观质量。

5. 水系历史文化保护和水系景观保护

我国历史悠久,自然历史文化遗产众多,许多城市的水系的水体本身就是著名的历史文化或自然景观。这些水系除了为所在城市的居民提供水系基础功能外,每年还为城市带来大量的旅游业收入。如杭州的西湖(见图 2-1),江南的四大水乡——周庄、乌镇、同里、西塘(见图 2-2)等。因而这些城市的水系保护规划中还应加入水系历史文化保护和水系景观保护的内容。

图 2-1　杭州西湖风光

(二)城市水系保护规划的原则

中华人民共和国国家标准《城市水系规划规范》第四章第二、三条规定:"城市水系保护规划应体现整体保护与重点保护相结合的原则,保护水系的完整性,明确重点保护的水域、保护的重点内容","城市水系保护规划提出的保护措施应结合城市的特点,因地制宜,切实可行"。

这些内容明确了城市水系保护规划的基本要求,提出了在城市水系规划的实施过程中与其他规划进行有效协调的方法、城市水系保护规划应与城市实际情况相协调的要求。随着城市水系保护的技术和手段飞速发展,发达国家在城市水系的保护中也有许多成功的经验。但由于水系有明显的地域特征,如果简单地借用或采用一些在当地具体条件下难以发挥作用的技术或措施,将可能影响规划的实施。

因而水系保护规划的原则具体来说,可分为以下几点:

1. 系统规划、综合保护

城市水系的保护,要执行整体与生态最优原则。就是要综合考虑水生态、水景观、给水、排水、污水处理、中水回用、排涝和文化遗产、旅游等各种功能的有机结合,还要与城市的园林绿化紧密结合。城市水系是社会—经济—自然复合的生态系统,只有按照这样的生态观、复合观去设计城市的水系,才能做到心中有山水,才会避免出现耗资巨大却不见成效的方案。要组织多学科专家学者协同跟踪研究,对一个城市的水系的设计要上溯及历史文化和经济社会的渊源,下放眼未来,从而构建城市的独特性和可持续发展能力。

周庄(昆山)　　　　　　　　　　乌镇(桐乡)

同里(吴江)　　　　　　　　　　西塘(嘉兴)

图 2-2　江南四大水乡风光

2. 法制保障、重在保护

城市和城郊原生水生态的脆弱性和难以修复性,警示我们水系生态环境一旦破坏就很难恢复。假如要恢复,也需花巨额的成本。我们必须依据《城市规划法》、《水法》和《环境污染防治法》等诸多法律来规范保护。保护了城市水系和其他自然水体,就等于保护城市的特色景观和城市的生态以及城市的未来和繁荣。必须依据《城市规划法》所推出的城市"蓝线"与"绿线"管治的综合作用来系统考虑城市水系的保护。当前尤其要防止单纯考虑城市防洪功能的破坏性建设行为,这方面我们可以向世界名城巴黎学习。流经巴黎市中心的塞纳河水量充沛,也有洪水成灾之患,但巴黎河堤不是按×××年或千年一遇的标准筑堤,而是整治河道,仅建低堤。经过水文统计的科学分析,了解到巴黎百年一遇的洪水仅可能淹没巴黎近郊一小片农业地区,于是采取向监测系统大量投入、获取准确测量数据、大洪水来时向居民通知的办法,让居民疏散。如果真的淹没,由政府赔偿损失。这种办法不但大大减少筑堤的投入,而且使百姓满意,还符合生态防洪的原则,一举三得,值得我们借鉴。

3. 突出重点、拨乱反正

我们要勇于、敢于纠正以往的错误工程,通过整合或分别采用整体重构、园林护堤、水体净化和生态修复等多种技术,包括恢复文化资源遗产等方面,来恢复城市水系的复合功能。现阶段我们已经有了很多好的经验,如绍兴、桂林、杭州、贵阳、成都的河道治理经验。但是,要看到每个城市的成功经验都有不足之处,更应该有勇气来承认所犯的错误。韩国首尔对清溪川的治理经验教训很值得学习借鉴。清溪川是流经首尔的一条河流,1950 年这条河道被覆盖,现在这条河道被改造成了双层高架路,成为市区主要的街道,车辆川流不息。现在,首尔市政府决定重新复原清溪川，其主要构思是：河川具有水的搬运、治水、环境美化三大功能，因为工业化、城市化的发展，使得河道受到污染、干涸、荒废，现在要通过治理、改善河道环境，重新恢复生态栖息空间，复原为城市及河川的自然原貌。

4. 要市民参与、公众受益

尊重自然、尊重当地历史文化和尊重普通百姓的长远利益是作为城市规划、建设、管理的三大主要原则。要做到这"三尊重"，就要动员市民成为保护和监督城市水系管理的主体。任何有关城市水系的修复、保护方案，都要进行公开讨论，尊重民意，提高市民维护城市水系的自觉性。

总之，应统筹考虑城市水系的整体性、历史性、协调性、安全性和综合性，来保障城市水系安全，改善城市生态，优化人居环境，提升城市功能，实现城市可持续发展。

二、三线界定

对水系的保护，从宏观层次需要以流域或汇水区域来保护，但在实际工作过程中，流域规划往往需要跨省、市、行政区的界限，很难在城市规划的层面来组织编制。城市水系规划主要协调水系与城市建设的关系，因此以各水体为基本单位进行保护有利于制定有针对性的措施。由于城市水体规划功能的实现不能只需要水体本身的状况，对其周边一定范围的陆域状况也有一定的要求，因此，以水体及其周边一定范围的陆域为整体进行保护控制对水系功能的实现和拓展是必需的。水体、岸线和滨水区是水系功能体系中的重要物质基础，相互之间有极强的关联性。但各个部分又有其独立性，有不同的特征，因此也有不同的控制和保护要求，在平面上分成不同的区域代表水体、岸线和滨水区更有利于规划管理，借鉴目前规划过程中的常用方式，为了保护和合理利用城市的水环境资源，通过制定水体的界线、保护线和开发控制线（即蓝线、绿线和灰线）来控制和指导城市对水域及滨水地区的开发建设，以达到保护和合理利用水体的目的。

（一）蓝线

蓝线是水体控制线，蓝线范围包括了岸线区域，按照《防洪法》和《河道管理条例》的规定，水行政主管部门的管理范围为"两岸堤防之间的水域、沙洲、滩地行洪区和堤防及护堤地；无堤防的河道湖泊为历史最高洪水位或设计洪水位之间的水域、沙洲、滩地和行洪区"，蓝线范围宜与水行政主管部门的管理范围基本一致。

1. 蓝线划定的原则

蓝线是界定水体的界线，明确水域的范围。有堤防的河流、湖泊、水库等，蓝线通常以堤防为界；无堤防的河道、湖泊，其蓝线以历史最高水位或控制水位时为水陆界线，通过水行政主管部门对其特征点进行界桩的方式予以明确。由于水位往往在一定的区间变化，有水的区域也相应变动，因此，地形图上的水边线不是蓝线，在规划中，常水位与最高水位之间的区域作为岸线区域，蓝线需要结合地形图中的等高线确定。图 2-3 是深圳市珠江口水系流域蓝线规划图。按照《城市蓝线管理办法》规定："国务院建设主管部门负责全国城市蓝线管理工作。县级以上地方人民政府建设主管部门（城乡规划主管部门）负责本行政区域内的城市蓝线管理工作。编制各类城市规划，应当划定城市蓝线。城市蓝线由直辖市、市、县人民政府在组织编制各类城市规划时划定。城市蓝线应当与城市规划一并报批。"在蓝线划定时应遵守以下原则：

（1）统筹考虑城市水系的整体性、协调性、安全性和功能性，改善城市生态和人居环境，

保障城市水系安全;

　　(2)与同阶段城市规划的深度保持一致;

　　(3)控制范围界定清晰;

　　(4)符合法律、法规的规定和国家有关技术标准、规范的要求。

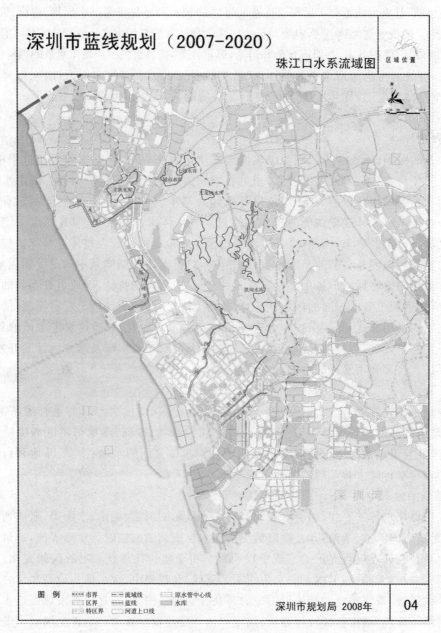

图 2-3　深圳市珠江口水系流域蓝线规划图

　　2.蓝线保护内容

　　(1)蓝线调整

　　城市蓝线一经批准,不得擅自调整。因城市发展和城市布局结构变化等原因,确实需要调整城市蓝线的,应当依法调整城市规划,并相应调整城市蓝线。调整后的城市蓝线,应当随调整后的城市规划一并报批。调整后的城市蓝线应当在报批前进行公示,但法律、法规规定不得公开的除外。

(2)蓝线内禁止行为

① 违反城市蓝线保护和控制要求的建设活动;

② 擅自填埋、占用城市蓝线内水域;

③ 影响水系安全的爆破、采石、取土;

④ 擅自建设各类排污设施;

⑤ 其他对城市水系保护构成破坏的活动。

(3)在城市蓝线内进行各项建设,必须符合经批准的城市规划

在城市蓝线内新建、改建、扩建各类建筑物、构筑物、道路、管线和其他工程设施,应当依法向建设主管部门(城乡规划主管部门)申请办理城市规划许可,并依照有关法律、法规办理相关手续。

(4)蓝线临时占用

需要临时占用城市蓝线内的用地或水域的,应当报经省、直辖市、自治区、市、县人民政府建设主管部门(城乡规划主管部门)同意,并依法办理相关审批手续;临时占用后,应当限期恢复。

(二)绿线

绿线是蓝线外所控制绿化区域的控制线,是保证水系公共性和共享性的措施,是水系利用过程中公众活动的主要场所。绿线区域的存在也为水体的保护和水生态系统的稳定提供缓冲空间,因此,绿线的确定依赖于滨水功能区的定位。图 2-4 为张家口市中心城区绿线控制图。

1. 绿线划定的原则

《城市绿线管理办法》规定:国务院建设行政主管部门负责全国城市绿线管理工作。省、自治区人民政府建设行政主管部门负责本行政区域内的城市绿线管理工作。城市人民政府规划、园林绿化行政主管部门,按照职责分工负责城市绿线的监督和管理工作。且在划定时遵守以下原则:

(1)由于城市道路对城市用地的分隔作用,以及道路红线管理比较成熟,所以绿线一般不宜突破现有城市道路,有利于对绿化区域的保护,因此,把城市道路作为绿线区域的主要界限之一。且在绿线划定时不宜分割现状滨水的森林、山体和风景区。

(2)有堤防的水体滨水绿线为堤防背水一侧堤角或其防护林带边线。

(3)无堤防的江河滨水绿线与蓝线的距离必须满足:水源地不小于 300 m,生态保护区不小于江河蓝线之间宽度的 50%,滨江公园不小于 50 m 并不宜超过 250 m,作业区根据作业需要确定。

(4)无堤防的湖泊绿线与蓝线的距离必须满足:水源地不小于 300 m。

(5)目前在水生态系统方面的研究成果认为:如果滨水绿化区域面积大于水体面积,又没有集中的城市污水的影响,水生态系统将能够自身稳定并呈现多样化趋势,因此,规划把这一标准作为滨水生态保护区的绿线确定原则。因此生态保护区和风景区绿线与蓝线之间的面积不小于湖泊面积,并不得小于 50 m。

(6)城市公园。对规划为城市公园的滨水绿线确定参照了《公园设计规范》,该规范容量

计算的有关规定为：人均公园占有面积建议为不少于 30～60 m²，人均陆域占有面积不宜少于 30 m²，并不得少于 15 m²。因此，以陆域和水面面积之比不小于 50% 作为城市公园型滨水绿线划定基本原则，并以人来回步行距离 500 m 作为最大距离进行限制，这样有利于水系景观的合理有效利用。

图 2-4　张家口市中心城区绿线控制图

（7）城市广场。对城市广场的滨水绿线确定主要依据城市广场的性质和所处的中心位置。城市广场需要满足大流量的游客活动，并且因为处于中心区而用地紧张，因此，绿线范围相对减少，以能保证环湖活动的连续性为主，同时为在一定程度上限制广场的规模而规定了绿线与蓝线的最大距离：不得小于 10 m 并不宜超过 150 m。

（8）水源地的保护。对取水点周边的陆域控制范围参照各地出台的规定确定，一般控制为 300 m，但可以结合地形地势适当增减。

（9）对作业区的滨水绿线，由于作业区的特殊功能要求不能进行统一规定，故由作业区的相关规划确定。

2. 绿线保护的内容

（1）绿线调整

任何单位和个人不得擅自调整城市绿线。因特殊情况确需调整、变更的，依照下列规定办理：

①　调整城市总体规划、城市绿地系统规划、控制性详细规划确定的城市公共绿地、防护绿地、风景林地、生产绿地、城市主次干道绿地的绿线界定坐标的，由市规划、市园林等行政管理部门组织论证和环境影响评价，按法定程序报市政府或市规划委员会审批后，方可调整。

②　调整居住区绿地、单位附属绿地、其他道路绿地的绿化控制指标的，由市规划、园林行政管理部门会同有关部门组织论证，按法定程序报市政府或市规划委员会审批后，再作调整。变更、调整属居住小区业主共有的绿地的，应先经小区业主大会或三分之二以上业主同意。

③　调整现有城市公共绿地、防护绿地、风景林地、生产绿地、道路绿地、居住区绿地、单位附属绿地等绿线的，由市规划、园林等行政管理部门组织论证和环境影响评价，并进行公示，按法定程序报市政府或市规划委员会审批后，方可调整。

④　因重点工程建设等特殊需要，确需占用城市绿线内的绿地以及损毁绿化及其设施、砍伐绿化种植或改变其用地性质的，由市园林行政管理部门组织论证，并由建设单位和个人在城市规划区内同类区域先行落实补足绿地措施和绿化经济补偿措施后，再报市人民政府批准后实施。

（2）绿线内禁止行为

①　任何单位和个人不得擅自改变绿地使用性质，不得擅自在城市绿线范围内进行开发建设或设置其他设施。近期不进行绿化建设的规划绿地，应当予以严格保护和控制。

②　任何单位和个人不得在城市绿地范围内进行拦河截溪、取土采石、设置垃圾堆场、排放污水以及其他对生态环境构成破坏的活动。

③　有关部门不得违反规定，批准在城市绿线范围内进行建设。在城市绿线范围内，不符合规划要求的建筑物、构筑物及其他设施应当逐步迁出或限期拆除。

（3）绿线临时占用

任何单位和个人不得擅自占用城市绿地。因特殊情况确需临时占用城市绿地的，应当进行生态环境影响分析，并报经原绿线划定部门批准后，方可办理临时占用绿地审批手续。经批准临时占用城市绿地的，应根据恢复绿地实际所需要费用向市园林部门缴纳绿化占用费。临时占用绿地的最长期限不得超过两年。使用期满后，由市园林绿化行政管理部门监督恢复原貌；造成相关设施及植物损坏的，占用者必须承担赔偿责任。

（三）灰线

灰线在绿线以外的城市建设区控制一定范围的区域，对该区域的建设提出规划建设控制条件，以符合滨水城市的景观特色要求；该区域的外围控制线即为灰线。灰线的制定主要是从滨水区开发利用的角度来对城市建设进行控制和指导，通过对灰线区域的土地利用规划和城市设计，塑造独具特色的滨水城市景观。

灰线一般不宜突破城市主干道；滨河滨湖道路作为城市主干道的，其灰线范围为该主干道离河一侧一个街区；灰线距滨水绿线的距离不小于一个街区，但不宜超过 500 m。港渠两侧是否控制灰线可根据实际需要确定，滨渠绿线之间的距离小于 50 m 的可不控制灰线。

三、水域保护

（一）水域

目前，在立法上，水域尚无明确定义规定。根据我国相关法规和工作职能划分，陆地水域与海洋是分开管理的。《中华人民共和国水法》的第四章为"水资源、水域和水工程的保护",关于水域保护的条款主要在第37～40条,涉及对江河、湖泊、运河、水库、河道及渠道管理范围内设置障碍物、建设、采砂及围垦活动的管理。可见,《水法》确定水域的管理范围主要包括江河、湖泊、运河、水库、渠道及其管理范围。《中华人民共和国防洪法》中规定了水行政主管部门对蓄滞洪区、洪泛区内进行建设以及城市建设填堵河道沟叉、贮水湖塘洼淀和废除防洪围堤的管理审批权。《国土资源部第二次全国土地调查土地分类》中一级类水域及水利设施用地中确定水域包含河流、湖泊、水库、坑塘、内陆滩涂和沟渠。综上,水域管理的范围应当涉及江河、湖泊、运河、水库、渠道、河道沟叉、湖塘洼淀、滩涂及其洪泛区和蓄滞洪区。

对水域概念的界定,有专家认为可借鉴海域的界定办法。《中华人民共和国海域使用管理法》中对海域规定为:"中华人民共和国内水、领海的水面、水体、海床和底土。内水是指中华人民共和国领海基线向陆地一侧至海岸线的海域"。海域的范围有两个要素:一是与潮位高程有关,从海岸线来确定;二是包括水面、水体、海床和底土。水域的界定同样涉及这两个方面。从水行政管理的实际需要出发,可以将水域界定为河道。《中华人民共和国河道管理条例》中所指河道,包括江河、湖泊、人工水道、行洪区、蓄洪区、滞洪区、水塘洼淀、水库在设计洪水位时的水面、水体、水床、底土。

另有专家指出水域是指现状或规划条件下,具有一定规模的承泄地表淡水水体的区域范围。他将水域分为五层含义:首先,水域是指承泄地表淡水水体的区域,海洋中水体区域不属于水域,河流河口段既有淡水、也有咸水,应属于陆地水域的范畴。第二,一定规模是指水域具有一定承泄地表水体的能力,如河道、水库、山塘、湖泊、骨干渠道等。第三,承泄能力表现为承纳和宣泄两个方面,对于调蓄水资源的表现为承纳能力,对于行洪除涝的表现为宣泄能力。第四,各类水域无论是天然的还是人工的均属于界定范围。第五,规划条件下是指经政府批准的规划中承载地表淡水水体的区域范围,如规划中的蓄滞洪区、水库等。

(二)水域类型及水域边界范围

水域类型可以划分为河道型水域、水库型水域以及山塘型水域等几种类型。水域的类型不同,水域边界界定也不同。不同类型水域边界范围示意图如下:

1. 河道水域

图2-5为有堤防河道水域边界范围示意图,图2-6为平原地区无堤防河道水域边界范围示意图,图2-7、图2-8为山丘地区无堤防河道水域边界范围示意图。

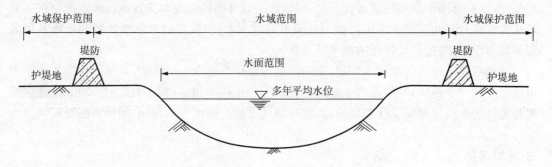

图2-5 有堤防河道水域边界范围示意图

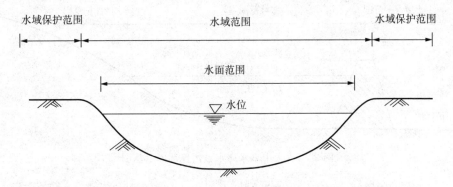

图 2-6　平原地区无堤防河道水域边界范围示意图

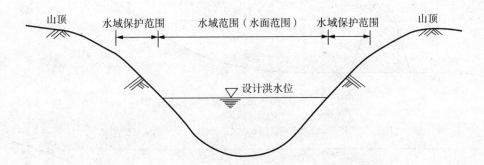

图 2-7　山丘地区无堤防河道水域边界范围示意图一

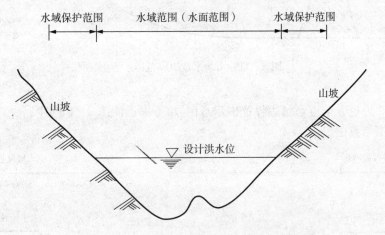

图 2-8　山丘地区无堤防河道水域边界范围示意图二

2. 水库与山坪塘

图 2-9 为大中型水库水域边界范围示意图,图 2-10 为小型水库水域边界范围示意图,图 2-11 为山塘水域边界范围示意图。

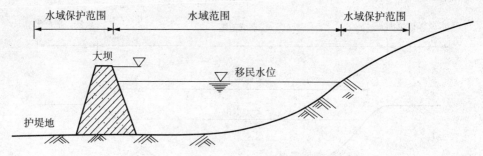

图 2-9　大中型水库水域边界范围示意图

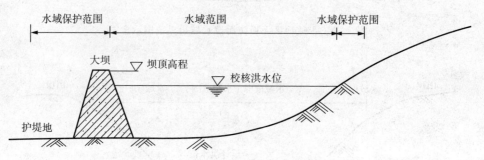

图 2-10　小型水库水域边界范围示意图

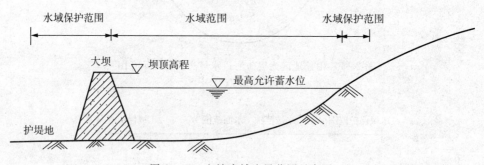

图 2-11　山塘水域边界范围示意图

3. 其他水域

图 2-12 为挖方渠道水域边界范围示意图,填方渠道同图 2-5。图 2-13 为湖泊、池塘水域边界范围示意图。

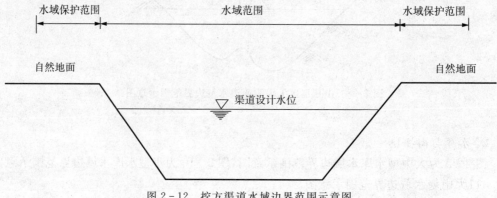

图 2-12　挖方渠道水域边界范围示意图

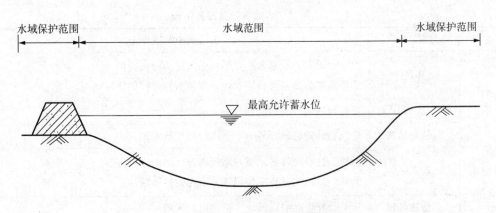

图 2-13　湖泊、水塘水域边界范围示意图

(三)水域保护

《城市水系规划规范》第四章第二节第一条:"水域保护应明确受保护水域的面积和基本形态,提出水域保护的控制要求和措施。"这条内容明确了城市水系保护规划中水域保护的核心内容。水域作为水系在城市空间中的具体表现,是影响水系功能发挥和协调城市与水系关系的主要载体。为了科学有效地保护水域空间,应当针对不同区域确定水域保护等级,进而划定合适水域保护的范围,并拟定水域保护范围内禁止行为。

1. 水域保护等级

水域保护等级分为重要水域和一般水域,具体见表 2-2 所列。

表 2-2　水域保护等级分类表

保护等级	分级标准
重要水域	① 风景名胜区、自然保护区内的水域 ② 城市规划区域内维护生态功能的主要水域 ③ 饮用水水源保护区的水域 ④ 蓄滞洪区内的水域 ⑤ 省级河道 ⑥ 行洪除涝骨干河道 ⑦ 10 万立方米以上的水库 ⑧ 50 万平方米以上的湖泊 ⑨ 法律、法规规定的其他重要水域
一般水域	除重要水域以外的其他水域

2. 水域保护范围

水域保护范围是指由水行政主管部门会同相关部门依照法律、法规、规章、规范标准以及相关文件划定的,水域承泄范围以外与水域承泄范围相连的、确保水域承泄功能正常发挥的区域范围。

对现状水域和规划水域应确定保护范围。根据有关法律法规、规范标准的规定,提出水域保护范围确定要求见表 2-3 所列。

表 2-3 水域保护范围界定表

水域类型		水域保护范围界定
水库	库区	大中型水库为征地水位以外一定宽度的库区范围 小型水库为最高允许蓄水位与坝顶高程之间的库区范围
	大坝	坡脚和坝端外一定范围内的区域面积
	其他建筑物	建筑物外轮廓线以外一定范围内的区域面积
山塘和池塘	蓄水区	山塘为最高允许蓄水位与坝顶高程之间的库区范围 池塘为最高允许蓄水位以外一定宽度的区域
	其他建筑物	建筑物外轮廓线以外一定范围内的区域
有堤防河道		河道承泄范围与两岸堤防背水坡脚以外一定宽度之间的区域
无堤防河道		已做规划并经政府批准的,为规划河道承泄范围与两岸堤防背水坡脚以外一定宽度之间的区域 未做规划有河岸线的,为河岸线以外一定宽度的区域 无河岸线的,规划河道满足防洪标准要求承泄范围以外一定宽度的区域
湖泊与蓄滞洪区水域		参照河道水域的界定方法

3. 水域保护范围禁止行为

《城市水系规划规范》中规定:"水域控制线范围内水体必须保证其完整性。"此条内容是关于不得占用、填埋和分隔水域控制线范围内水体的规定。《中华人民共和国水法》第四十条规定:"禁止围湖造地,禁止围垦河道。"建设部《城市蓝线管理办法》规定:"禁止擅自填埋、占用城市蓝线内水域。"针对国内目前一些地区在开发建设时占用、填埋城市江河、湖泊等水域的现象作出本条规定,并作为强制性内容。

特殊情况下水域控制线调整的规定。一方面体现对水系的保护,避免各城市以重点项目建设的名义占用城市水系;另一方面,对铁路编组站等系统性要求高、占地面积大的基础设施选址提供了解决与水系保护矛盾的方法,有利于在保护的基础上促进基础设施的建设。应用本条的规定应符合两个条件:一是布局的项目为重大基础设施,二是周边用地条件可以满足通过调整水域控制线达到规划水域面积不小于现状水域面积的要求。

对于水域控制点的要求。由于水域控制线只能在图中进行表示,水域的日常管理维护单位对于没有明确地标物作为水域界限的水体难以进行有效管理。借鉴目前部分地区的成功做法,对水体进行界桩形成人工地标标识易于操作,但界桩不是用地权属范围的界限,而是管理界限,因此,《规范》要求在规划中明确水域控制线的主要控制点,以作为有关行政管理部门进行界桩的依据,目的是有利于水域控制线的规划管理和接受社会监督。

四、水生态保护

(一)城市水系的生态功能

1. 城市水系的基本生态功能

(1)城市水源

生命活动的整体联系和协调与水密切相关。同时,水对非生命系统的存在与发展,也是绝不可缺少的重要因素。在城市中主要表现在灌溉、防洪排涝以及日用饮水方面等。水是城市中人类与其他生物的维持生存,以及城市环境的长久存在的不可缺少的要素。在自然界中,河流具有分布广、水量大、循环周期短、暴露在地表、取用方便等优点,是人类赖以生存的主要淡水资源。水在人类生活中是必不可少的物质之一,许多城市人均用水量(除工业用水)已达到 100 L/d 人以上,如此庞大的用水量从就近河流中引取,具有投资少、稳定性高等诸多优势。城市生产中所必需的大量的各类工业用水从就近的城市河流中解决,也具有明显低成本、高稳定的优势。尽管人类可以远距离调水,但是伴随而来的将是高的供水成本。可以预见,城市河流在未来仍是城市生产和生活用水的最佳水源。

(2)通道功能

这是作为能量、物质和生物流动的通路,为收集、转运河水和沉积物服务,实现城市水循环及相关的物质能量流动。在城市中主要表现表现为运输功能、生物迁徙通道。

大江大河是水上交通的通道,不少江河都以"黄金水道"著称于世。目前,全国内航通航里程达 11 万公里。长江、珠江、淮河水系的河流,水量丰沛,流量稳定,河网密布,通航条件优越,甚至村镇之间也有舟楫往来。我国北方以松花江的航运最为发达,其他一些河流也可分段或季节性通航。

此外,城市河流地区是大多数城市中自然属性保存相对完整的地区。从景观生态学角度讲,河流廊道是指包括河流本身以及沿河流分布而不同于周围基质的植被带。河流廊道是整个景观格局的重要组成部分。河流廊道具有维护景观系统连续性和完整性的重要功能。同时,连续的自然河流是多种生物的迁徙廊道,一些鱼类、昆虫、小动物能顺利地沿河道、河滩地、河岸植被带迁移。

(3)调蓄水量功能

发挥城市河流及其两岸植被和土壤的调蓄作用,雨季涵养雨水(洪水),旱季逐步利用,可以缓解城市的旱涝灾害。受到人类活动的影响,以及地球环境问题的日趋严重,一些城市的洪水位记录屡次刷新,洪、涝、潮等灾害频繁发生。同时由于支流水系被大量填埋,或以涵管的形式埋入地下,河道水面积的减少,以及河道严重淤积,大大地削弱了河网的容蓄能力,致使一些城市频频发生城市内涝。以上海市老城区虹口港水系地区为例,1995 年 6 月 24 日,市区日降雨量仅 109 mm,但该地区已严重积水,俞径浦部分河段发生溢流,市政排水泵站被迫停机;1997 年 97 号台风期间,受外河高潮顶托,虽然雨量不大,但水位上升较快,为防止河道漫溢,沿河市政泵站停机 3 h,区域内普遍积水,给市民的正常生活、生命财产带来严重影响。

(4)调节气候功能

城市河流水的高热容性、流动性以及河道风的流畅性,对减弱城市热岛应具有明显的促进作用。但是随着城市中大量的自然河道尤其是中小河道被填埋,河流水面的减少使城市水文循环中的降水、蒸发、径流等各个环节都发生显著改变,从而影响城市区域气候。对上海城郊降水和蒸发变化研究表明:自 20 世纪 80 年代以来,上海市区出现明显的增雨效应,龙华气象站近 10 年暴雨强度是以前平均的 1.32 倍;进入 90 年代后,上海进入了增暖期,虽然大气候变化有利于蒸发,但上海市区的蒸发量却表现出明显的下降趋势,这与城市化过程引起水面积减少等下垫面条件发生显著变化可能有直接关系。另有研究表明:1986 年-1990 年以龙华气象站为代表的市区平均气温比郊县(10 个气象平均)高 0.54℃,一定程度上也反映出随着市区人为排放热量的增加,加之水面积日益减小削弱了对城市高温的调节作用,导致城市"热岛效应"加剧。

(5)自净和屏蔽功能:河流水体具有净化环境或同化污染物质的功效,水生植物可对污染物质进行吸收或分解,最大程度地减少污物转移、减少水体污染。

(6)城市物种多样性存在的基地:城市物种多样性的保护已成为全球生物多样性保护的组成部分之一。水系为植物和动物(包括人类)的正常生命活动提供空间及必需的要素,维持生命系统和生态结构的稳定与平衡。城市河流与城市常见景观有较大差异,形成城市中特殊的生物生境,也形成城市中物种多样性较高的区域。如对城市环境较为适宜的鸟类可在河心沙洲存在,较多种类的植物可以在城市河流两岸生存和繁衍。城市河流已经成为城市生物多样性存在的重要基地,为城市河流成为自然教育的标本提供了基本条件。

2. 城市水系的衍生生态功能

(1)休闲娱乐和文化功能。河流水体与沿岸景观在时空上的动态结合,为人们带来视觉及精神上的享受与满足。城市河流的自然特性提高了城市景观多样性和居民生活适宜度,提供居民休闲娱乐、亲近自然的场所。

(2)城市绿地的建设基地:城市绿地诸多生态功能的发挥,受到城市绿地绿量微小的制约而不甚明显,城市绿化土地的机会成本高,使得城市绿地建设也受到土地的限制,且城市环境的变化也使得城市绿地建设和管理技术难度加大,而城市河流两岸、河心沙洲为城市绿地建设提供了有利的自然条件和社会经济条件,将河流两岸建设成为城市绿带,已经成为许多城市绿地建设成功的基础。可以说河流的绿化基地功能在未来会变得越来越明显。

(3)城市景观多样性的组成部分:城市景观多样性对一个城市的稳定、可持续发展以及人类生存适宜度提高均有明显的促进作用。城市河流及其自然特征,明显有别于以水泥和钢材为主要材料的街道、楼房和汽车等的城市景观。城市河流的物质特性、形态特性、功能特性的介入,将提高城市景观的多样性。

(4)城市居民文体娱乐、亲近自然的场所:城市中文体娱乐场所的稀少、自然区域的消失,已经严重影响了城市居民的生活质量,城市河流可为缓解这种局面起到一定的作用。水上各种运动的开展,可提供新的文体娱乐形式,河流两岸、河心沙洲的自然景观提供了亲近自然的场所,在城市人口单调的生活环境中,城市河流的自然特征,无疑具有很大的吸引力。

(5)城市自然教育的标本:城市的学校处于高楼包围中,学校的自然常识教育课程不得不在人造标本的辅助下呆板地完成,而城市河流所具备的自然地理特性、生物特性可以为学校自然教育提供生动的标本。课堂上无法讲解的自然知识如果在欣赏自然的过程中完成,则会生动而清晰地印在学生的脑海中。环境教育已成为整个公民教育的组成部分,城市河流所具有的环境教育功能经过适当的开发和组织后,可成为城市公民环境意识提高的辅助渠道。

笔者将城市水系生态功能分为城市水系的基本生态功能以及城市水系的衍生生态功能。二者之间的关系是城市水系的基本生态功能是城市水系衍生生态功能发挥的基础与保障,而城市水系的衍生生态功能则是城市水系基本生态功能的延生及在城市中被加以利用的一种形式。

(二)水生态保护范围

保护范围划定原则。水生态保护区域的设立主要是保护珍稀及濒危野生水生动植物和维护城市湿地系统生态平衡、保护城市湿地功能和湿地生物多样性,这些区域一部分已批准为自然保护区或已规划为城市湿地公园,对那些尚未批准为相应的保护区但确有必要保护的水生态系统,在满足受保护对象的完整性、生物多样性、生态系统的连贯性和稳定性要求基础上,水生态保护范围宜尽可能小,避免因保护范围过大而难以进行有效保护。

自然特征明显的水体涨落带是水生态系统与城市生态系统的交错地带,对水生态系统的稳定和降解城市污染物,以及促进水生生物多样化都有重要作用,但在城市建设过程中,为体现亲水性和便于确定水域范围,该区域自然特征又很容易被破坏,因此未列入水生态保护范围的水体涨落带,宜保持其自然生态特征。

(三)水生态保护的原则

水生态保护应维护水生态保护区域的自然特征,不得在水生态保护的核心范围内布置人工设施,不得在非核心范围内布置与水生态保护和合理利用无关的设施。

五、水质保护

水质是水系功能发挥的重要保证,由于水质下降导致水体功能改变影响了水系资源的正常、持续利用,特别是饮用水源的污染形成的水质型缺水更是受到社会的广泛关注,因此,水系规划必须把水质保护作为重点内容。传统的污水治理规划更多的是按照总体的污水收集与处理率来进行,并未建立针对不同水体功能-水质目标-水污染治理之间的关系。随着城市的发展,城市对水环境质量要求的提高以及水质型缺水问题的出现,对水源地和国家级风景区内水体等特别重要的水体进行水质目标可达性分析应该成为强制性要求。

(一)水体功能划分与水质目标

1. 水体功能区划分

环境保护部门依据《地表水环境质量标准(GB3838-2002)》,实施水域分类管理。结合水域使用功能要求,地表水环境功能区分为五类:Ⅰ类水环境质量功能区,主要指源头水与国家自然保护区;Ⅱ类水环境质量功能区,主要指集中式饮用水水源地一级保护区、珍贵鱼类保护区、鱼虾产卵场等;Ⅲ类水环境质量功能区,主要指集中式饮用水水源地二级保护区、一般鱼类保护区及游泳区;Ⅳ类水环境质量功能区,主要指一般工业用水区及人体非直接接触的娱乐用水区;Ⅴ类水环境质量功能区,主要指农业用水区及一般景观要求水域。水行政主管部门依据《水功能区管理办法》将水功能区分为水功能一级区和水功能二级区。水功能一级区分为保护区、缓冲区、开发利用区和保留区等四类。水功能二级区在水功能一级区划定的开发利用区中划分,分为饮用水源区、工业用水区、农业用水区、渔业用水区、景观娱乐用水区、过渡区和排污控制区等七类。

2. 水质目标

水质目标根据水体的规划功能和现状水质确定,必须满足对水质要求最高的规划功能需求,并不应低于水体的现状水质类别。必要时可根据水体不同区域(区段)的功能需求确定分区水质目标。不同功能的最低水质要求按下表 2-4 所列国家标准确定:

表 2-4　不同水体类别水质要求国家标准

水体类别	国标名称	编号
水源地	《地表水环境质量标准》	GB3838-2002
	《生活饮用水卫生标准》	GB5749-1999
排水调蓄	《污水排入城市下水道水质标准》	CJ3082-1999
	《污水综合排放标准》	GB8978-1996

（续表）

水体类别	国标名称	编号
景观游憩	《地表水环境质量标准》 《再生水回用于景观水体的水质标准》	GHZB1－1999 GJ/T95－2000
水产养殖	《渔业水质标准》	GB11607－89
农业灌溉	《农田灌溉水质标准》	GB5084－92
港口航运	《船舶污染物排放标准》	GB3552－1996

（二）水质保护措施

水质保护措施应包括城市污水的收集与处理，面源污染的控制与处理，内源污染的控制与处理，必要时还应包括水生态系统修复等内容，并应符合如下规定：

1. 城市污水的收集与处理规定

（1）水质保护措施必须优先保证城市污水的收集与处理，必须按照不同的城市规模、经济水平、水系资源条件确定污水收集率和处理率。

（2）污水处理厂的选址应优先选择在城镇河流水体的下游，必须选择在湖泊周边的应位于湖泊出口区域。

（3）污水处理等级不宜低于二级，以湖泊为尾水受纳水体的污水处理厂应按三级处理控制。污水处理等级划分见表2－5所列。

表2-5 污水处理等级划分

污水处理等级	处理方法
一级处理	又称污水物理处理。通过简单的沉淀、过滤或适当的曝气，以去除污水中的悬浮物，调整 pH 值及减轻污水的腐化程度的工艺过程。处理可由筛选、重力沉淀和浮选等方法串联组成，除去污水中大部分粒径在 100 微米以上的颗粒物质。筛滤可除去较大物质；重力沉淀可除去无机颗粒和相对密度大于 1 的有凝聚性的有机颗粒；浮选可除去相对密度小于 1 的颗粒物（油类等）。废水经过一级处理后一般仍达不到排放标准
二级处理	污水经一级处理后，再经过具有活性污泥的曝气池及沉淀池的处理，使污水进一步净化的工艺过程。常用生物法和絮凝法。生物法是利用微生物处理污水，主要除去一级处理后污水中的有机物；絮凝法是通过加絮凝剂破坏胶体的稳定性，使胶体粒子发生凝絮，产生絮凝物而发生吸附作用，主要是去除一级处理后污水中无机的悬浮物和胶体颗粒物或低浓度的有机物。经过二级处理后的污水一般可以达到农灌水的要求和废水排放标准。但在一定条件下仍可能造成天然水体的污染
三级处理	污水经二级处理后，进一步去除污水中的其他污染成分（如：氮、磷、微细悬浮物、微量有机物和无机盐等）的工艺处理过程。主要方法有生物脱氮法、凝集沉淀法、砂滤法、硅藻土过滤法、活性炭过滤法、蒸发法、冷冻法、反渗透法、离子交换法和电渗析法等

2. 面源污染的控制与处理规定

(1)在城市污水处理率达到80%以上的城市必须进行面源污染的控制与处理。

(2)面源污染的控制与处理应以源头治理为主,减少面源污染的产生量。

3. 内源污染的控制与处理规定

(1)现状水质为劣Ⅴ类且规划水质目标为Ⅳ类以上(含Ⅳ类)的水体必须进行内源污染的控制与处理。地表水环境质量标准基本项目标准限值见表2-6所列。

(2)内源污染的控制与处理包括非工程措施和工程措施,非工程措施主要为改变不合理的渔业养殖结构,减少饵料投加量;工程措施主要为底泥固化和底泥清淤。

(3)水体周边有可用于底泥堆放场地的宜优先采用底泥清淤方式。

4. 水生态系统修复规定

(1)水生态修复应包括促进水体流动和水生植被恢复两个方面。

(2)水生态修复方案应进行充分论证,必须处理好污染物、有害生物的迁移和扩散问题,并不得影响水体其他功能的发挥。引进外来物种进行水生态修复的必须经过相应的示范研究,在确定不对本地物种和生态构成威胁的前提下方可进行实际运用。

表 2-6　地表水环境质量标准基本项目标准限值　　　　单位:mg/L

序号	分类 标准值 项目	Ⅰ类	Ⅱ类	Ⅲ类	Ⅳ类	Ⅴ类
1	水温(℃)	人为造成的环境水温变化应限制在: 周平均最大温升≤1 周平均最大温降≤2				
2	pH 值(无量纲)	6~9				
3	溶解氧≥	饱和率90% (或7.5)	6	5	3	2
4	高锰酸盐指数≤	2	4	6	10	15
5	化学需氧量(COD)≤	15	15	20	30	40
6	五日生化需氧量 (BOD$_5$)≤	3	3	4	6	10
7	氨氮(NH^{3-}N)≤	0.15	0.5	1.0	1.5	2.0
8	总磷(以 P 计)≤	0.02 (湖、库 0.01)	0.1 (湖、库 0.025)	0.2 (湖、库 0.05)	0.3 (湖、库 0.1)	0.4 (湖、库 0.2)
9	总氮(湖、库, 以 N 计)≤	0.2	0.5	1.0	1.5	2.0
10	铜≤	0.01	1.0	1.0	1.0	1.0
11	锌≤	0.05	1.0	1.0	2.0	2.0
12	氟化物(以 F$^-$计)≤	1.0	1.0	1.0	1.5	1.5

（续表）

序号	分类 标准值 项目	Ⅰ类	Ⅱ类	Ⅲ类	Ⅳ类	Ⅴ类
13	硒≤	0.01	0.01	0.01	0.02	0.02
14	砷≤	0.05	0.05	0.05	0.1	0.1
15	汞≤	0.00005	0.00005	0.0001	0.001	0.001
16	镉≤	0.001	0.005	0.005	0.005	0.01
17	铬(六价)≤	0.01	0.05	0.05	0.05	0.1
18	铅≤	0.01	0.01	0.05	0.05	0.1
19	氰化物≤	0.005	0.05	0.2	0.2	0.2
20	挥发酚≤	0.002	0.002	0.005	0.01	0.1
21	石油类≤	0.05	0.05	0.05	0.5	1.0
22	阴离子表面活性剂≤	0.2	0.2	0.2	0.3	0.3
23	硫化物≤	0.05	0.1	0.2	0.5	1.0
24	粪大肠菌群(个/L)≤	200	2 000	10 000	20 000	40 000

　　随着国家对水质的管理从规定处理率到规定排污总量并过渡到容量控制,水系规划也应逐步增加水环境容量计算,并以此为依据协调水质目标与水污染治理之间的关系,建立以目标可达为标准的污水治理措施。因此,水质保护的目标可达性分析必须以水环境容量的计算为依据,包括污染物量的预测和削减率,分析结果不能达标的必须调整或增加相应的治理措施,并重新进行分析,直到目标可达。在技术可达基础上,还宜进行经济可达性分析,对由于城市经济发展水平不能支持规划所提治理措施的建设的,应该首先调整城市发展的规模或产业布局以减少污染物量,在征得环境保护部门同意的基础上也可适当调整水质目标,这能防止部分规划所定目标过高或治理措施不切合当地实际,从而提高规划的指导作用。

六、滨水空间控制

　　滨水空间是水系空间向城市建设陆地空间过渡的区域,其作用主要体现在:一是作为开展滨水公众活动的场所来体现其公共性和共享性,二是作为城市面源污染拦截场所和滨水生物通道来体现其生态性,三是通过绿化景观、建筑景观与水景观的交相辉映来展现和提升城市水环境景观质量。因此,完整的城市滨水空间既包括滨水绿化区,也包括必要的滨水建筑区。为有利于明确这两个区的范围,分别采用滨水绿化控制线和滨水建筑控制线进行界定。

　　(一)滨水绿化区

　　滨水绿化控制线以道路、铁路、堤防为参照可有利于空间控制和便于标识。对滨水绿化控制区的宽度进行明确规定比较困难,需要结合具体的地形地势条件、水体及滨水区功能、现状用地条件等多个因素确定。

　　具体划定时可以参照以下的一些研究成果和有关规定:

　　(1)参照《公园设计规范》关于容量计算的有关规定,人均公园占有面积建议为不少于 30 m^2～60 m^2,人均陆域占有面积不宜少于 30 m^2,并不得少于 15 m^2。因此,当陆域和水域面积之比为 1∶2 时,水域能够被最多的游人合理利用。该规范还要求作为带状公园的宽度不应小于 8 m。

　　(2)沟渠两侧绿化带控制宽度应满足沟渠日常维护管理和人员安全通行的要求,单边宽度不宜小于 4 m。

　　(3)作为生态廊道或过滤污染物的绿化带宽度,有关学者的研究成果为表 2-7 和表 2-8的内容。

　　(4)在武汉进行的"科技部武汉水专项研究"中,在水生态系统方面的研究成果认为,如果滨水绿化区域面积大于水体面积,在没有集中的城市污水的排入时,水生态系统将能够维持自身稳定并呈现多样化趋势。

　　(5)对于历史文化街区(如周庄、丽江古城),由于保护和发扬历史文化的要求,应结合历史形成的现有滨水格局特征进行相应控制。

　　(6)结合滨水绿化控制线布局道路可有利于实现滨水区域的可达性和形成地理标识。

表 2-7　不同学者提出的保护河流生态系统的适宜廊道宽度值

作　者	宽　度(m)	说　明
Gillianm J W 等	18.28	截获 88% 的从农田流失的土壤
Cooper J R 等	30	防止水土流失
Cooper J R 等	80～100	减少 50%～70% 的沉积物
Low rance 等	80	减少 50%～70% 的沉积物
Rabeni	23～183.5	美国国家立法,控制沉积物
Erman 等	30	控制养分流失
Peterjohn W T 等	16	有效过滤硝酸盐
Cooper J R 等	30	过滤污染物
Co rrellt 等	30	控制磷的流失
Kesk italo	30	控制氮素
Brazier J R 等	11～24.3	有效的降低环境的温度 5℃～10℃
Erman 等	30	增强低级河流河岸稳定性
Steinblum s I J 等	23～38	降低环境的温度 5℃～10℃
Cooper J R 等	31	产生较多树木碎屑,为鱼类繁殖创造多样化的生态环境
BuddW W 等	11～200	为鱼类提供有机碎屑物质
Budd 等	15	控制河流浑浊

表2-8　根据相关研究成果归纳的生物保护廊道适宜宽度

宽度值(m)	功能及特点
3～12	廊道宽度与草本植物和鸟类的物种多样性之间相关性接近于零;基本满足保护无脊椎动物种群的功能
12～30	对于草本植物和鸟类而言,12 m是区别线状和带状廊道的标准。12 m以上的廊道中,草本植物多样性平均为狭窄地带的2倍以上;12～30 m能够包含草本植物和鸟类多数的边缘种,但多样性较低;满足鸟类迁移;保护无脊椎动物种群;保护鱼类、小型哺乳动物
30～60	含有较多草本植物和鸟类边缘种,但多样性仍然很低;基本满足动植物迁移和传播以及生物多样性保护的功能;保护鱼类、小型哺乳、爬行和两栖类动物;30 m以上的湿地同样可以满足进驻生动物对生态环境的需求;截获从周围土地流向河流的50%以上沉积物;控制氮、磷和养分的流失;为鱼类提供有机碎屑,为鱼类繁殖创造多样化的生态环境
60、80～100	对于草本植物和鸟类来说,具有较大的多样性和内部种;满足动植物迁移和传播以及生物多样性保护的功能;满足鸟类及小型生物迁移和生物保护功能的道路缓冲带宽度;许多乔木种群存活的最小廊道宽度
100～200	保护鸟类,保护生物多样性比较合适的宽度
≥600～1200	能创造自然的、物种丰富的景观结构;含有较多植物及鸟类内部种;通常森林边缘效应有200～600 m宽;森林鸟类被捕食的边缘效应大约范围为600 m,窄于1200 m的廊道不会有真正的内部生态环境;满足中等及大型哺乳动物迁移的宽度从数百米至数十千米不等

注:表1和表2的数据来源为车生泉,城市绿色廊道研究,城市生态研究,2001,9(11);朱强等,景观规划中的生态廊道宽度,生态学报,2005(9)(第25卷第9期)。

(二)滨水建筑区

滨水建筑区域是指水域空间的水体、岸线及建筑群共同构成的城市滨水区域,是一个适宜人们居住、休闲、游憩、商业贸易,文化交流同时拥有优化生态、公共广场、景观设施的综合性区域。

结合滨水建筑区域的生态特征和整个空间特征可以划分为:水体——岸线(滨水带)——滨水空间(陆域)这三个圈层(见图2-14)。

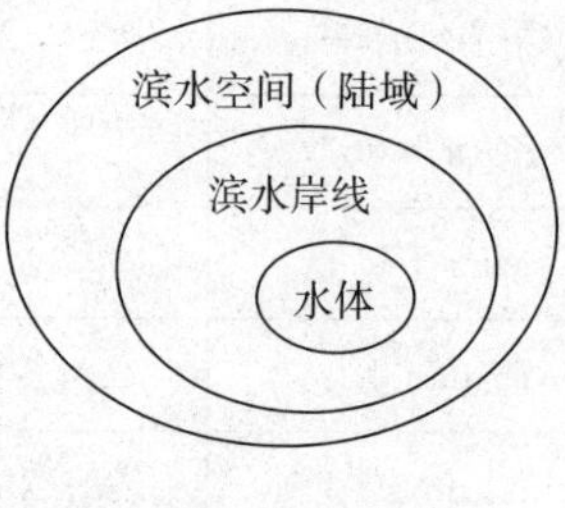

第一圈层,即水体,是整个区域的核心层,也是整个区域景观承载的主宰者。

第二圈层,即濒临水体的岸线,是水体转向陆域的过度空间,也是滨水功能设施布局的重点。

图2-14　圈层分析图

第三圈层,即濒临水体和岸线的陆域地区,进行城市各类功能布局、开发建设。具有景观,生态,交通等各个方面的优势,也是影响水系功能发挥的主要因素。

滨水建筑区域规划必须统筹兼顾这三个圈层的生态保育、功能布局、景观营造和建设控制。岸线和滨水地区功能的布局还必须形成良性互动的格局,避免相互影响。

　　滨水建筑区域是一个具有很强的整体性的综合性区域,如果在设计规划过程中单一的或是撇开任何一个圈层,那这个设计的结果终究是孤立的、断裂的、违背这个环境的。

　　滨水建筑控制线应根据水体功能、水域面积、滨水区地形条件及功能等因素确定。滨水建筑控制线与滨水绿化控制线之间应有足够的距离,并明确该区域城市滨水景观的控制要求。实际规划中还应考虑地形地势条件和周边的用地布局,其目的主要是在滨水城市地区形成良好的城市景观,使水、岸和城市建筑相互呼应,要结合不同的滨水条件和功能,对主要的景观要素进行控制。

复习思考题:

1. 概述水系保护规划的主要内容。

2. 蓝线如何划定? 蓝线的保护内容是什么?

3. 简述绿线的划定方法及绿线保护内容。

4. 画出各种水域类型的水域保护范围。

5. 简述水系生态系统的生态功能。

6. 水质保护措施的内容是什么?

7. 滨水空间按功能如何划分?

单元 3　城市水系综合利用规划

　　城市水系利用规划应体现保护和利用协调统一的思想,统筹水体、岸线和滨水区之间的功能,并通过对城市水系的优化,促进城市水系在功能上的复合利用。城市水系利用规划应贯彻在保护的前提下有限利用的原则,应满足水资源承载力和水环境容量的限制要求,并能维持水生态系统的完整性和多样性。

　　关于水系利用的一般性规定,城市水系的利用要突出功能上的复合利用和系统上的整体利用,并不超过城市水系自身的承载能力,达到可持续利用目的。

一、城市水系布局——水体利用

　　城市水系指城市规划区内各种水体构成脉络相通系统的总称。水是城市起源和发展的命脉,城市水体对城市运行所提供的功能是多重的,城市饮用水的供给、航运和滨水生产、排水调蓄功能、水生生物栖息、生态调节和保育、行洪蓄洪、景观游憩都是水系可以承担的功能,这些功能必须在城市水系规划中得到妥当的安排和布局,不可偏重某一方面,而疏漏了另一方面的发展和布局。应结合水系资源条件和城市总体规划布局,按照城市可持续发展要求,在分析比较各种功能需求基础上,合理确定水体利用功能和水位等重要的控制指标。

　　(一)水体功能的确定原则

　　在水体的诸多功能当中,首先应确定的是城市水源地和行洪通道,城市水源地和行洪通道是保证城市安全的基本前提。对城市水源水体,应当尽量减少其他水体功能的布局,避免对水源水体质量造成不必要的干扰。

水生态保护区,尤其是有珍稀水生生物栖息的水域,是整个城市生态环境中最敏感和最脆弱的部分,其原生态环境应受到严格的保护,应严格控制该部分水体再承担其他功能,确需安排游憩等其他功能的应做专门的环境影响评价,确保这类水体的生态环境不被破坏。

位于城市中心区范围内的水体往往是城市中难得的开敞空间,具有较高的景观价值,赋予其景观功能和游憩功能有利于形成丰富的城市景观。

确定水体的利用功能应符合下列原则:(1)符合水功能区划要求;(2)兼有多种利用功能的水体应确定其主要功能,其他功能的确定应满足主要功能的需要;(3)应具有延续性,改变或取消水体的现状功能应经过充分的论证;(4)水体利用必须优先保证城市生活饮用水水源的需要,并不得影响城市防洪安全;(5)水生态保护范围内的水体,不得安排对水生态保护有不利影响的其他利用功能;(6)位于城市中心区范围内的水体,应保证必要的景观功能,并尽可能安排游憩功能。

同一水体可能需要安排多种功能,当这些功能之间发生冲突时,需要对这些功能进行调整或取舍,其依据应为技术、经济和环境效益的综合分析结论。一般情况下可以先进行分区协调,尽量满足各种功能布局的需要。当分区协调不能实现时,需要对各种功能的需求进行进一步分析,按照水质、水深到水量的判别顺序逐步进行筛选,并符合下列规定:(1)可以划分不同功能水域的水体,应通过划分不同功能水域实现多种功能需求;(2)可通过其他途径提供需求的功能应退让无其他途径提供需求的功能;(3)水质要求低的功能应退让水质要求高的功能;(4)水深要求低的功能应退让水深要求高的功能。

(二)水体水位控制

一般情况下水位处于不断的变化之中,水位涨落对城市周边的建设,特别是对于周边城市建设用地基本标高的确定有重要的影响,因此,水位的控制是有效和合理利用水体的重要环节。江、河等流域性水体,以及连江湖泊、海湾,应根据水文监测站常年监测的水位变化情况,统计水体的历史最高水位、历史最低水位和多年平均水位,并按照防洪、排涝规划要求明确警戒水位、保证水位或其他控制水位,作为编制水系规划和确定周边建设用地高程的重要依据。一般原则:(1)已编制城市防洪、排水、航运等工程规划的城市,应按照工程规划成果明确相应水体的控制水位;(2)工程规划尚未明确控制水位的水体或规划功能需要调整的水体,应根据其规划功能的需要确定控制水位。必要时,可通过技术经济比较对不同功能的水位和水深需求进行协调。

(三)城市水功能区划的分级分类

城市水功能区划应按照新修改的《中华人民共和国水法》要求来进行,区划的分级分类由水利部提出方案,并遵照实施。水资源具有整体性的特点,它是以流域为单元,由水量与水质、地表水与地下水这几个相互依存的组分构成的统一体,每一组分的变化可影响其他组分,河流上下游、左右岸、干支流之间的开发利用亦会相互影响。水资源还具有多种功能的特点,在国民经济各部门中的用途广泛,可用来灌溉、发电、航运、供水、养殖、娱乐及维持生态等方面。但在水资源的开发利用中,各用途间往往存在矛盾,有时除害与兴利也会发生矛盾。水功能区划可以实现宏观上对整个城市乃至区域水资源利用状况的总体控制,合理解决有关水的矛盾,并在整体功能布局确定的前提下,有重点的进行区域水资源的开发利用。

鉴于以上分析,水功能区划在全国范围内采用二级体系,即一级区划(流域级)、二级区划(省级、市级)。一级区划是宏观上解决水资源开发利用与保护的问题,主要协调地区间用水关系,长远上考虑可持续发展的需求;二级区划主要协调各市和市内用水部门之间的关系。

城市范围的水功能区属于二级区划的范畴,是对一级功能区(分四类,包括保护区、保留区、开发利用区、缓冲区)中的开发利用区进行划分,分为七类,包括饮用水源区、工业用水区、农业用水区、渔业用水区、景观娱乐用水区、过渡区、排污控制区。

(四)城市水生态系统功能区水质管理标准

根据城市水生态系统中水域的不同使用功能对水质要求各异的特点,制定出相应的水质管理标准和断面设置原则。

1. 饮用水源区

饮用水源区的一级保护范围按Ⅱ类水质标准、二级保护范围按Ⅲ类水质标准进行管理。Ⅱ类水质标准的功能区应设置在已有和规划的生活饮用水一级保护区内,该区范围为集中取水的第一个取水口上游1 000 m,至最末取水口下游100 m;潮汐水域上、下游均为1 000 m;湖泊、水库的范围为取水口周围1 000 m范围以内。Ⅲ类水质标准的功能区应设置在现有和规划的生活饮用水二级保护范围内。生活饮用水二级保护区其下游功能区界应设置在生活饮用水一级保护区、珍贵鱼类保护区、鱼虾产卵场水域下游功能区界上,其功能区范围为根据水域下游功能区界处的水质标准,采用水质模型反推至上游水质达到Ⅲ类功能区水质标准中Ⅲ类标准最高浓度限值时的范围。也可以根据水质常年监测资料,综合分析评价后确定Ⅲ类水质标准的功能区的范围。

湖泊和水库的饮用水二级保护区设置在一级保护区外1 000 m范围内。

2. 工业用水区

工业用水区按Ⅳ类水质标准进行管理。Ⅳ类水质标准的功能区应设置在工业用水区已有或规划的工业取水口上游,以保证取水口水质能达到Ⅳ类水质标准处至取水口下游100 m范围内。

根据地表水资源的用途及保护要求,湖泊、水库不设Ⅳ类水质标准的功能区。

3. 农业用水区

农业用水区按Ⅴ类水质标准进行管理。Ⅴ类水质标准的功能区设置在已有的农业用水区,其范围应根据农业用水第一个取水口上游500 m至最末一个取水口下游100 m处。考虑农业用水区下游功能区水质要求和河流水资源保护要求,河流的农业用水水质以执行《地表水环境质量标准》(GB3838－2002)中的Ⅴ类水质标准为主,参照《农田灌溉水质标准》(GB5084－2005)。

4. 渔业用水区

珍贵鱼类保护区范围内及鱼虾产卵范围内的水域按Ⅱ类水质标准管理。一般鱼类保护区,按Ⅲ类水质标准进行管理。断面设置应与Ⅰ类和Ⅱ类水质标准的水域相协调。

5. 景观娱乐用水区

景观和人体非直接接触的娱乐用水区按Ⅳ类水质标准进行管理。人体非直接接触的娱乐用水区设置在已有或规划的市级以上政府批准的娱乐用水区范围内。

6. 排污控制区

排污控制区应设置在干、支流的入河排污口或支流汇入口所在区域,城市排污明渠、利用污水灌溉的干渠。入河排污口所在的排污控制区范围为该河段上游第一个排污口上游 100 m 至最末一个排污口下游 200 m。该区内污染物浓度可以超 V 类水质标准,但必须小于地表水排放标准的限制,并保证过渡区后达到下游的功能区水质要求。

7. 过渡区

过渡区应设置在排污控制区下游至其他功能区的上游段,该区的长短取决于排污控制区和其他功能区的浓度梯度,由数学模拟计算确定,一般长度以不超过 100 m 为宜。如果计算出的长度太长,那么就要对排污控制区的水质进行重新限制。

二、岸线分配和利用

(一)岸线功能分配与利用

岸线指水体与陆地交接地带的总称,有季节性涨落变化或者潮汐现象的水体,其岸线一般是指最高水位线与常水位线之间的范围。生态性岸线指为保护城市生态环境而保留的自然岸线;生产性岸线指工程设施和工业生产使用的岸线;生活性岸线指提供城市游憩、居住、商业、文化等日常活动的岸线。

岸线利用应确保城市取水工程需要,取水工程是城市基础设施和生命线工程的重要组成部分。对取水工程不应只包括近期的需要,还应结合远期需要和备用水源一同划定,及早预留并满足远期取水工程对岸线的需求。岸线的使用性质应结合水体特征、岸线条件和滨水区功能定位等因素进行确定。

生态性岸线往往支撑着大量原生水生生物甚至是稀有物种的生存,维系着水生态系统的稳定,对以生态功能为主的水域尤为重要,因此,在确定岸线使用性质时,应体现"优先保护、能保尽保"的原则,将具有原生态特征和功能的水域所对应的岸线优先划定为生态性岸线,其他的水体岸线在满足城市合理的生产和生活需要前提下,应尽可能划定为生态性岸线。

生态性岸线本身和其维护的水生态区域容易受到各种干扰而出现退化,除需要有一定的规模以维护自身动态平衡外,还需要尽可能避免被城市建设所干扰,这就需要控制一个相对独立的区域,限制甚至是禁止在这个区域内进行与城市相关的建设活动。划定为生态性岸线的区域必须有相应的保护措施,除保障安全或取水需要的设施外,严禁在生态性岸线区域设置与水体保护无关的建设项目。

生产性岸线易对生态环境产生不良的影响,因此,在生产性岸线规划布局时应尽可能提高使用效率,缩减所占用岸线的长度,并在满足生产需要的前提下尽量美化、绿化,形成适宜人观赏尺度的景观形象。生产性岸线的划定,应坚持"深水深用、浅水浅用"的原则,确保深水岸线资源得到有效的利用。生产性岸线应提高使用效率,缩短生产性岸线的长度;在满足生产需要的前提下,应充分考虑相关工程设施的生态性和观赏性。

生活性岸线多布局在城市中心区内,是与城市市民生活最为接近的岸线,因此,生活性岸线的布局应充分体现服务市民生活的特点,确保市民尽可能亲近水体,共同享受滨水空间的良好环境。生活性岸线的布局,应注重市民可以到达和接近水体的便利程度,一般平行岸线建设的滨水道路是人群接近水体最便利的途径,人们可以沿路展开休憩、亲水、观水等多项活动,水系规划应该尽力创造滨水道路空间。生活性岸线的划定,应根据城市用地布局,与城市居住、公共设施等用地相结合。

为加强岸线的亲水性,便于人们接近水体,可结合水位变化和岸线的高程设置梯级平台。梯级平台的设置,要考虑水位的变化情况,例如常年水位、最高水位等不同水位高程的台阶,由于被水淹没的时间长短和程度的不同,应有不同的功能布局和处理方式。因此竖向设计是生活性岸线布局需要重点考虑的因素。水体水位变化较大的生活性岸线,宜进行岸线的竖向设计,在充分研究水文地质资料的基础上,结合防洪排涝工程要求,确定沿岸的阶地控制标高,满足亲水活动的需要,并有利于突出滨水空间特色和塑造城市形象。

(二)岸线利用现状分析评价

岸线功能区划定后,还应结合岸线资源的现状利用调查情况以及拟开发利用的相关规划,结合河道行洪安全、水功能区划、生态环境保护等,对各岸线功能区的现状利用的合理性进行评价,提出评价意见。

岸线利用现状分析评价以岸线现状开发利用调查资料为基础,根据已划定的岸线控制线和岸线功能区的界限,针对每一个岸线功能区,深入分析现状岸线,利用对防洪保安、河势控制、水资源利用、生态与环境保护及其他方面的影响,系统总结岸线开发利用及管理的经验教训;对比分析每一个岸线功能区开发利用现状与功能区管理目标要求的差距,为提出岸线资源合理开发、有效利用、科学保护、强化管理的布局和措施提供依据。

1. 岸线利用现状分析

根据调查收集的资料,对岸线功能区利用状况进行分析评价。岸线利用调查统计的内容包括岸线范围内的现状堤防及工程设施、景观商业用地、工业用地、农业用地、住宅用地、取水口、排水口及各类岸线利用项目的建设时间、内容和规模等。

(1)人口状况:岸线功能区内的人口数量及其人口性质(城镇、农村);(2)堤防工程:主要包括防洪标准、建设规模、路堤结合段、圩堤等;(3)工程设施:岸线范围内的工程设施,如船坞、各类闸、水利枢纽、桥梁、避风港、涵洞、管道、缆线等;(4)岸线内的景观商业用地:如公园、绿地、湿地、娱乐、餐饮等;(5)工业与住宅用地:厂矿企业、货物堆场、住宅等;(6)农业用地:耕地、林地、经济作物、鱼塘、围网养殖等。

2. 基本要求

(1)现状岸线开发利用项目与岸线功能区划的要求是否协调;现状岸线利用与保护状况是否与管理目标有差距;区内是否有禁止开发或不宜开发的项目;岸线利用现状是否影响河道(湖泊)行(蓄)洪,跨河建筑物密度、壅水高度,港口码头,城市建设、景观对防洪的影响。

(2)分析评价自然岸线长度与已利用岸线长度的关系,提出岸线合理利用长度。结合现状岸线利用情况,对水利水电、城市、工业、交通、港口、工程设施、农业等规划岸线利用要求进行分析评价,分析其合理性,提出评价意见。

(3)根据有关防洪水资源利用、生态与环境保护、城市建设与发展、港口航运、工农业发展规划等,结合防洪分区、水功能分区、农业区划、自然生态分区等,分析现状岸线利用与相关规划和区划的协调性,对各河段现状岸线保护与利用的合理性,提出岸线保护与利用的评价意见。

(4)对不符合岸线功能区要求的开发利用项目,应提出调整或清退意见。

3. 分析评价内容

以岸线功能区为单元,分析现状岸线利用开发程度,如已利用岸线的长度,岸线内人口数量与发展速度,岸线内永久性占地面积、城市建设、港口建设、取排水口等工程建设面积等,对各行业岸线利用规划提出评价意见。

(1)调查岸线利用现状及其历史演变,分析防洪工程设施、供水工程设施、城市建设、港口建设、航道整治、取排水口、排涝工程、纳潮工程、跨河建筑物等占用岸线规模、范围、分布的基本情况,对现状利用岸线情况进行分类统计,分析评价各段岸线功能区开发利用程度、水平,了解岸线利用项目审批和管理情况,总结现状岸线利用及管理上存在的主要问题,评价各类岸线开发利用程度及合理性。

(2)综合考虑岸线所处区位、岸边通达性、岸线稳定性、岸线前沿水域水深和宽度、后方陆域场地大小、涉水工程和堤防险工情况等多方面因素,分析研究现状岸线利用对河势稳定、防洪安全和供水安全、航运、生态环境及其他方面产生的影响。

(3)评价指标可包括如下几个方面:

① 以临水控制线为控制,分析功能区岸线利用率(已利用岸线/岸线总长);②岸线功能区永久占地率(占地面积/总面积);③岸线功能区人口密度(人/平方公里);④岸线功能区跨河建筑物密度(个/平方公里);⑤岸线功能区取、排水口密度(个/平方公里)。

4. 岸线利用管理规划

(1)岸线利用与保护需求

岸线利用建设项目必须与岸线利用功能区相协调。应在岸线现状利用分析评价的基础上,根据有关行业提出的规划水平,针对岸线利用规划要求,结合河道(湖泊)的岸线资源条件,确保防洪工程建设、河道行洪安全、河势稳定,保护生态环境的要求,按照自上游至下游,左右岸兼顾的原则,对各功能区内的建设项目逐一进行复核,分析建设项目对防洪安全、河势稳定、供水和生态环境方面产生的影响,与已确定的岸线功能分区进行对照,对各项业的岸线利用需求合理性进行分析,提出评价意见。

(2)岸线管理规划目标

根据对规划水平年各功能区岸线利用需求的分析评价意见,针对各功能区的管理要求和实际情况,结合防洪、供水、河势稳定和水生态环境保护及航运等综合因素,分析确定各功能区禁止、控制、允许开发利用的项目,提出各功能区岸线利用与保护的规划目标。

岸线管理规划目标应根据岸线利用与保护的现状和未来的合理需要以及对岸线资源保护的要求,结合各功能区的具体情况分别确定,相同类型的功能区的岸线管理规划目标可以不同。

各功能区的岸线管理规划目标应明确具体,以便操作。岸线管理规划目标主要包括保护目标、控制目标和容许开发的目标。保护目标包括要保护的对象与标准,保护的内容与保护的要求,岸线资源保护对开发行为的要求等。控制目标主要包括对开发建设项目的控制管理要求,要明确每个功能区禁止的开发利用项目类型、控制的开发利用项目类型以及对开发程度的控制目标。容许开发的目标主要包括容许哪些类型的开发建设项目、容许的开发利用程度等。

(3)岸线利用与保护调整

根据各功能区岸线利用与保护现状,统筹协调各行业对岸线利用与保护的需求,按照各功能区的管理规划目标,以岸线功能区为单元,分析现状岸线利用与未来需求的合理性,提出岸线利用与保护的调整意见。

任何进入岸线功能区的开发利用项目,都必须符合岸线功能区利用与保护规划管理目标的要求。

对岸线功能区内已建的对防洪、供水、河势稳定和水生态环境及航运有重大影响的项目,应坚持实事求是,按照公正、公平和公开的原则,按轻重缓急,有计划、有步骤地提出清退意见。

对岸线功能区内规定禁止开发的岸线利用项目,应加强管理、严格控制,任何单位和个人都不得擅自进行岸线的开发利用。对已建或规划的岸线利用项目,应及时与相关部门沟通,提出调整意见。

对岸线功能区内控制开发利用的项目,应根据功能区的属性要求,提出控制利用的原则、措施和控制利用的限制条件。如控制项目规模、数量、岸线利用长度等。

对符合岸线功能区开发利用的项目,应针对开发利用项目的具体情况,结合岸线功能区属性和评价意见,提出对项目开发利用的基本要求及管理措施。

三、滨水区规划布局

(一)滨水区类型

滨水区指在空间上与水体有紧密联系的城市建设用地的总称。按照地域景观环境形态,滨水城市及其滨水区可以分为四类。

第一类是滨江跨河。这一类型最多,就中国的地理环境来看,从古至今,很多城市村镇都是沿河沿江从无到有、繁荣壮大的。此类城市滨水区通常依据自然的江河而布,属于自然流域型景观格局。在未来发展建设中,如何顺应这种自然流域的格局,保证水系的生态循环、防治水系污染、净化水体,是成功与否的前提关键。

第二类是滨海。我国海岸线为 1.8 万 km,岛屿海岸线为 1.4 万 km,滨海城市很多,如上海、天津、连云港、青岛、烟台、大连、厦门、海口、三亚,以及所讨论的城市宁波等。此类滨海城市,一方面具备良好优越的阳光、海水、沙滩号称 3S 的旅游资源,具备着潜在的人类聚居环境的吸引力,但在另一方面也面临着台风、盐碱等不利的环境条件,尤其是盐碱,极大地阻碍着绿化生态的发展,如何发展绿化是滨海城市面临的最大挑战。

第三类是环绕湖泊水域。例如杭州西湖、南京玄武湖、济南大明湖,以及诸如苏州金鸡湖、张家港暨阳湖等许多正在新建的环绕湖泊而兴建的城市滨水区均属此类。此类城市滨水区属于典型的中国园林格局,水体、自然居于中心,对于周围环绕的城市街道、建筑、绿化发挥着最大的效益,在未来紧凑型城市滨水区发展中不失为一种理想的模式,但是也面临着严重的问题。对于这种汇集四面来水、水流对外交换不畅的特定的水系结构,如何保持湖泊水体水质就成了首当其冲的难题,并且一旦污染,就很难恢复,淀山湖和太湖就是例子。

第四类是以岛、半岛或洲为基地而形成的四周为水域所环绕的洲岛型城市滨水区。例如上海的崇明岛、横沙岛,浙江的舟山群岛,浙江千岛湖的淳安县城,厦门的鼓浪屿和宁波湾头地区等,均属此类。

与大陆相比,岛屿环境生态脆弱、物种贫乏、资源有限,并非最佳人居环境。对于人类,岛屿更适合作为一种梦想境界,所以以岛屿最适合暂时性的人类聚集活动,适合作为旅游胜地、度假天堂,即使发展为城市,也应当是旅游性和低密度的。

以上四类中有时会有两类甚至两类以上的情况同时作用于一个城市,称之为复合型滨水城市及其滨水区。其面临的问题和挑战则更为严峻,例如,上海和宁波就既属于滨海城市,也属于位于江南水网地区的滨水城市,既面临着滨海城市的问题,也深受水网型滨水城市的困扰。此外,上海还面临着崇明岛、横沙岛的开发建设问题。

(二)滨水区规划原则

滨水区规划布局应有利于城市生态环境的改善。以生态功能为主的滨水区,应预留与其他生态用地之间的生态联通廊道,生态廊道的宽度至少需要控制在 60 m 以上,一般应达到 100 m。滨水区具有一定规模的水体,当其作为城市生态功能区来进行规划时,应该考虑与其他生态斑块的连通问题,以满足不同物种之间的交换和活动需要。

滨水区规划布局应有利于水环境保护。滨水工业用地应结合生产性岸线集中布局,滨水区的建设与水系有着直接的相互影响,规划应避免滨水区建设可能对水系造成的不利影响,特别是部分工业的布局容易导致对水体的污染。这里需要强调的是,要严禁沿水体零散布局有污染的项目,零散布局必然带来污水截污排放系统的不经济性,最有可能带来水体污染。

滨水区规划布局应有利于水体岸线共享。滨水绿化控制线范围内宜布置为公共绿地、设置游憩道路;滨水建筑控制范围内鼓励布局文化娱乐、商业服务、体育活动、会展博览等公共服务设施和活动场地。滨水区的公共性主要通过两个途径得到确保:一是滨水空间的公共开放性,岸线的空间资源十分珍贵,应通过滨水区空间科学布局增强其共享性,创造出充裕连续、开放的滨水空间;二是滨水区功能的公益性,通过鼓励在滨水区尽可能多地布局城市博览、文化娱乐、休闲游览等公益性活动设施,提高滨水区的公共使用效率,改善城市生活品质。

滨水区规划布局应保持一定的空间开敞度。因地制宜控制垂直通往岸线的交通、绿化或视线廊道,通廊的宽度宜大于 20 m。建筑物的布局宜保持通透、开敞的空间景观特征。滨水区内的道路或各类通廊是滨水空间组织的重要内容。垂直通往水体的道路可加强岸线可达性,这些道路既可使人们便捷地到达滨水区,而且还形成了通往岸线的视线通廊,形成美好的城市景观环境。另外,当条件允许时,也应考虑适当的园林绿化通廊,绿化通廊的间距是按照城市主干道的间距进行控制的,条件好的城市,也可以因地制宜进行控制,体现当地的地域特色。滨水区的建筑物布局应避免沿水体密集安排,形成通透、开敞的景观效果和良好的城市风道。

滨水区规划布局应有利于滨水空间景观的塑造,分析水体自然特征、天际轮廓线、观水视线以及建筑布局对滨水景观的影响,对面向水体的城市设计应提出明确的控制要求。滨水区是水系景观功能体现的重要载体,但景观特征与各地的具体情况有直接的关联,难以作出统一的规定,因此,应该从规划管理角度提出相应的控制要求,通过城市设计来规范滨水区的景观塑造。

(三)滨水区规划的发展

20 世纪 60 年代以后,随着水运交通量的下降,湖滨地区交通运输的功能减弱,滨水区成为发展城市公共空间的宝贵资源。经过长期的发展,芝加哥湖滨地区已经发展成为城市公共活动中心、文化娱乐中心、展览会议中心,同时也是著名的旅游胜地。湖滨地区除了美国最大的会展中心以外,还聚集了世界级的文化艺术机构,包括自然博物馆、天文馆、水族馆、美术馆等。在湖滨地区建设改造的过程中,良好的步行系统,大量公共空间以及大型、高质量的景点是关注的重点,也是湖滨地区的重要特色之一。

众多的案例表明,国外滨水区的再开发之后都形成了多种功能的综合体,承担着所在城市的重要职能,并通过不同功能的组合塑造出不同城市特色鲜明的空间格局(见表3-1)。

表 3-1 国外城市滨水区主要功能(●有 ○没有)

	巴尔的摩	维多利亚	波士顿	多伦多	芝加哥	伦敦码头区	悉尼达林港	横滨21世纪滨水区
居住	●	●	●	●	○	●	○	○
旅馆	●	●	○	●	○	○	○	○
商务楼	●	○	●	●	●	●	●	●
会展博览	●	●	●	●	●	●	○	●
剧场	○	○	○	●	●	●	●	○
商业	●	●	●	●	●	●	●	●
休闲	●	●	●	●	●	●	●	●
体育	●	●	●	●	○	○	○	○

1. 生产岸线向生活岸线转化

随着运输技术的发展,水运相对于空运、公路运输有所衰退,水道和滨水区在交通运输中的作用大大减弱。同时,进入信息化社会后,城市产业重心转向服务业,工业重心从过去依赖港口或码头转向电子类工业,水滨对其不再具有区位优势。因此,滨水地区的业态布局产生新的趋势,工业、运输、仓储等生产功能逐步退化,通过改善滨水区环境,居住、公共服务等生活功能取而代之。

2. 复合开发的模式形成

传统的滨水区职能如交通、仓储等逐步弱化,滨水城市从制造业经济向信息和服务业(休闲、娱乐和旅游)经济的转化导致了一系列新功能空间在滨水区中的出现,包括商务、旅馆、会展、剧场、体育、娱乐场及居住空间组成的复合功能空间,形成以商业、游憩开发为导向,以第三产业为主的业态结构。这种业态结构与地区经济发展、人文与环境保护等进行高度交叠,而成为一种复合的开发模式,从而给需要综合解决多种功能的使用者带来方便。

3. 更注重公众的要求

对于城市中居住在滨水区内的居民而言,开发利用滨水区,整顿衰落、吸引投资、创造良好的居住环境和更多的就业机会是关系到切身利益的事;对于城市中其他居民而言,开发利用滨水区是提升城市环境总体质量、创造假日休闲场所的最佳手段;对其他城市的居民而言,无论是商业还是娱乐业都可以成为游览、观光行为的重点。

4. 滨水区有条件成为多业态功能集聚的良好场所

滨水区优越的自然环境,是形成多功能使用的良好场所,购物、休闲、娱乐、商务办公等功能组织在一起,可以有效地增加滨水区的吸引力。同时,良好的步行交通系统也能吸引更多的步行人流,增加人气。

5. 我国现阶段城市滨水区开发概况

一般认为:城市滨水区的演化,可以概括为自然形态的发展阶段、工业化时代的发展阶段和现代滨水区开发阶段这三个发展阶段。

我国城市滨水区的大规模开发始于 20 世纪 90 年代。如今,几乎每个滨水城市都在关注着自身滨水区的发展。我国的城市大部分处于工业化的发展阶段,因此其滨水区开发也均处于工业化时代的发展阶段,但由于其经济多元化的特征,以及经济全球化区域响应的效应,我国滨水区也具有现代滨水区发展阶段的很多特征。

在特定的历史文化背景、科技与经济水平条件下,国内外城市工业化程度有很大的不同,我国有些滨水城市对沿河运输这一经济功能依赖较弱,有些城市由于工业化进程开始晚,近年来城市的加速发展导致滨水区环境的急剧恶化,同样存在的功能转型问题。因此,我国城市滨水区的开发,在更大程度上是城市的空间功能重构、文化特色重塑和生态环境重建,以此来发掘城市价值,提高城市品位,增强城市竞争力。

国内外滨水区开发虽然在开发的背景方面存在很大差异,但在空间功能重构、居住环境改善、创造更多就业机会等问题上是具有共性的,不妨碍我们在滨水区功业态布局等方面去借鉴国外的经验。

四、水系改造

(一)水系改造的原则与方向

水系改造的基本原则:应有利于提高城市水系的综合利用价值,符合区域水系分布特征及水系综合利用要求。

水系改造的目的应包括提高城市行洪调蓄能力,为改善水质创造条件,为丰富生物多样性提供生态走廊,形成城市独特的景观和水上交通通廊,提高水体的观赏价值等。因此,结合水系各类功能的发挥提出相应的改造要求。

水系改造的主要方向:(1)水系改造应有利于提高城市水生态系统的环境质量,增强水系各水体之间的联系,不宜减少水体涨落带的宽度;(2)水系改造应有利于提高城市防洪排涝能力,江河、沟渠的断面和湖泊的形态应保证过水流量和调蓄库容的需要;(3)水系改造应有利于形成连续的滨水公共活动空间。

此外,城市水系具有明显的地域特征,其变迁过程是城市历史的重要组成部分,水系的结构是城市空间演变和水系自身发展的结果,水系的改造应顺应水系与城市的这种有机联系,避免为改造而改造,避免对自然的、历史的城市水系进行不合理的人工干预,更要避免借改造的名义填占水体的行为,特殊情况下需要减小单一水体的水面面积时,应在同一个排水系统内的其他水体增加不小于该减小的水面面积。

(二)城市水面修复与补偿

1. 城市水面修复与补偿原则

城市水面修复与补偿原则如下:(1)尊重城市规划区内历史水面的原则;(2)符合城市地形地貌条件的原则;(3)符合区域水资源可供水量的原则;(4)符合城市总体规划和景观环境的原则;(5)水面修复与补偿可行性的原则;(6)以现状水面为基准,占一补一的补充原则。

根据城市生态学原理和生态修复理论,城市水面修复与补偿必须符合生态、地理、历史和自然等基本原则。城市是在流域水系的基础上发展起来的人工生态系统单元。长期以来,人类以征服自然来发展经济作为指导思想,在这种思想的指导下,城市发展侵占了大量的自然水面,填平了很多河道,围垦了大片湖面,破坏了水系生态平衡。因此,修复城市水生态系统,恢复城市水面必须尊重历史水面状况,符合流域自然生态系统特征。

城市水面恢复必须因地制宜,根据城市的自然地形地貌条件,确定水面恢复的位置和空间形态。一般来说,人工湖建设应选择在城市的低洼处,河道应选择在城市相同等高线或相近等高线上,不应布置在地形起伏很大的地段,如有可能应尽量选择在原河道位置处。

城市水面恢复建设必须符合水资源可供量的要求。近年来,随着社会经济的飞速发展和城市人口的不断增加,水资源开发利用程度越来越高,用于河湖生态环境水量十分有限,因此,在水资源短缺地区,城市水面的确定必须考虑河湖生态环境用水的来源。

城市水面恢复不能盲目追风,必须以城市总体规划的功能定位和空间布置格局为依据,确定河道走向和人工湖位置。由于水面及周边是景观环境建设的亮点,河道应选择在城市总规划确定的绿色植被的廊道之中,人工湖应选择在城市总规划确定的绿色斑块之中,这样有利于与城市景观环境格局相一致。

城市水面恢复方案必须切实可行,通过城市建设的改造或扩建能够实现规划的水面,特别当规划扩建河道通过老城区时,必须认真调研,提出拆迁方案和实施步骤。对施工特别困难的不可达区域不宜确定为河湖位置。

2. 城市水面修复与补偿途径

城市水面修复与补偿途径有以下几种:(1)疏浚、沟通和拓宽河道;(2)退渔还湖和退耕还湖;(3)恢复被侵占和填埋的沟渠、水塘等;(4)新建或扩建城市人工湖库;(5)河湖人工壅水形成水面;(6)新建开发园区、居住小区、景观公园等景观水面。

一方面,应对由于人类活动减少的水面进行修复:对于被淤积、阻断、缩窄的河道,应进行疏浚、沟通和拓宽;对于围湖养殖和围湖造田侵占的湖泊水体,应进行退渔还湖和退耕还湖;对于由于城市建设被侵占和填埋的河道、沟渠、水塘等面积水体,应进行恢复。另一方面,应通过新建水面进行补偿:可以结合城市水系防洪、蓄水、景观等功能新建城市人工湖库、人工壅水形成水面、新建景观水面等。

(三)水域面积率

1. 城市适宜水域面积率

水系改造是城市建设过程中提升水系综合功能的手段,在改造过程中水域面积是重要的控制条件,但水域面积的大小与各地的水资源条件和地形地势条件等实际情况有较大关联,也与城市发展阶段、发展水平有很大关系。

目前就水域面积率学术界有很多争论,虽然大部分学者都同意水系改造不能减少水面,但也认为有必要适当限制在水资源缺乏城市盲目扩大或开挖大型景观水面的行为,而对于水面较少的城市是否有必要在规划中增加新的水面有不同意见。

我国住房和城乡建设部 2009 年 12 月 1 日起实施的《城市水系规划规范》(GB50513-2009)结合近年来国家对减轻洪涝灾害的重视程度、减小城市排涝系统压力和降低城市面源污染的生态型雨水排除系统的发展趋势等多方面因素,按照不同地区降雨及水资源条件给出了水域面积率的建议值(见表 3-2)。通过对全国不同地域 25 个城市近年所编规划的统计分析,规划的水域面积率都基本处于规范建议的范围内。

表 3-2　住建部城市适宜水域面积率

城市区位	水域面积率(%)
一区城市	8~12
二区城市	3~8
三区城市	2~5

注：1. 一区包括湖北、湖南、江西、浙江、福建、广东、广西、海南、上海、江苏、安徽、重庆；二区包括贵州、四川、云南、黑龙江、吉林、辽宁、北京、天津、河北、山西、河南、山东、宁夏、陕西、内蒙古河套以东和甘肃黄河以东的地区；三区包括新疆、青海、西藏、内蒙古河套以西和甘肃黄河以西的地区。2. 山地城市宜适当降低水域面积率指标。

说明：(1)由于水域面积率是以水资源条件和排涝需求为依据提出的，对于山地城市，其自身排水条件较好，需要在城市规划区内屯蓄降雨的要求不高，同时，山地城市建设水面的难度较大，因此，山地城市在采用表 3-2 建议数值时，应根据地形条件适当调减。(2)城市分区保持与《室外给水设计规范》(GB50013-2006)一致。(3)规划建设新的水体或扩大现有水体的水域面积，应与城市的水资源条件和排涝需求相协调，增加的水域宜优先用于调蓄雨水径流。

水利部于 2008 年颁布的《城市水系规划导则》(SL431-2008)对于城市适宜水面面积有着不同的规定。运用综合分析的方法，在对全国 286 个城市调查分析和综合评判的基础上，提出了直辖市和地级市的城市分区和相应的适宜水面面积率，作为城市水面规划的参考依据。总体上呈现以下规律：在我国水资源丰富的长江以南地区多数城市，水面面积要大些，可达 10% 以上，这些城市经济水平、公众期望和自然条件可以实现这样的水面比例；在水资源一般的长江与淮河之间的中东部地区多数城市，水面面积可规划在 5%~10% 左右；在水资源较为短缺的黄河与淮河之间的中东部地区以及东北地区城市，水面面积建议在 1%~5% 左右；在水资源短缺的华北地区城市可设计一些景观水域，水面面积建议在 0.1%~1% 左右；而在我国水资源特别短缺的西北干旱地区城市，非汛期可不人为设计水面比例。

城市水面面积率 S 应为城市总体规划控制区内常水位下水面面积占城市总体规划控制区面积的比率。城市适宜水面面积率 $S'_\triangle$，应根据当地的自然环境条件、历史水面比例、经济社会状况和生态景观要求等实际情况确定。城市适宜水面面积率可参考附录 3-1。

附录 3-1 表中未提及的其他城市的适宜水面面积率，可根据当地气候和水资源量等具体情况，参照邻近或相似城市的适宜水面面积率。

城市适宜水面面积率的实现应是动态的过程，近期以保持现有水面面积率为目标，随着经济社会发展和生态环境意识的提高，中期、远期逐步实现所确定的适宜水面比例。

当现状城市水面面积率大于等于城市适宜水面面积率时，应保持现有水面，不应进行侵占和缩小；当现状城市水面面积率小于适宜水面面积率时，应根据城市具体情况，采取措施补偿和恢复，以满足城市适宜水面面积率要求。

2. 城市适宜水域面积计算

城市水域具有许多生态服务功能，如景观、调蓄洪水和维持生物多样性等，因此，城市水域具有巨大的生态效益。同时，城市水域的建设也需要很大的成本，主要有土地成本、工程成本和水资源成本等。只有当城市水域的边际生态效益和边际建设成本相等时,建设城市水域所获得的收益才最大,此时的水域面积才是适宜的水域面积。

由于景观的生态效益核算与当地的经济水平有关,调蓄洪水的生态效益核算与当地的经济水平和降水量都有关。同时,城市水域建设的土地成本和工程建设成本也与当地的经济水平有关,而水资源成本与经济水平和水资源条件都密切相关。根据上述分析,城市水域的生态效益和建设成本与当地的经济条件和水资源条件密切相关,因此城市水域的生态效益和建设成本表述为水域面积、降水量和 GDP 的函数。

城市水域的生态效益函数为

$$B=f(A,P,GDP) \tag{3-1}$$

式中,B 为城市水域的生态效益(万元);f 为城市水域的生态效益函数;A 为城市水域面积(m^2);P 为当地的降水量(mm);GDP 为当地的国内生产总值(万元)。

城市水域的建设成本函数为

$$C=g(A,P,GDP) \tag{3-2}$$

式中,C 为城市水域的建设成本(万元);g 为城市水域的建设成本函数。

当被研究的城市确定后,水资源条件和经济发展水平也就确定了,则城市水域的生态效益和建设成本就只与水域面积有关。在一定的水资源条件和经济发展水平下,城市水域的生态效益和建设成本曲线如图 3-1 所示。

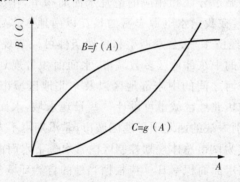

图 3-1　城市水域的生态效益曲线和建设成本曲线

分别对 f 和 g 求导,即得到城市水域的边际生态效益曲线和边际建设成本曲线,如图 3-2 所示。根据效益最大化原则,只有当 $\dfrac{\partial f}{\partial A}=\dfrac{\partial g}{\partial A}$,即当边际生态效益和边际建设成本相等时,建设城市水域所获得的收益才最大,此时的水域面积才是适宜的水域面积,即图 3-2 中的 $A_{适}$。

如何确定城市适宜的水域面积是个非常复杂的问题,应综合考虑城市水土资源条件、社会经济发展水平和城市生态格局,这里只是以城市水域的边际生态效益和边际建设成本相等作为均衡条件,推求城市适宜水域面积。而如何构建城市水域的生态效益函数和建设成本含水,还有待深入研究。

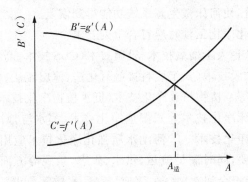

图 3-2　城市水域的边际生态效益和边际建设成本曲线

(四)水质改善与生态水量工程

1. 水质改善工程

应在污染源的控制与治理的基础上,选择适宜的河湖治理与生态修复技术,进一步改善河湖水质。主要包括城市达标尾水通道工程、城市洼陷结构截污系统工程、调水引流水质改善工程、清淤和河床微生态系统修复工程以及河湖水质强化净化工程等。

(1)选用城市达标尾水通道工程时应符合下列要求:

①为保护城市重点湖库或河段水环境质量,宜利用现有河流、沟渠和管道等水利通道,将城市达标尾水就近导入自净能力较大的水体进行处置或对达标尾水进行综合利用。在条件允许情况下,宜采用二级处理后达标尾水的深水多孔潜没排放方式,进一步提高水体自净和稀释能力。②可根据具体情况选择排水河道、专用明渠和专线管道等尾水通道类型。尾水输送河道或管道应采用物理、生物、化学等措施,进一步强化净化水质。

(2)选用城市洼陷地域截污系统工程时应符合下列要求:

①应充分开发利用城市中的人工湖、水塘、湿地、天然河道等洼陷结构,依靠水、土壤、细菌、水生植物、水生动物、氧气、阳光等要素,利用水—土壤—微生物—植物系统的自我调控机制和各单元净化能力,对城市达标尾水、地表径流进行净化,改善河湖水质。②可根据具体情况选择湿地截污处理系统、土地截污处理系统和水塘截污处理系统等洼陷结构截污技术。

(3)选用调水引流水质改善工程时应符合下列要求:

①可根据具体情况选择调水引流水质改善技术,通过工程引流改善水域水动力条件,增加对污染物的稀释容量,提高局部水域净化能力,使水体达到相应的水质标准。应用调水引流水质改善技术时,应避免因抬高河湖水位增加防洪风险、对受水区产生二次污染、造成水域的污染转移、物种入侵以及由于引水区水量减少引起的相关生态环境问题。②在水资源允许且河流退水不影响相邻地区的前提下,首先应从水功能区的角度来考虑是否有必要引流。对于适合采用调水引流的水域,应充分调查分析该地区的具体污染物类型和水域特征,论证调水引流的可行性。如果污染物是难降解和可积累的有毒有害物质或重金属造成的,不宜采用调水引流水质改善技术。③调水引流水质改善技术主要适用于一级区的保护区、保留区、缓冲区和二级区的饮用水源区、渔业用水区、景观娱乐用水区,不宜用于农业用水区、工业用水区、过渡区和排污控制区等功能区的水质改善。

(4)选用清淤和河床微生态系统修复工程时应符合下列要求:

①城市河湖应定期进行清淤疏浚;②清淤后的底泥应进行妥善处置;③清淤后应及时修

复河床受损的微生态系统,使河床微生态系统功能得到恢复。

(5)选用河湖水质强化净化工程时应符合下列要求:

①可根据具体情况选择人工增氧技术、投菌技术(CBS技术、高效复合微生物菌群技术、固定化细菌技术等)、生物膜技术(人工填料接触氧化法、薄层流法、伏流净化法、砾间接触氧化法、生物活性炭净化法等)、植物植栽净化技术(挺水植物净化技术、沉水植物净化技术、植物浮岛净化技术、植物浮床净化技术等)、湿地净化技术(滨水湿地净化技术、旁侧湿地净化技术等)等河湖水质强化净化技术。②河湖水质强化净化技术应用应注意与河湖功能的协调,保证城市防洪排涝需要,同时满足航运、供水、生态、景观等方面的要求。③河湖水质强化净化工程技术的选择应符合河宽、水深、流速、流量、水质等要求。④河湖水质强化净化工程宜使用当地物种和材料,防止造成外来物种入侵。⑤采用植物净化技术时,应注意对植物的定期收割,防止造成二次污染。

在不同尺度河道水质改善技术选择应符合时空尺度、地域条件、污染状况和河道功能及下列要求:①一级大尺度城市河道可选择的综合治理方案应包括河床清淤、边坡植物修复、河道滨水植物带、沿岸绿色廊道等。不宜选用水质强化净化技术措施。②二级中尺度城市河道可选择具有针对性的综合治理方案应包括河床清淤、边坡和河床沉水植物修复、沿岸绿色廊道等,不宜选用水质强化净化和滨水植物带技术,沉水植物修复应考虑对水动力的影响状况,确保行洪安全。③三级小尺度城市河道可选择全河道的综合治理方案应包括断面疏浚整治、水质强化净化、边坡和河床植物修复、沿岸绿色廊道等。

2. 生态水量工程

(1)城市河湖生态水量可通过调水引流的工程措施进行调节,并应符合下列要求:

①针对水资源开发利用程度过高(和城市自身水量不足)引起的城市河湖水量不能满足生态水量的问题,宜采取调水引流的工程调节措施增加来水量,解决生态水量不足问题。②应符合流域或区域水资源的合理配置,确保城市河湖生态水量的需求。③应充分调查城市水系可利用的补给水源情况,计算分析可利用的生态补给水量,制定城市河湖生态需水调水引流补给方案。④工程调节措施的规划和实施应充分考虑防洪风险问题。

(2)城市河湖生态水量可通过抬高水位的工程措施进行调节,并应符合下列要求:

①针对城市河湖水量无法满足生物生存所要求最小水深、维持城市河湖景观功能要求适宜水深等问题,可通过在河道或湖泊出口处建设橡胶坝、翻板坝、溢流堰、节制闸、分段孤石低堰壅水等工程措施,抬高河湖水位,增大河湖水面和水深来满足生态水量的需求。②对城市具体的河流或湖泊,采用哪种水工建筑物抬高河湖水位,应具体问题具体分析,选择适合的构筑物,如对漂浮物和推移质较多的河道不宜采用橡胶坝,对行洪要求较高的河道不宜采用溢流堰,对管理困难的河湖不宜采用节制闸。③工程调节措施的规划和实施应充分考虑防洪风险问题。

(3)城市河湖生态水量来源可从多途径考虑,并应符合下列要求:

①湖泊和水库补给。枯水期城市河湖水系的生态水量不足,可通过调节水库放水或较大湖泊调水补给。②跨区域或跨流域调水补给。可借助水利工程向城市河湖补充生态水量。③地表水和地下水联合调度互补。可利用水利工程储存、开采和联合调控城市河湖生态水量。④城市再生水利用补给。应加大城市生活污水处理,倡导中水回用,补充城市河湖生态水量。

附:城市分区及其适宜水面面积率

(a)城市适宜水面面积率

城市分区	适宜水面积率($S'_\triangle$)	备 注
I	$S'_\triangle \geqslant 100\%$	现状水面面积比例很大的城市应保持现有水面,不应按此比例进行侵占和缩小
II	$5\% \leqslant S'_\triangle < 10\%$	
III	$1\% \leqslant S'_\triangle < 5\%$	
IV	$0.1\% \leqslant S'_\triangle < 1\%$	可设计一些景观水域
V	/	非汛期可不人为设计水面比例

(b)城市分区表

省(市)	分区	省(市)	分区	省(市)	分区	省(市)	分区
北京	III	太原	III	赤峰	IV	丹东	II
天津	II	大同	IV	呼伦贝尔	V	锦州	III
河北		阳泉	IV	通辽	IV	营口	II
石家庄	III	长治	IV	鄂尔多斯	V	阜新	III
唐山	IV	晋城	IV	巴彦淖尔	V	辽阳	III
秦皇岛	III	朔州	IV	乌兰察布	V	盘锦	II
邯郸	IV	晋中	IV	兴安盟	V	铁岭	III
邢台	IV	运城	IV	锡林郭勒盟	V	朝阳	III
保定	III	忻州	IV	阿拉善盟	V	葫芦岛	III
张家口	IV	临汾	IV	辽宁		吉林	
承德	III	吕梁	IV	沈阳	III	长春	III
沧州	III	内蒙古		大连	III	吉林	II
廊坊	IV	呼和浩特	V	鞍山	III	四平	III
衡水	III	包头	V	抚顺	II	辽源	III
山西		乌海	V	本溪	II	通化	III

（续表）

省（市）	分区	省（市）	分区	省（市）	分区	省（市）	分区
白山	Ⅲ	盐城	Ⅱ	滁州	Ⅲ	宜春	Ⅰ
松原	Ⅲ	扬州	Ⅰ	阜阳	Ⅱ	抚州	Ⅱ
白城	Ⅲ	镇江	Ⅰ	宿州	Ⅲ	上饶	Ⅱ
延边	Ⅲ	宿迁	Ⅱ	巢湖	Ⅱ	山东	
黑龙江		泰州	Ⅰ	六安	Ⅲ	济南	Ⅲ
哈尔滨	Ⅱ	浙江		亳州	Ⅱ	青岛	Ⅲ
齐齐哈尔	Ⅵ	杭州	Ⅰ	池州	Ⅰ	淄博	
鸡西	Ⅵ	宁波	Ⅰ	宣城	Ⅱ	枣庄	Ⅲ
鹤岗	Ⅵ	温州	Ⅰ	福建		东营	Ⅲ
双鸭山	Ⅵ	嘉兴	Ⅰ	福州	Ⅰ	烟台	
大庆	Ⅵ	湖州	Ⅰ	厦门	Ⅰ	潍坊	Ⅲ
伊春	Ⅵ	绍兴	Ⅰ	莆田	Ⅱ	济宁	Ⅲ
佳木斯	Ⅵ	金华	Ⅱ	三明	Ⅰ	泰安	
七台河	Ⅵ	衢州	Ⅱ	泉州	Ⅰ	威海	Ⅲ
牡丹江	Ⅱ	舟山	Ⅰ	漳州	Ⅰ	日照	Ⅲ
黑河	Ⅵ	台州	Ⅰ	南平	Ⅰ	莱芜	Ⅲ
绥化	Ⅵ	丽水	Ⅱ	龙岩	Ⅰ	临沂	Ⅲ
上海	Ⅱ	安徽		宁	Ⅰ	德州	
江苏		合肥	Ⅱ	江西		滨州	
南京	Ⅰ	芜湖	Ⅰ	南昌	Ⅰ	聊城	Ⅲ
无锡	Ⅰ	蚌埠	Ⅰ	景德镇	Ⅰ	菏泽	Ⅲ
徐州	Ⅱ	淮南	Ⅱ	萍乡	Ⅱ	河南	
常州	Ⅰ	马鞍山	Ⅰ	九江	Ⅰ	郑州	Ⅲ
苏州	Ⅰ	淮北	Ⅲ	新余	Ⅱ	开封	Ⅱ
南通	Ⅰ	铜陵	Ⅰ	鹰潭	Ⅱ	洛阳	Ⅱ
连云港	Ⅰ	安庆	Ⅰ	赣州	Ⅰ	平顶山	
淮安	Ⅰ	黄山	Ⅲ	吉安	Ⅰ	焦作	Ⅲ

（续表）

省(市)	分区	省(市)	分区	省(市)	分区	省(市)	分区
鹤壁	IV	长沙	II	河源	II	四川	
新乡	IV	株洲	II	阳江	II	成都	III
安阳	IV	湘潭	II	清远	II	自贡	III
濮阳	III	邵阳	II	东莞	II	攀枝花	III
许昌	IV	岳阳	I	中山	II	泸州	II
漯河	III	常德	I	潮州	II	德阳	III
三门峡	III	张家界	II	揭阳	II	绵阳	III
南阳	IV	益阳	II	云浮	II	广元	III
商丘	III	彬州	II	广西		遂宁	III
信阳	IV	永州	II	南宁	II	内江	II
周口	III	怀化	II	柳州	II	乐山	III
驻马店	III	娄底	II	桂林	II	南充	II
湖北		湘西	II	梧州	II	宜宾	
武汉	I	广东		北海	II	广安	III
黄石	I	广州	II	防城港	II	达州	III
襄樊	II	深圳	III	钦州	II	眉山	III
十堰	II	珠海	II	贵港	II	雅安	III
荆州	I	汕头	III	玉林	II	巴中	
宜昌	I	沼关	II	百色	II	资阳	
荆门	II	佛山	II	贺州	II	贵州	
鄂州	I	江门	II	河池	II	贵阳	II
孝感	I	湛江	II	来宾	II	六盘水	II
黄冈	I	茂名	II	崇左	II	遵义	II
咸宁	II	肇庆	II	海南		安顺	II
随州	II	惠州	II	海口	II	铜仁	II
恩施	II	梅州	II	三亚	II	毕节	II
湖南		汕头	II	重庆	I	云南	

（续表）

省(市)	分区	省(市)	分区	省(市)	分区	省(市)	分区
昆明	III	铜川	IV	平凉	IV	克拉玛依	IV
曲靖	III	宝鸡	IV	酒泉	IV	吐鲁番	IV
玉溪	II	咸阳	IV	庆阳	IV	哈密	IV
保山	II	渭南	IV	定西	IV	和田	IV
昭通	III	延安	IV	陇南	IV	阿克苏	IV
丽江	II	汉中	III	临夏	IV	喀什	IV
普	II	榆林	IV	合作	IV	阿图什	IV
临沧	II	安康	III	青海		库尔勒	IV
景洪	II	商洛	IV	西宁	IV	昌吉	IV
楚雄	III	甘肃		宁夏		博乐	IV
大理	III	兰州	IV	银川	V	伊宁	IV
潞西	III	嘉峪关	V	石嘴山	V	塔城	IV
西藏		金昌	IV	吴忠	V	阿勒泰	IV
拉萨	V	白银	IV	固原	V	石河子	IV
日喀则	V	天水	IV	中卫	V		
陕西		武威	IV	新疆			
西安	IV	张掖	IV	乌鲁木齐	IV		

复习思考题：

1. 岸线功能分配与利用的原则与方法是什么？

2. 滨水区可以分为哪些类型,规划原则有哪些？

3. 水系改造的原则和方法有哪些？

4. "导则"与"规范"中对城市适宜水域面积率的规定有哪些不同？

5. 水质改善工程有哪些,各自的选用要求是什么？

6. 生态水量工程调节与来源的具体要求是什么？

单元 4　涉水工程协调规划

学习指导

目标:1. 掌握水源工程规划的原则、内容、要求和步骤;

　　　2. 掌握防洪排涝工程规划的原则、内容、要求和步骤;

　　　3. 了解滨水道路规划的原则、内容和要求;

　　　4. 了解过水桥梁规划的原则、内容和要求;

　　　5. 了解航道规划的原则、内容和要求;

　　　6. 了解码头规划的原则、内容和要求;

　　　7. 了解锚地规划的原则、内容和要求;

　　　8. 了解涉水工程与城市水系协调的相关内容;

　　　9. 了解各涉水工程之间互相协调的相关内容。

重点:1. 水源工程规划的内容和要求;

　　　2. 防洪排涝工程规划的内容和要求。

一、水源工程规划

水源工程规划是城市给水工程规划的基础,直接关系到城市的供水安全和经济社会的可持续发展,其内容包括城市水源评价、城市水源功能区域划分、水源地选择及取水点的确定、供需平衡分析、取水构筑物的规划及方案编制等。水源工程包括水源地及水源保护区、取水点和供水处理设施,对水源地距供水处理设施较远的城市还包括输水线路及沿线保护区。

（一）水源工程规划的原则

1. 优先原则

优先是水源工程规划的依据。水法中规定,生活、生产经营、生态环境之间在享受使用水资源的权利时,各用户之间具有不同的优先权,即生活、生产经营、生态环境用水之间要协调,生活用水优先,在保障人民生活、促进经济发展的同时维持和改善生态环境;开源与节流相结合,节流优先;地表水与地下水等各种水源的利用,地表水优先。因此,在进行水源工程规划时,应优先保证生活用水,优先使用地表水。

2. 协调原则

协调是水源工程规划的核心,主要是指社会经济发展目标和生态环境保护目标与水源条件之间的协调、近期和远期经济社会发展目标对水的需求之间的协调、流域内区域与流域及区域间水源利用的协调、不同形式水源之间开发利用程度与生活和生产经营及生态环境用水之间的协调。

3. 系统性原则

流域、区域是由社会经济、水资源、生态环境等系统构成的一个复杂系统,故水源工程的规划应从系统的角度出发,对地表水源和地下水源统一规划,对当地水源和过境水源统一规划,对原生性水源和再生性水源统一规划,对降水性水源和径流性水源统一规划。不仅要将水量平衡和水环境容量平衡联系起来,还要将流域水源循环转化过程和国民经济用水的供、用、耗、排过程联系起来,用系统的原则来指导水源工程的规划,保证水源合理配置。

4. 可持续原则

可持续原则可以理解为代际间的水源分配公平性原则,它要求近期与远期之间、当代与后代之间对水源的利用应协调发展、公平利用,而不是掠夺性地开采和利用,甚至破坏,即当代人对水源的利用,不应使后一代人正常利用水源的权利受到破坏。反映水源利用在经过开发利用阶段、保护管理阶段和管理阶段后,步入的可持续利用阶段中最基本的原则。

(二)水源工程规划的内容及步骤

1. 城市水源评价

关于水资源的概念有不同的理解和定义,基本上可以归纳为以下几个。

广义概念:一切可以被利用的各种形态的天然水体都可以称为水资源。包括海洋、冰川、湖泊、河流、地下水、大气水等在内的各种水体。

狭义概念:水资源仅指可供国民经济利用的淡水资源。主要来源于大气降水,其数量为扣除水汽蒸发的总降水量。

工程概念:在现有的经济、技术条件下,可以利用的具有稳定径流量的淡水以及少量用于冷却的海水。

城市水源一般指可被利用的淡水资源,包括地下水源和地表水源。有时把海水利用、废水回用作为城市水源的补充。

地下水分为潜水、层间水、泉水等。潜水主要靠降水和河流、湖泊等地表水渗流补给。其水质与补给源水质有关。地下水源评价主要考虑对某一地区某一城市地下水储量、允许开采量、地下水水质进行评价,一般包括如下内容:

① 调查了解或勘察钻探,确定区域内地质条件;

② 根据调查、勘察结果,描述区域内水文地质条件;

③ 根据区域内地下水源开采现状,分析地下水动态特征;

④ 确定地下水含水层渗透系数和补给来源;

⑤ 地下水开采量计算;

⑥ 地下水水质评价;

⑦ 地下水评价计算可靠性分析;

⑧ 地下水开发利用方案和管理要求;

⑨ 评价结论和建议。

作为城市水源的河流、湖泊、水库等地面水源主要从水质、水量方面进行分析,在选择取水位置时,还应对取水口河段、河势、河床稳定性,湖泊、水库、堤防、工程地质等进行深入评价,主要包括如下方面内容:

(1)地面水源水质评价

① 水源水质评价应对取水水域分为平水期、丰水期、枯水期三期水质检测;

② 水质评价取样应设在取水区域上、下游不少于三个断面上;

③ 水样一般从水面以下 0.5 m 至水底以上 1 m 范围内采集;

④ 检验项目及方法按照《地面水环境质量标准》(GB3838-88)规定的指标和方法进行;

⑤ 评价标准按照《地面水环境质量标准》(GB3838—88)执行。

(2)地面水源环境影响评价

地面水源环境影响评价重点是水源水质保护和变化趋势分析,其主要内容为:

① 对水源水质、底泥、大气进行现状监测评价;

② 对排入水源水体的污染源调查、分析;

③ 水上交通对水源水质影响的分析;

④ 预测水源水质变化趋势,富营养化的可能性等;

⑤ 提出区域内排放污染物总量控制的范围,总量控制的措施;

⑥ 提出水环境管理监测计划。

(3)河床河势变化及水文、工程地质评价

河床河势变化及水文、工程地质评价主要是对取水河流、湖泊、水库水文地质,河床变迁的影响进行评价,包括下面内容:

① 工程河段基本情况,包括径流量、潮汐变化、泥沙特点;

② 河床演变分析,包括历史上变迁,近期变迁及河床演变趋势预测;

③ 工程水域利用可能性分析;

④ 取水工程对河道水流、湖泊、水库水系影响等。

2. 城市水源功能区域划分

(1)城市水源功能划分的基本原则

保护城市水源是城市可持续发展的需要,特别是饮用水源,应放在首位,以求使在最小投资条件下收到较好的社会效益。水源功能划分时,应注意以下原则:

① 以城市可持续发展为前提,根据城市总体规划、工业布局、饮用水源选择、水环境质量要求划分;

② 突出重点,优先保护生活饮用水源;

③ 从城市水源、现状出发,制定不同功能的(地方)水质目标,但不得低于现状水质要求;

④ 根据水环境容量,制定具体的污水排放标准或分期的执行标准及水源保护措施;

⑤ 城市水源功能划分应具有一定时效,其水质目标应越来越严格,最终达到天然水体要求;

⑥ 城市水源功能并非是单一的功能,可以是多种功能的叠加,但其水质目标必须按照最严格的使用功能要求来确定。

(2)城市水源水体功能划分

城市水源的有效利用与城市发展有关。受其所在位置和用途限制而具有不同的水质要求。城市水源规划时主要考虑以下用途开发利用:

① 生活饮用水水源;

② 水生生物环境水源;

③ 工业用水水源;

④ 渔业养殖用水水源;

⑤ 游泳场、浴场水源;

⑥ 畜禽用水水源;

⑦ 水上运动用水水源；

⑧ 景观用水水源；

⑨ 农业灌溉水源；

⑩ 航运水源。

按照不同用途不同水质标准,根据我国《地面水环境质量标准》城市水源功能可分如下五类：

Ⅰ类：国家自然保护区,包括风景区,直接饮用水水源区,食品、饮料、酿酒工业原料用水区水体。

Ⅱ类：主要生活饮用水源的一级保护区,珍贵鱼类及鱼虾产卵区水体。

Ⅲ类：主要生活饮用水源的二级保护区,一般鱼类保护区及游泳区水体。

Ⅳ类：一般工业工艺用水,与人体非直接接触的娱乐、水上运动用水水体。

Ⅴ类：主要适用于农业用水区及一般影响用水区水体。其中农业用水,尚应注意粮食作物、经济作物、林木草地牧场灌溉用水与生吃瓜果蔬菜灌溉用水的水质有所不同。

3. 水源地选择及取水点的确定

水源地的选择应综合考虑主水、客水、地下水和地表水等水源的水质水量特征,结合城市建设区与水源地之间的关系确定,并应符合如下要求：

① 水源地选择应按照先地表水后地下水、先江水后湖水的原则进行；

② 水源地选择应通过水量平衡计算确定,不同用水类别可选择不同的水源,应优先保证城市生活用水需要。水量平衡应根据不同用水类别的保证率进行计算,保证率可参照表 4-1。

表 4-1　不同类别水源供水保证率

水源类别	保证率	
	重要	一般
集中式生活饮用水源	95%～97%	90%～95%
工业用水水源	90%～97%	70%～90%
农业、渔业用水水源	80%～90%	60%～80%
景观用水水源	60%～80%	40%～60%
湿地生态用水水源	50%～60%	40%～50%

③ 城市集中供水的水源地应有不少于一个备用水源,备用水源应能满足 70% 以上的城市生活用水需要；

④ 水源距用水区距离较远的应确定输水线路,输水线路不宜经过城市建设区,必须经过的城市集中供水输水设施不得采用明渠。

取水点的确定应有利于取水工程的建设和减少城市对取水工程和取用水水质的影响,一般应满足如下要求：

① 城市集中供水的取水点应位于城市上游,并与城市建设区之间有足够的缓冲区域,集中的工业和农业用水取水点可就近设置；

② 取水点不宜占用城市深水资源；

③ 取水点应设置在河岸及河床稳定地段,不得设置在防洪的险工险段区域；

④ 取水点不得设置在城市集中排水口和航运作业区、锚地的影响区域,在进行技术经济比较后确需设置在该区域的应协调与城市排水和航运作业的关系,搬迁排水口、作业区和锚地。

4. 供需平衡分析

水资源供需平衡分析,是指在一定范围内(行政、经济区域或流域)不同时期的可供水量和需水量的供求关系分析。水资源供需分析是在现状供需分析的基础上,分析规划水平年各种合理抑制需求、有效增加供水、积极保护生态环境的可能措施(包括工程措施与非工程措施),组合成规划水平年的多种方案,结合需水预测与供水预测,进行规划水平年各种组合方案的供需水量平衡分析,并对这些方案进行评价与比选,提出推荐方案。

它是以系统分析的理论与方法,综合考虑社会、经济、环境和资源的相互关系,分析不同发展时期、各规划方案的水资源供需状况。以国民经济和社会发展计划与国土整治规划为依据,在江河、湖库、流域综合规划和水资源评价的基础上,按供需原理和综合平衡原则来测算今后不同时期的可供水量和用水量,制订水资源长期供求计划和水资源开源节流的总体规划,以实现或满足一个地区可持续发展对淡水资源的需求。在此基础上,综合评价各方案对社会、经济和环境发展的作用与影响,规划工程的必要性及合理性,为制订水资源中长期供求计划及有关对策措施提供依据。

城市水资源供需平衡分析要进行不同水平年需水量预测与可供水量预测,在此基础上进行供需水量的平衡分析。需水量预测要考虑城市发展、人口增长、生活水平提高、产业结构调整、科技进步对需水要求的影响,考虑生态环境保护对水资源的需求。可供水量预测要考虑水源地的规划建设和保护,考虑供水设施建设及其供水能力,考虑污水处理再利用、新水源的开发利用。

(1)供需平衡分析的原则

① 节流与开源并举,综合利用与保护相结合的原则。为满足未来经济社会发展对供水不断增长的需求,根据社会经济发展对水资源的需求、生态环境的状况等情况,按照全面规划、统筹兼顾的原则,在节约用水和现有工程改造挖潜的前提下,适当建设水资源开发利用工程,以兼顾环境用水下保持供水量的适当增长,正确处理节流与开源的关系、水资源开发利用与环境保护的关系、水质与水量的关系以及各用水部门之间的关系。

② 综合协调的原则。充分考虑各区域之间非均衡发展的特点和综合协调原则,分阶段协调水资源开发利用与社会经济发展之间的矛盾。

③ 经济合理的原则。根据社会净福利最大的原则,对水资源的需求和供给同时进行调整,促使社会经济发展模式与资源环境承载能力相适应。在节约用水的基础上,通过水价调整、产业结构的调整、抑制需求的过度增长,以及海水和洪水资源化、中水利用、地表水和地下水等多种形式水源地的联合利用,强化水资源对地区经济的保障,并使水资源开发与资金投入相协调,寻求经济合理的发展。

④ 可持续发展原则。基于可持续发展的原则,兼顾满足经济社会需水和生态环境需水,水资源配置应立足于水资源的可持续利用,以人与自然环境和谐发展,重视生态环境和水环境的保护,促进资源、经济、环境的协调发展。

水资源供需平衡分析除了考虑上述原则,还要依据近远期结合、流域和区域结合的原则。

（2）供需平衡分析的方法

① 系列法。原则上供需平衡分析应采用长系列调节计算，并给出各分区、控制节点、蓄水工程的供需分析计算月系列成果，以及按不同来水保证率和供水保证率各分区的供需分析成果。提出供水组成、水资源利用程度、污水处理再利用、水资源地区分配、缺水量、弃水量等成果，以及发电、航运、冲沙、生态环境、入海等河道内用水量结果。长系列计算除提交长系列成果，还应按来水保证率提交典型年供需分析成果。

② 典型年法。以某一典型年作为计算依据，按典型年法进行水资源供需分析计算时，应设置蓄水工程年初、年末的蓄水量参数，参数设置的合理与否关系到供需分析计算结果的合理性。如按来水保证率进行供需分析，也应给出各分区和总控制出口按不同来水保证率的供需分析计算成果。对多年调节水库，不能将多年调节库容完全用于某一个典型年，不同典型年可使用相应分配份额的多年调节库容。

（3）水资源开发利用现状分析

水资源供需的现状分析是一项重要的基础工作，它是水资源供需预测的重要依据。水资源开发利用现状分析主要是分析现状的用水情况、用水水平和用水效率、现状的供水能力、各类供水的供水量和水质情况，为水资源的供需水预测提供依据。水资源开发利用现状分析的主要内容包括：

① 水资源开发利用现状调查分析。水资源开发利用现状调查分析的内容包括：对各分区水资源的供、用、排、耗的调查分析与评价；各分区供水水源与结构及其变化趋势；生活、生产、生态用水的结构及变化趋势；各类供水水量与水质的变化情况；与水资源开发利用相关的社会经济发展状况、演变趋势及其对水资源利用的影响等。

② 现状水污染及供水水质评价。调查分析现状废污水及污染物排放状况和入河排污量与污染负荷的结构与质量；对各水功能分区主要河段和供水水源地的现状水质状况进行调查分析和评价；对各类供水的水质状况进行分析与评价。

③ 水资源开发利用现状综合评价。对现状条件下水资源的开发利用程度、开发类型与利用模式、用水水平、用水效率、水质及生态环境状况、水资源开发利用中存在的问题等进行综合评价，综合分析水资源开发利用与社会经济可持续发展之间的协调程度。

④ 分析的一般内容及顺序。供水工程及供水能力（供水工程、供水能力、人均供水能力）；供水量及其变化（供水量及其增长、供水水源的组成、水资源利用程度）；用水量及其增长（用水增长情况、用水结构、用水效率）；水质状况（污水源及污水排放量、水质污染状况）；水资源现状存在问题。

（4）供需平衡分析及供需矛盾

城市水资源供需平衡分析主要进行不同发展阶段和发展深度的分析，内容有：现状的供需分析；不同发展阶段（不同水平年）的供需分析；不同发展阶段的一次供需分析；不同发展阶段的二次、三次供需分析。

① 现状年供需平衡分析。现状年供需分析是在现状供用水的基础上，扣除现状供水中不合理开发的水量，对不同水源的供水量以及用水部门一次、二次用水分析，并按不同频率的来水和需水进行供需分析，评价现状条件下的余缺水量，重点是分析缺水量的大小及时空和时段分布、缺水程度、缺水性质和原因等，并对缺水造成的社会经济和环境影响进行分析及评价，进一步摸清现状水资源开发利用存在的主要问题，为规划水平年供需分析提供基础

信息。

② 规划水平年供需平衡分析。规划水平年供需分析应以现状年供需分析和不同水平年供水预测、需水预测为基础,按节约用水和水资源优化配置的原则,分别对不同水平年和不同保证率相对应的水资源进行合理调配及供需水量的平衡计算。

根据具体条件和措施,拟定不同水平年的规划方案,各水平年供需分析一般设置两个以上的方案。起始方案和推荐方案是必做的,可根据需要再设置一个或多个中间比较方案。以起始方案为基础,根据缺水情况的分析,逐步加大投入,逐次增加边际成本最小的供水与节水措施,组合成多种不同的比较方案。对各方案进行平衡分析计算,综合分析用户对水量、水质要求的满足程度及供水的保证程度,进行相应的投入效益分析,在对不同方案比选的基础上,最终选择预期的投入控制在合理可行的范围内、供需基本平衡的方案作为推荐方案。

供需水平衡分析分为平水年和中等干旱年分析,或者根据不同来水频率 $P=50\%$、$P=75\%$、$P=95\%$ 进行分析计算。供需平衡分析成果表形式见表 4 - 2 所列。

表 4 - 2 某区(城市)水资源供需分析 （单位:亿 m³/m）

水平年份	供　水					需　水						缺水量	缺水率（%）
	地表水	地下水	跨流域调水	其他	总供水	城市生活	农村生活	工业	农业	其他	总需水		
基准年													
规划水平年													

③ 供需矛盾。根据供需分析成果,分析供需之间的关系,供需是否达到平衡,供需之间是否存在矛盾,矛盾之所在,寻求矛盾的解决方法、措施及方案,为促进社会经济的发展寻求水资源的保障体系。

(5)水资源紧缺程度评价指标

众所周知,目前我国水资源供需存在着很大的矛盾,随着人口数量增加、城市化率的提高、社会经济的发展,社会各部门对水资源的需求量在一定的时间内也将不断增加,水资源的紧缺程度也将不断上升。对于不同的地区而言,水资源的紧缺程度是不同的,而不同领域特别是生产领域单位水的用水效率具有很大的差别,但是水资源对于不同用水对象的意义和影响是不同的,例如,对于生活和生态的影响和意义不能简单地用一些数据来表达其用水产生的效率。因此,为了更好地寻求优先水资源的更大地、高效地用水效率,除了进行供需分析,还要对不同部门或行业的水资源紧缺程度进行评价,在此基础上分配供水方案,以便区分轻重缓急。影响水资源紧缺程度的因素是多方面的,但在一定时期内,可能会以某种因素或某几种因素起主要作用,在水资源紧缺程度评价分析中,可通过与水资源紧缺有关的指标进行分析、筛选,找出与之关系密切的主要指标,并进一步分析确定这些指标对水资源紧缺程度的影响。

① 水资源紧缺程度。选取一些具有良好代表性、较强独立性、资料完整、便于量化、简化分析的指标作为评价指标,采用权重分析法,根据重要性给出每种指标一个权重,数值在 0

～1,计算出各种用水行业的水资源紧缺的程度——指标综合隶属度,评判水资源的紧缺程度。根据评价指标综合隶属度拜的大小和水资源紧缺程度的四个等级不紧缺($\mu<0.35$)、轻微紧缺($0.35\leqslant\mu<0.5$)、紧缺($0.5\leqslant\mu<0.65$)和严重紧缺($\mu\geqslant0.65$)划分标准判断其紧缺程度。

② 水资源紧缺的原因分析。根据综合隶属度及每种指标隶属度的大小和变化幅度,分析寻求出对于水资源紧缺程度加剧的主要原因、主导因素,为水资源分配方案提供依据。为保障城市的稳步发展、居民的正常生活用水,城市用水还需作特干旱年份的缺水情势分析、特殊干旱年基本要素分析(包括供水量分析、用水量分析和缺水情势分析),这些基本要素作为规划的一般性要求,应针对实际情况,对各类要素进行全面分析,提出缓解特殊干旱期缺水的工程和非工程应急措施与对策,并制定防御特殊干旱的预防性措施和应急对策。为增强城市供水的应急调配能力,要合理安排城市应急水源,推进城市双水源和多水源建设,加强供水系统之间的联网,制定城市供水应急预案。

5. 水源工程规划方案的编制

依据城市供水需求和水量平衡分析,制定配套(改造)已有水源工程方案、新建水源工程方案、废水处理回用方案、海水利用方案、跨流域调水工程规划方案等,从技术、经济及社会效益方面进行论证比较,合理选定最佳水源工程规划方案。

附：某市城市水源工程规划方案

一、水资源及其开发利用现状

(一)水资源调查

市区多年平均降水量为 704.7 mm。保证率为 50%、75% 和 95% 年份的降水量分别为 690.6 mm、563.8 mm 和 429.9 mm。降水量在时空分布上差异较大,呈现如下特征:一是地域分布不均,总的趋势为从东南部山丘区向西北部沿海平原递减;二是年际变化大,丰枯水年交替出现,枯水期多于丰水期;三是年内分配不均匀,区内降水量主要集中于汛期,其他季节雨水稀少,河流往往干涸。

市区多年平均地表水资源量为 1.167 亿 m³(合径流源 212.2 mm),保证率 20%、50%、75% 和 95% 年份的地表水资源总量分别为 1.786 亿 m³、0.945 亿 m³、0.513 亿 m³ 和 0.163 亿 m³。

受降水的影响,区内地表水资源的时空分布特点为:一是地域分布不均,从南向北呈递减趋势,高值区多年平均径流源达 250 mm,低值区仅为 180 mm;二是年际变化剧烈,最大年径流与最小年径流的比值达十几倍;三是年内分配不均匀,多年平均径流的 80% 以上集中在汛期(6~9 月),其中 60%～65% 集中在 7、8 月份。地表径流的以上特点导致了汛期洪水暴涨暴落,不易拦蓄,易产生水患,而非汛期径流极微,河流时有干涸,给区内地表水资源的开发利用带来许多困难。

市区多年平均地下水补给量为 1.251 亿 m³,扣除井灌回归补给量后的地下水资源量为 1.182 亿 m³,合地下水资源模数为 21.5 万 m³/km²。区内地下水资源的时空分布特点为:年际年内变化幅度远不如降水量的变化剧烈,但地域分布差异较大,平原区大于山区,多雨区大于少雨区,岩溶地区大于普通山丘区,并且其地域上的分布还与入渗条件、河道拦蓄工程及人工开采等因素有较大关系。

区内水资源总量为地表水与地下水资源量之和扣除地表水体的渗漏补给量和平原区降水入渗形成的河川基流量等重复计算量。经计算,市区规划范围内多年平均水资源总量为 1.887 亿 m³,保证率 20％、50％、75％和 95％年份的水资源总量分别为 2.755 亿 m³、1.641 亿 m³、1.019 亿 m³ 和 0.434 亿 m³。

客水资源量,指从境外流入区的河川径流量,其值等于流域上游天然河川径流量减去上游水利工程的拦截水量,再加上上游引河、库灌溉回归水量。经计算,进入市区多年平均客水资源量为 3.308 亿 m³,保证率 50％、75％和 95％年份客水资源量分别为 2.495 亿 m³、1.273 亿 m³ 和 0.461 亿 m³。

(二)水资源开发利用现状

区内共建有各类地表蓄水工程 286 座,总兴利库容 1.771 亿 m³。其中,大型水库(门楼水库)1 座,总库容 0.542 亿 m³,兴利库容 0.350 亿 m³;此外,还建有小(一)型水库 4 座,小(二)型水库 35 座,塘坝 245 座,总兴利库容 0.350 亿 m³,占耕地面积的 73.8％。

自 1995 年第一座自来水厂建成以来,城市供水有了很大发展,目前主要有自来水供水和企业自备水源两大系统。

区内水资源开发利用程度:地表拦蓄工程的总拦蓄能力为 1.77 亿 m³,占河川径流总量(含客水)的 39.6％。1990—1992 年年均利用地表水量 0.319 亿 m³,占同期径流量的14.0％。其中,内夹河下游建有门楼水库,开发利用程度较高,1990—1992 年年均地表水利用量 0.24 亿 m³,开发程度为 37.2％;外夹河中下游只有三座起回灌作用的橡胶坝,区内1990—1992 年年均地表水利用量只有 0.037 亿 m³,占同期入境客水的 4.8％。区内地下水开采量已超过了地下水的可利用量,超采严重,尤其是集中开采地段和近海区,已形成了较大范围的负值漏斗区和海水入侵区,造成了严重的环境地质问题。大沽夹河中下游是市区最大的供水水源地,开发利用程度达 140％左右,已形成 45 km² 范围的海水入侵区;此外沁水河、新安河的河口等地也都出现了负值漏斗区和海水浸染区。

二、城市水源工程规划

(一)配套、挖潜现有水源工程

门楼水库是市区现状最大的供水水源工程。该库于 1959 年建成,控制流域面积 1 079 km²,总库容 1.98 亿 m³,设计兴利库容 1.264 亿 m³,现状多年平均净来水 1.34 亿 m³。由于该水库主坝坝基存在严重的渗流稳定问题,且渗漏严重,必须对门楼水库进行除险加固,除险加固工程将在"八五"末期组织实施。现状向城市供水能力为 10 万 t/日,即 3 650 万 m³/年,到2000 年,工程实施完毕后,在保证率 50％、75％、95％年份门楼水库的可供水量将分别达到7 880 万 m³、6 695 万 m³ 和 4 500 万 m³,其中向市区的供水能力为 4 500 万 m³。

高陵水库于 1973 年建成,控制流域面积 150 km²,总库容 7 283 万 m³,设计兴利库容3 500 万 m³。由于建坝过程中存在施工质量问题,坝体质量较差,质量事故频频发生。为确保大坝安全,水库建成以来,一直在降低兴利水位运行。1992 年 9 月山东省计委以(92)鲁计农(基)字第 341 号文对高陵水库除险加固工程完成后,水库将按设计标准蓄水兴利,保证率50％、75％和 95％年份的可供水量分别将达到 3 133 万 m³、2 385 万 m³ 和 1 330 万 m³,可向城市供水 3.5 万 t/日,年供水 1 300 万 m³。

桃园水库位于大沽夹河支流中村河上,距陌堂水厂 30 km,控制流域面积 64 km²,兴利库容 530 万 m^3，多年平均来水量 1 450 万 m^3。水库现设开敞式溢洪道，工程运行以来年年弃水。水库上游水质达到环境质量正常标准，是城市供水的良好水源。规划于 2000 年前将该水库扩建为中型水库，大坝加高培厚 1.4 m，兴建 3 孔 10×6 m 溢洪闸。工程完成后兴利库容将达到 1 060 万 m^3，可向城区日供水 1.3 万 t，年供水 475 万 m^3。

瓦善水库位于黄垒河上游，控制流域面积 35 km^2，总库容 175 万 m^3，设计兴利库容 860 万 m^3，由于建坝时资金缺乏，灌区尚未开发，溢洪闸一直未建，兴利库容只能达到 290 万 m^3 的标准，严重影响了水库效益的发挥。规划于 2000 年前将该水库扩建，修建溢洪闸，对大坝进行加高培厚。工程结束后，兴利库容将达到 1 090 万 m^3，可向市区供水 500 万 m^3。

(二)新建供水水源工程

规划老岚水库坝址位于外夹河干流中游福山回里镇老岚村南，距芝罘城区 40 km。老岚水库建成后，2000 年保证率 50%、75% 和 95% 年份可供水量分别为 2 924 万 m^3、2 796 万 m^3 和 2 555 万 m^3，其中向城市供水 7 万 t，年供水 2 555 万 t；2010 年水库扩建成大型水库后，保证率 50%、75% 和 95% 年份可供水量分别为 6 911 万 m^3、6 498 万 m^3 和 4 015 万 m^3，其中向城市日供水可增到 11 万 t，年供水量 4 015 万 m^3。

高格庄水库坝址位于宁海镇高格庄村东的沁水河干流，控制流域面积 140 km^2，多年平均净来水量 3 010 万 m^3。2000 年前将兴建一座总库容 4 500 万 m^3，兴利库容 3 000 万 m^3 的中型水库。工程建成后，保证率 50%、75% 和 95% 年份可供水量分别为 1 980 万 m^3、1 380 万 m^3 和 803 万 m^3，其中向城区日供水 2.2 万 t，年供水 803 万 t。

王官庄水库坝址位于王官庄村东的外夹河支流沐浴河上，控制流域面积 52.8 km^2，多年平均净来水量 1 136 万 m^3。规划 2000—2010 年期间兴建一座总库容 1 660 万 m^3，兴利库容 1 000 万 m^3 的中型水库。工程建成后，保证率 50%、75% 和 95% 年份可供水量分别为 489 万 m^3、473 万 m^3 和 385 万 m^3，其中向城区日供水 1.05 万 t，年供水 385 万 t。

道平拦河闸工程位于福山区回里镇道平东村的外夹河干流上，控制流域面积 170 km^2。规划"八·五"末期修建一座长 170 m，高 3 m 的拦河闸，回水长度 3 km，一次最大拦蓄能力 60 万 m^3。工程完成后，不但可以对该地区地下水进行补源，而且可由河道直接提水向城市年供水 237 万 m^3。

大沽夹河补源截潜工程，位于大沽夹河下游的平原区，库区面积 63.3 km^2。规划 2000 年前，在东起宫家岛，向西经永福园、盐场村至朱甲山一线，建一条长 4 030 m 的地下截渗墙，同时在上游河道内结合三座橡胶坝和道平拦河闸兴建渗井、渗沟 520 眼(条)，以阻拦海水继续入侵，加快地表水向地下水的转化，改善区域环境地质继续恶化的情况。补源工程完成后，多年平均可增加补源水量 2 760 万 m^3。

沁水河地下水库位于沁水河下游河口平原区。规划 2000 年前施行地下截潜，并在河道上修建一座长 134 m，高 3.5 m 的拦河闸(现正在修建)，在回水范围内打挖 200 眼补源渗井，多年平均可增加补源水量 800 万 m^3。工程实施完毕后，2000 年可向城区增加供水 560 万 m^3，2010 年可增加供水 800 万 m^3。

规划于 2000 年前，在黄金河、旱夹河河口一带建地下截渗墙，并在库区范围内打挖 100 眼(条)渗井和渗沟，多年平均增加补源水量 200 万 m^3，可向八角组团增加供水 123 万 m^3。

规划在辛安河下游兴建拦河闸一座，在回灌补源的前提下，对现有水源进行扩建性开发，可向城市增加供水 500 万 m^3。

（三）废水处理回用

规划在所有的宾馆中推行中水回用技术，并结合 25 万 t/日的污水集中排海工程的兴建，在西沙旺建设一座能力为 6 万 t/日的污水处理厂，污水进行二级处理后用于城市低质供水或菜地、果园灌溉，年回用量 812 万 m^3。规划 2010 年，市区污水回用量达到 5 300 万 m^3。

（四）海水利用

规划在芝罘（西沙旺）、开发区、宁海、八角灯组团兴建一批海水供应厂，集中取水，统一供水，采用循环与直流并用的方式供工业冷却水用。2010 年，海水供水能力达 192 万 t/日。年利用海水 7 亿 m^3，替代淡水 8 500 万 m^3。

（五）跨流域调水工程规划

规划引黄济烟工程兴建独立的渠道、沉沙池及输水渠在潍河倒虹吸与引黄济青输水渠相交，用水不均年份可以互补送水。

规划供水工程实施后，在保证率 50%、75% 和 95% 年份，2010 年市区可供水量分别为 5.115 亿 m^3、4.917 亿 m^3 和 4.52 亿 m^3。规划向城市供水量 4.50 亿 m^3（95% 保证率年份），其中地表水 1.222 亿 m^3、地下水 1.407 亿 m^3，引黄工程 0.536 亿 m^3，污（废）水水回用 0.53 亿 m^3，海水利用替代洗水量 0.805 亿 m^3，城市缺水量 0.4 亿 m^3，缺水率 8.2%。

二、防洪排涝工程规划

城市防洪排涝工程规划是做好城市防洪排涝工程的基础，直接关系到城市安全和城市发展，其内容包括基础资料的收集、防洪标准的确定、防洪措施的选择、防洪工程的总体布局等。防洪排涝工程包括堤防、排水闸站、排水口等工程设施以及水库、分蓄洪区等。

（一）城市防洪排涝工程规划原则

城市防洪排涝的主要构筑物包括：防洪堤（墙）、水库大坝、溢洪道、防洪闸和排水泵站等。防洪排涝工程规划的基本原则是："以防洪治涝为主，结合水环境治理，统筹规划，分期实施，统一管理，充分利用和改造现有工程设施，在加强城市防洪排涝工程规划的同时，兼顾非工程措施规划。"在规划过程中注重遵循以下几方面原则：

1. 贯彻全面规划、综合治理，防治结合、以防为主的方针。因地制宜、因害设防，提高防洪排涝能力，保护城市安全，适应国民经济发展需要。

2. 与流域防洪规划和城市总体规划相协调。规划必须服从流域规划、区域总体防洪要求，统筹兼顾。城市防洪排涝工程规划是流域、区域防洪规划的组成部分，以流域、区域治理为依托，构筑防洪外围保障和排水体系。规划应符合已批准的有关流域和区域防洪规划。同时，规划必须服从城市总体规划，兼顾市政建设及有关部门的要求，要与交通、城建、环保、旅游相结合。城市防洪治涝工程设施要与城市设施建设相结合，充分利用各种基础设施的综合功能，新建项目要尽量结合城市景观等城市发展的其他要求。城市防洪排涝工程规划是城市规划的一部分，城市防洪设施是城市基础设施的重要组成部分，规划要体现和满足城市经济和社会发展的要求，并与城市总体规划、城市体系规划和国土规划等相协调。

3. 合理选定防洪排涝标准，防洪与治涝规划相结合，洪涝分治。城市防洪设施是城市挡御洪水侵害的首要条件，城市排涝设施是减小城市内涝损失的基础设施。城市防洪排涝工程规划必须针对城市雨洪及内涝的特点，选取相应的治理模式，防洪结合治涝，防止因洪致涝，洪涝分治。重要城市对超标准的特大洪水要做出对策性的方案。

4. 充分发挥城市防洪排涝工程效能、功能和效益，并考虑与流域防洪设施的联合运用。修建水库和分(蓄)洪工程，要尽可能地考虑综合利用。

5. 从实际出发，因地制宜，就地取材，提高投资效益。

6. 规划要与现状相结合，近期与远期相结合，分期实施。城市防洪排涝工程规划要充分利用已有工程设施，近期防洪排涝工程的建设，要为远期提高标准、扩大规模留有余地，以有限的投资发挥最大的工程效益和社会效益。要区别轻重缓急，随着城市发展，逐步提高城市防洪排涝设施的抗洪涝能力。

7. 防洪工程措施与非工程措施相结合。工程措施是基础，非工程措施是补充。在工程规划的同时，要兼顾管理设施和机构体制的规划，要兼顾指挥系统，预警预报系统和决策支持系统的规划。要把非工程措施提高到与工程措施同等重要的地位，以节省防洪费用，提高防洪效益。

8. 与城市建设和管理相结合。规划要为防洪工程计划立项、市政建设和管理提供依据。

9. 城乡结合。城市防洪排涝，要配合农田水利，修建小水库、塘坝、谷坊等工程达到防洪灌溉两受益。

10. 与城市环境美化相结合，考虑保护环境提高环境效益，美化城市。

在防洪排涝工程规划中，除满足防洪排涝需要外还应协调与城市发展和其他工程建设的关系，如堤防走向应有利于城市集中发展，并应预留足够的城市发展用地；分蓄洪区的设置应避开城市发展主要方向，不宜选择水源条件好，交通便利的适宜城市空间拓展的区域；排水泵站、排水闸、排水口的设置等不得影响城市用水安全，不得设置在水源地一、二级保护区内，设置在水源地准保护区的排水口应进行环境影响评价，必须满足水源地二级保护区对水质的要求；水库的设置必须充分考虑水库溃坝对城市的影响，不得对城市安全构成重大威胁；防洪排涝工程应避免对城市水生态系统的破坏，水库的设置应保证下游河道生态需水量要求，堤防的设置可能导致原水生态系统自然特征显著改变的应同步设置补救措施。同时，为积累洪水资料，掌握建筑物运行状态，确保工程正常运行，一般均应设沉陷、位移等监测设备和水位、流量等观测设备。

(二)城市防洪排涝工程规划内容

城市防洪排涝工程规划内容包括：先收集城市洪涝灾害情况及地形、地质、水文、气象等自然资料和人口、行政区划等社会经济资料，然后在分析研究城市洪涝特性及其影响的因素基础上，根据区域自然地理条件、社会经济状况和国民经济发展的需要，确定防洪排涝标准，通过方案优化比较，合理选定防洪排涝方案。城市防洪排涝工程体系规划设计的任务为：分析计算城区各河段现有防洪工程的防洪能力及加高堤防和河道控制水位的防洪能力，分析城市洪水及排涝能力；调查研究洪涝灾害的历史、现状及其原因，根据防护对象的重要性，结合考虑现实可能性，选定适当的防洪标准和排涝标准；分析研究各种可能的防范措施方案，提出城市防洪排涝规划方案，并拟定工程设计的任务。

1. 城市防洪规划的基础资料的收集

城市防洪工程规划具有综合性特点，专业范围广，涉及多项市政设施，因此，在工程规划中需要搜集大量资料，一般包括自然条件、防洪工程沿革、社会经济、城市规划、历次洪水灾害调查以及其他相关资料等。

(1)自然条件。

① 地形图和河道(山洪沟)纵横断面图。地形图是防洪规划设计的基础资料,搜集齐全后,还要到现场实地踏勘、核对。对拟设防和整治的河道和山洪沟,必须进行纵横断面的测量,并绘制纵横断面图。横断面施测间距根据河道地形变化情况和施测工作量综合确定,一般为 100 m。

② 地质资料。水文地质资料对于堤防、排洪沟渠定线,以及防洪建筑物位置选择等具有重要作用,主要包括:设防地段的覆盖层、透水层厚度以及透水系数;地下水埋藏深度、坡降、流速及流向;地下水的物理化学性质。水文地质资料主要用于防洪建筑物的防渗措施选择、抗渗稳定计算等。

工程地质资料主要包括:设防地段的地质构造、地貌条件;滑坡及陷落情况;基岩和土壤的物理力学性质;天然建筑材料(土料和石料)场地、分布、质量、力学性质、储量以及开采和运输条件等。工程地质资料不仅对于保证防洪建筑物安全具有重要意义,而且对于合理选择防洪建筑物类型、就地选择建筑材料种类和料场、节约工程投资具有重要作用。

③ 水文气象资料。水文气象资料主要包括:水系图、水文图集和水文计算手册;实测洪水资料和潮水位资料;历史洪水和潮水位调查资料;所在城市历年洪水灾害调查资料;暴雨实测和调查资料;设防河段的水位流量关系;风速、风向、气温、气压、湿度、蒸发资料;河流泥沙资料;土壤冻结深度、河道变迁和河流凌汛资料等。水文气象资料对于推求设计洪水和潮水位,确定防洪方案、防洪工程规模和防洪建筑物结构尺寸具有重要作用。

④ 地方建筑材料。不同城市根据其所处的位置不同,建筑材料也有差别,用于防洪的建筑材料各异。在易发生洪水的城市,需要建设一些防洪材料场,囤积一定量的防洪应急材料,以供发生洪水时应急。这些材料的信息,对城市防洪总体规划也有一定的帮助。

(2)防洪工程沿革资料。城市防洪工程沿革资料可以让人们对城市的防洪历史和对该流域洪水的治理情况有一个非常清楚的了解,使防洪总体规划更加具有针对性,不会犯历史上曾经犯过的错误,这对防洪总体规划的制定是有百利而无一害的。

(3)社会经济。社会经济资料对于确定防洪保护范围、防洪标准,对防洪规划进行经济评价,选定规划方案具有重要作用。防洪与社会经济系统协调发展是衡量社会经济不同发展阶段,防洪能力与社会经济发展程度之间的关系,具体体现在以时空为参照系,防洪能力与社会经济发展程度相互作用的界面特征。

(4)城市规划资料。城市规划资料主要包括:城市总体规划和现状资料图集;城市给排水、交通等市政工程规划图集;城市土地利用规划;城市工业规划布局资料;历年工农业发展统计资料;城市居住区人口分布状况;城市发展战略等。根据城市的具体情况,还要收集其他资料。如城市防洪工程现状;城市所在流域的防洪规划和环境保护规划;建筑材料价格、运输条件;施工技术水平和施工条件;河道管理的有关法律、法令;城市地面沉降资料、历次城市防洪工程规划资料、城市植被资料等,这些资料对于搞好城市防洪建设同样具有重要作用。

(5)历次洪水灾害调查。收集历次洪水灾害调查资料,包括:历次洪水淹没范围、面积、水深、持续时间、损失等,研究城市洪水灾害特点和成灾机理,对于合理确定保护区和防护对策,拟订和选择防洪方案,具有重要作用。对于较大洪水,还要绘制洪水淹没范围图。

2. 保护范围与现状防洪能力分析

(1)保护范围确定。城市防洪保护范围根据当地城市洪水致灾特点和城市特点确定。城市防洪保护范围是规划水平年份的整个城市发展规划的范围,但在城市规划范围内,地面高程在设计洪水位以上的面积可不予考虑。

另外,城市规划范围内保留的水体面积,在保护区财产和灾害分析计算中扣除,城市防洪保护范围可依据历年的较大洪水淹没范围大致确定。

(2)防洪能力论证。城市的防洪能力,就是在现有防洪工程状况下,城市可以抵御的最大洪水,可以用洪水的重现期或洪水的安全流量、水位等表示。

根据城市洪水的类型分析城市的防洪能力。河流流经城市的防洪能力决定于现有河道行洪能力,受山洪危害城市的防洪能力主要决定于山洪沟和排洪沟渠的排洪能力。沿海城市受海潮危害,防潮能力决定于潮水位和海堤高度,受泥石流危害城市决定于泥石流沟治理、拦截、排导措施。

堤防防洪能力通过堤防安全水位与各种频率的洪水位对比加以论证。堤防安全水位等于河流沿线堤防或岸边高程减去超高。各频率洪水位计算应在城市历次洪水灾害调查和水文资料分析基础上进行。

现有河道行洪能力论证,一般在选定的洪水控制断面上进行,按拟订的控制水位在水位—流量关系上查算相应行洪能力,或者根据按安全流量查算安全水位。如有洪水顶托、分流降落、断面冲淤、河道设障等因素影响时,应对控制断面的水位—流量关系进行调整,然后进行水面曲线计算,求得控制断面的设计水位。

3. 城市防洪排涝设计标准的确定

(1)防洪设计标准。

① 推求设计洪水。在进行水利水电工程设计时,为了建筑物本身的安全和防护区的安全,必须按照某种标准的洪水进行设计,这种作为水工建筑物设计依据的洪水称为设计洪水。推求设计洪水一般有如下三种方法:

a. 历史最大洪水加成法。以历史上发生过的最大洪水再加一个成数作为设计洪水。例如葛洲坝枢纽选用 1788 年的洪水作为设计洪水,采用的就是这种方法。此法一是没有考虑未来洪水超过历史最大洪水的可能性,二是对大小不同、重要性不同的工程采用同一个标准,显然存在较大缺陷。

b. 频率计算法。以符合某一频率的洪水作为设计洪水,如百年一遇洪水、千年一遇洪水等。此法把洪水作为随机事件,根据概率理论由已发生的洪水来推估未来可能发生的符合某一频率标准的洪水作为设计洪水。该方法克服了历史最大洪水加成法存在的缺点,根据工程的重要性和工程规模选择不同的标准,在水利、电力、公路桥涵和航道等工程设计中都有广泛的应用。但频率计算法缺乏成因分析,如资料系列太短,用于推求稀遇洪水的根据都很不足。

c. 水文气象法。水文气象法是根据物理成因,利用水文气象要素,推求一个特定流域在现代气候条件下可能发生的最大洪水,把最大洪水作为设计洪水的一种设计洪水方法。

② 确定防洪标准存在的问题。设计标准是一个关系到政治、经济、技术、风险和安全的极其复杂的问题,要综合分析、权衡利弊,根据国家规范合理选定。无论哪种形式的洪水(包括风暴潮)都会给国民经济各部门、各地区、各种设施以及人类的生产、生活造成一定灾害,

洪水的量级越大,灾害损失就越大。而且伴随着社会经济的发展和人民生活水平的提高,灾害的损失越来越大。这就要求各类防洪安全对象(简称防洪对象)和防洪安全区(简称防护区)具备一定的防洪能力,也就是能够在发生一定量级的洪水时,保障防洪安全。防洪对象和防护区应具备的防洪能力,称为防洪标准。防洪标准确定后,防洪对象和防洪区的防御规划、设计、施工和运行管理,都要以此为依据。由于世界各国对于洪水的计算方法以及自然条件和社会经济情况不同,防洪标准的确定也不尽一致。但是,各国在防洪标准的确定上大致有以下几个共同点:

a. 防护区的开发与防洪对象的建设,首先考虑防洪安全问题,尽量避免在各类洪水频发区进行开发建设,以利防洪安全和减少为保障防洪安全而增加的投入。

b. 对于目前科学技术水平条件下,积累了大量实测观测资料,能够预测的暴雨洪水、融雪洪水、雨洪混合洪水及海岸、河口的潮水等,制定了相应的防洪标准。而对于突发性的、变化很大、也很难进行研究或研究很少的垮坝洪水、冰凌及山崩、滑坡、泥石流等,尚未制定相应的防洪标准。

c. 防洪标准一般根据效益比确定。防洪标准的确定一般根据防洪投入与减轻灾害损失的效益比确定。防洪标准的确定与自然条件、社会经济发展息息相关,洪水造成的损失越大,防洪标准就定越高,反之就定得低一些。

d. 防护区内有多个防护对象,又不能分别进行防护时,总体的防洪标准一般按照对防洪要求最高的一个防护对象确定。

③ 我国现行防洪标准。我国对于洪水量级的计算采用的是频率分析方法,洪水的量级是以重现期或出现的频率来表示的。国家制定的《防洪标准》(GB50201－1994)适用于城市、乡村、工矿企业、交通运输设施、水利水电工程、动力设施、通信设施、文物古迹和旅游设施等防护对象,防御暴雨洪水、雨雪混合洪水和海岸、河口地区防御潮水的规划、设计、施工和运行管理工作。

防护对象的防洪标准应以防御的洪水或潮水的重现期表示。对特别重要的防护对象,可采用可能最大洪水表示。根据防护对象的不同需要,其防洪标准可采用设计一级或设计、校核两级。各类防护对象的防洪标准,应根据防洪安全的要求,并考虑经济、政治、社会、环境等因素,综合论证确定。有条件时,应进行不同防洪标准所可能减免的洪灾经济损失与所需的防洪费用的对比分析,合理确定。

下列的防护对象,其防洪标准应按下列的规定确定。当防护区内有两种以上的防护对象,又不能分别进行防护时,该防护区的防洪标准,应按防护区和主要防护对象两者要求的防洪标准中较高者确定。对于影响公共防洪安全的防护对象,应按自身和公共防洪安全两者要求的防洪标准中较高者确定。兼有防洪作用的路基、围墙等建筑物、构筑物,其防洪标准应按防护区和该建筑物、构筑物的防洪标准中较高者确定。

下列的防护对象,经论证其防洪标准可适当提高或降低。遭受洪灾或失事后损失巨大、影响十分严重的防护对象,可采用高于本标准规定的防洪标准。遭受洪灾或失事后损失及影响均较小或使用期限较短及临时性的防护对象,可采用低于本标准规定的防洪标准。采用高于或低于本标准规定的防洪标准时,不影响公共防洪安全的,应报行业主管部门批准;影响公共防洪安全的,尚应同时报水行政主管部门批准。各类防护对象的防洪标准,除应符合本标准外,尚应符合国家现行有关标准、规范的规定。

　　a. 城市的等级和防洪标准。城市应根据其社会经济地位的重要性或非农业人口的数量分为四个等级。各等级的防洪标准按表 4－3 的规定确定。城市可以分为几部分单独进行防护的,各防护区的防洪标准,应根据其重要性、洪水危害程度和防护区非农业人口的数量,分别确定。

　　b. 乡村的等级和防洪标准。现在城市既有市区又有郊区,以乡村为主的防护区(简称乡村防护区),应根据其人口或耕地面积分为四个等级,各等级的防洪标准按表 4－4 的规定确定。人口密集、乡镇企业较发达或农作物高产的乡村防护区,其防洪标准可适当提高。地广人稀或淹没损失较小的乡村防护区,其防洪标准可适当降低。蓄、滞洪区的防洪标准,应根据批准的江河流域规划的要求分析确定。

表 4－3　城市的等级和防洪标准

等级	重要性	非农业人口 (万人)	防洪标准 (重现期(年))
Ⅰ	特别重要城市	≥150	≥200
Ⅱ	重要城市	150～50	200～100
Ⅲ	中等城市	50～20	100～50
Ⅳ	一般城市	≤20	50～20

表 4－4　乡村的防护区等级和防洪标准

等级	防护区人口 (万人)	防护区耕地面积 (万亩)	防洪标准 (重现期(年))
Ⅰ	≥150	≥300	100～50
Ⅱ	150～50	300～100	50～30
Ⅲ	50～20	100～30	30～20
Ⅳ	≤20	≤30	20～10

　　(2)城市排涝设计标准。排涝设计标准是确定排涝流量及排水沟道、滞涝设施、排水闸站等除涝工程规模的重要依据。城市的防洪标准按国家《防洪标准》(GB50201—1994)的规定确定,但目前我国尚无统一的城市排涝标准和相关计算方法规范,下面主要介绍水利部门和城建部门采用的排涝标准。

　　① 水利部门制定的排涝标准。《国务院转发水利部关于加强珠江流域近期防洪建设若干意见的通知》(国发办(2002)46 号)制定的排涝标准为:特别重要的城市市区,采用 20 年一遇 24 小时设计暴雨 1 天排完的标准;重要的城市市区、中等城市和一般城市市区采用 10 年一遇 24 小时设计暴雨 1 天排完的标准。城市郊区农田的排涝标准,应根据《农田排水工程技术规范》(SL/T4—1999)规定的如下排涝标准确定:设计暴雨重现期可采用 5～10 年,设计暴雨的历时和排出时间,应根据治理区的暴雨特征、汇流条件、河网湖泊调蓄能力、农作物

的耐淹水深和耐淹历时及对农作物减产率的相关分析等条件确定。旱作区可采用 1～3 天暴雨 1～3 天排除,稻作区可采用 1～3 天暴雨 3～5 天排至耐淹水深。

设计暴雨是指与设计洪水同一标准(重现期)的暴雨。设计暴雨的主要内容包括设计雨量的大小及其在时间上的分配过程。暴雨在流域上分布是不均匀的,一般用流域平均降雨量表示,简称面暴雨。设计暴雨就是指面暴雨。设计暴雨历时的确定应该考虑汇流时间的长短,一般为 1 天、3 天、7 天。所谓 1 天、3 天、7 天暴雨,是指该年雨量资料中连续 1 天、3 天、7 天的最大值。

② 城建部门制定的排涝标准。建设部门采用的国家标准《室外排水设计规范》(GB50014—2006)规定,雨水管渠设计重现期,应根据汇水地区性质、地形特点和气候特征等因素确定。在同一排水系统中可采用同一重现期或不同重现期。重现期一般选用0.5～3 年,重要干道、重要地区或短期积水即能引起较严重后果的地区,一般选用 3～5年,并应与道路设计协调。特别重要地区和次要地区可酌情增减。立体交叉排水的地面径流量计算,规定设计重现期为 3～5 年,重要部位宜采用较高值,同一立体交叉工程的不同部位可采用不同的重现期,地面集水时间宜为 5～10 min,径流系数宜为 0.8～1.0,汇水面积应合理确定,宜采用高水高排、低水低排互不连通的系统,并应有防止高水进入低水系统的可靠措施。

③ 城建部门与水利部门采用设计重现期的衔接问题。建设部门采用的《室外排水设计规范》(GB50014—2006)规定,暴雨强度公式的编制方法适用于具有 10 年以上自动雨量记录的地区。计算降雨历时采用 5 min、10 min、15 min、20 min、30 min、45 min、60 min、90 min、120 min 共 9 个历时。计算降雨重现期一般按 0.25 年、0.33 年、0.5 年、1 年、2 年、3年、5 年、10 年统计。当有需要或资料条件较好时(资料年数≥20 年、子样点的排列比较规律),也可统计高于 10 年的重现期。

由于城建部门与水利部门在暴雨样本选样上采用不同的取样方法,计算出的设计重现期有较大的差别。为确定城区统一的排涝标准,必须探讨城建部门与水利部门各自采用的设计重现期衔接问题,保证用城建部门雨水管渠设计的小区域雨洪流量,能够同按水利部门设计的大区域雨洪流量相容,使同一场暴雨能够顺利地从城区雨水管渠进入内河,最后汇集到排水口由排涝闸自排或由排涝站抽排至承泄区。

4. 选定防洪排涝方案

根据城市防洪排涝要求及技术、经济可行性比较,通过方案优选,合理选定防洪排涝方案。

(三)城市防洪排涝工程规划方法步骤

1. 城市防洪规划设计方法与步骤

(1)基本资料的收集、整理和分析

城市防洪规划设计所需要的基本资料,一般应包括历史资料(包括河道变迁和历史灾害等)、自然资料(包括地形、水文、气象、地质、土壤等)和社会经济资料。对收集的资料,应进行整理、审查、汇编,并对可靠性和精度作出评价。要对区域的河道、水文(特别是洪水)、气象、地形、地质及社会经济的基本特性有较深入的认识。

(2)防洪标准的选定及现有河段防洪能力的计算

防洪标准可按照国家标准和城市实际情况选定。现有河段安全泄量的计算,一般先选择防洪控制断面,然后根据拟定的各断面的控制水位,在稳定的水位—流量关系曲线上查得。各河段安全泄量确定后,即可根据各控制断面的流量—频率曲线,确定现有防洪能力。

(3)防洪设计方案的拟定、比较与选定

在拟定防洪方案时,应首先摸清楚区域内各主要防护对象的政治经济地位、地理位置及其对防洪的具体要求,根据区域基本特性和各国民经济部门的发展需要,结合水利资源的综合开发,拟订综合性的防洪技术措施方案。拟订方案时要抓住主要问题。防洪方案的比较与选定,是在上述拟订方案的基础上,集中可比的几个方案,计算其工程量、投资、效益等指标,然后通过政治、经济、技术综合分析比较予以确定。

2. 城市排涝规划设计方法与步骤

(1)收集资料

主要收集与排涝规划有关的各类资料,包括区域总体发展规划、航道建设规划、河道整治规划、河道及水利工程管理办法、土壤和地形特征、水文气象观测数据、原有水利工程设计资料、历史上该地区涝灾成因和灾害情况。同时应深入现场进行查勘和调查。

(2)确定标准

要根据保护区域的重要性、当地的经济条件、排涝工程建设的难易程度和费用、涝水造成的灾害损失程度、工程使用年限等因素综合考虑,确定相应的排涝标准。根据排涝工程分别定出不同的排涝标准。在同一区域中,如果土地利用性质差别较大,应根据不同的防护对象的重要性,采用不同的排涝标准。

(3)分析计算

根据收集的资料和排涝标准,按规划的原则拟定各类可能的排涝方案,采用水文、水力学等方法计算工程的规模,并采用合适的方法计算每一方案的投资和排涝效益。

(4)方案比较

根据计算结果分析,主要从排涝净效益的角度评价方案的优劣,同时兼顾区域的发展要求和目前的经济条件,最终提出推荐方案,并撰写规划报告。

(5)方案审批

排涝规划需经有关部门组织评审,并经上级主管部门审批后生效。

(四)城市防洪排涝工程规划报告的编制

各个城市的自然条件及洪涝特点不同,其防洪排涝规划的内容及侧重点也应有差异。城市防洪排涝规划报告一般应包括以下内容:前言,包括规划原因、理由、工作分工等;城市概况,包括自然概况、城市社会经济概况;防洪排涝现状和存在问题,包括历史洪涝灾害、防洪排涝工程体系现状和存在问题;规划的依据、目标和原则;防洪排涝水文分析计算,包括设计洪水和排(治)涝水文计算方法及成果;防洪工程设施规划和治涝工程设施规划,防洪工程设施规划包括防洪规划方案和防洪工程设施,治涝工程设施规划包括治涝规划方案和治涝工程设施;环境影响分析;投资估算和经济评价,投资估算包括依据及方法、规划方案投资估计、资金筹措方案等,经济评价包括费用、效益和经济评价;规划实施的意见和建议;相应的附表和附图。如某城市防洪排涝工程规划内容包括:总则、规划目标与原则、防洪工程建设规划、治涝工程规划、非工程措施规划、规划实施的政策与措施等。

附:某省城市防洪排涝规划编制大纲(草案)

第一章　城市概况

第一节　自然概况

(一)城市的地理位置及在流域中所处的地位

(二)城市性质

(三)城市规模

1. 城市现状(建成区)人口(其中非农业人口、农业人口)

2. 总体规划期限内人口(其中非农业人口、农业人口)

3. 城市现状(建成区)用地范围

4. 城市规划区用地范围

5. 防洪规划的范围

(四)气象和水文特性

1. 气温、降水、水位、流量、泥沙、潮汐、风暴等

2. 气压、风向、湿度、蒸发量等

(五)地形地貌地质概况

1. 地形地貌特点、所属水系及主要河流、湖泊、洼地等的分布

2. 主要防洪排涝工程设施、建筑地址的地形特点

3. 主要工程设施、建筑物的工程地质情况(地层主要地理力学指标)

4. 地区和防洪排涝工程设施、建筑物的水文地质条件(含水层分布、地下水埋深、补排水条件等)

5. 地震基本裂度、断层分布走向等

第二节　洪涝灾害情况及防洪排涝工程现状和存在的问题

一、历史上发生的洪、涝灾害情况

(一)主要洪、涝灾害年份的雨情、水情重现期

(二)灾情

1. 洪、涝淹没范围、水深、历时

2. 经济损失(直接、间接、无形)

二、防洪排涝工程现状情况及存在的问题

(一)现状防洪、排涝能力和标准

(二)防洪排涝工程设施和非工程措施现状建设情况(包括历年来投资情况)

(三)目前防洪排涝工程设施和非工程措施存在的主要问题及造成原因

第二章　城市防洪排涝规划

第一节　规划依据和原则

一、规划依据

(一)上级指示和批文

(二)城市总体规划

(三)流域防洪规划(或防风暴潮规划)

(四)国家和省市现行有关标准、规范、规定

二、规划原则

　　贯彻全面规划、综合治理、防治结合、以防为主的方针;考虑与流域防洪规划和城市总体规划相协调;要合理选定防洪排涝标准;充分发挥城市防洪排涝工程效能、功能和效益,并考虑与流域防洪设施的联合运用;要尽可能地考虑综合利用;应因地制宜,就地取材;考虑近远期结合,分期实施;防洪工程措施与非工程措施要相结合,与城市建设和管理相结合,城乡结合,与城市环境美化相结合。

　　第二节　城市防洪规划

　　一、规划年限

　　与城市总体规划相一致(或从防洪规划编制年起,近期 10 年、远期 20 年)。

　　二、防洪标准

　　根据我省各市实际与资金投入情况,按城市地形、地貌、地质特点、流域面积形状、洪涝灾害程度,城市在国民经济中的重要性、城市的大小、人口多少等具体情况,确定城市防洪等别,按不同保护对象因地制宜地选用防洪标准。

　　三、洪峰流量实地调查

　　四、防洪水文分析与计算

　　(一)洪水(或潮水)分析

　　1. 水文资料分析

　　(1)洪灾类型、成因

　　(2)历史上特大洪水、大洪水及山洪特性

　　(3)水文观测数据分析(洪水位、洪峰流量、不同时段洪水量、洪水流量过程线、重现期)

　　2. 风暴潮资料分析

　　(1)历史上特大、大风暴潮特性

　　(2)风暴潮观测数据分析(潮位、浪高、重现期)

　　3. 人类活动对洪水(或潮水)影响的分析研究

　　(二)水文计算

　　1. 设计洪水和设计潮位的计算

　　(1)计算河道(或山洪沟)的设计洪水(包括设计洪峰流量、洪水位、不同时段洪水量和洪水过程线)

　　(2)计算沿海、河口及潮水河段的设计高潮位和设计低潮位及风浪侵袭高度

　　2. 对现有桥涵等交叉构筑物的过水断面进行校核

　　五、规划方案

　　(一)本城市防洪规划的方针、对策和防治措施(泄、蓄、分、截等)

　　(二)排洪水系的规划方案

　　1. 依据设计洪峰流量,确定河道、分洪、截洪、排洪沟渠等的平面布置方式及横断面尺寸

　　2. 河段整治(或湖岸、海岸防护整治)规划方案

　　3. 河道、行洪区清障规划、处理方案及措施

　　4. 与城市总体规划相协调,确定河湖蓝线(沿河湖岸边每侧一般不小于 5 m)

　　(三)防洪工程设施规划方案

　　1. 主要防洪工程设施等级、标准

2. 对超过设计标准的洪水,采取的对策性措施方案

3. 主要防洪工程设施(水库、堤防、分洪道、滞蓄洪区、蓄纳潮区、挡潮闸、防浪坝、涵闸等)的规划方案

4. 配合农田水利,塘坝、谷坊等的规划方案

5. 现有工程设施改造利用措施及与流域防洪设施的联合运用方案

(四)不符合防洪标准要求的现有桥涵、管道、公路、城市道路等交叉构筑物的改造利用措施

(五)非工程防洪措施规划方案

1. 水土保持、增加植被措施

2. 泛洪区、滩涂开发利用规划和管理

3. 分洪、蓄洪区安全建设规划

4. 泛洪区、滩涂低洼区居民的撤退转移、救灾措施

5. 洪水预报、警报系统规划

6. 防洪保险

(六)工程建设近、远期结合、分期实施规划方案

(七)防洪工程经济比较

1. 工程量估算

(1)主要工程材料数量

(2)挖、压占地和淹没面积

(3)移民数量

(4)拆迁的经济设施

2. 方案的经济估算

(1)分期实施的项目与规模

(2)分项造价、分期造价、总造价

(八)方案比较,确定推荐方案

综合几个有代表性的方案,根据其工程量、投资、效益等指标,通过技术经济综合分析和比较,然后选定最佳方案。

第三节　城市排涝规划

一、规划年限

同城市防洪规划年限

二、城市排涝的基本任务

(一)排除城市低洼区因暴雨或长期连续性降雨集水而形成的内涝

(二)排除由于防洪设施影响而产生的内涝

(三)排除外部(河、湖、海)洪水、潮水内侵顶托而引起的涝灾

三、排涝标准

根据各城市具体情况,综合分析研究确定。城市降雨,宜采用各城市暴雨强度公式,用短历时暴雨资料计算。

一般排涝标准:重现期2～5年。

四、涝水水文分析与计算

（一）涝水分析

1. 暴雨、沥涝观测资料情况

2. 历史上发生的大涝的特性

3. 设计涝水的分析（雨量径流量关系、最大流量、不同时段水量、流量过程线）

4. 洪涝、涝潮遭遇分析

5. 设计外河水位、潮水位分析

6. 城市建设和其他人类活动对涝水影响的分析研究

（二）排涝水文计算

1. 当地暴雨公式或参照临近城市的暴雨公式

2. 计算涝水流量

五、排涝总体规划方案

（一）本城市排涝规划的对策和措施（蓄涝、自排、机排等）

（二）排涝分区（高水拦截、涝水调蓄、自排、机排等的分区安排）及主要工程设施的总体布置方案

（三）排涝工程设施规划方案

1. 主要排涝工程设施（截流沟渠、排水渠、闸涵、排涝站、蓄涝区等）的等级和规划标准

2. 主要排涝工程规划方案（新建、扩建、加固、隐患处理等）

（四）排涝工程建设近、远期结合，分期实施规划方案

（五）排涝工程经济比较

1. 工程量估算

（1）主要工程材料数量

（2）挖、占地和淹没面积

（3）移民数量

（4）拆迁的经济设施

2. 方案的经济估算

（1）分期实施的项目与规模

（2）分项造价、分期造价、总造价

（六）方案比较、确定推荐方案

综合几个可能的方案，通过技术经济综合分析比较，选定最佳方案

第三章 工程管理规划

第一节 机构和体制

一、管理体制和任务

二、管理机构设置、人员编制和配置

第二节 管理设施

一、水文观测设施

二、主要工程设施、建筑物观测设施

三、通讯、信息处理设备

四、交通、防汛抢险设备

第三节 管理规章、制度、经费

一、管理规章制度

二、主要工程设施调度运用规程

三、管理、运行、维修费及来源

第四章　防洪排涝规划效益评估

第一节　经济效益评估

一、方案经济合理性评价

二、防洪排涝规划方案的经济效益(直接、间接经济效益)

三、负效益的分析估算

第二节　环境影响评价

一、城市环境现状

二、规划方案改善环境的作用分析

三、规划方案对环境可能带来的不利影响的分析,解决或补救的措施和建议

第三节　社会效益分析

一、防洪排涝规划方案,对规划的用地、拆迁、移民等将产生的社会影响分析

二、防洪排涝规划实施后,产生的经济效益、改善生态环境的作用,将对安定生活、生产、工作、学习等产生的社会效益分析

附件:

一、有关城市防洪排涝的上级指示和批文

二、城市总体规划对防洪排涝规划要求摘录

三、流域防洪规划(或防风暴潮规划)对城市防洪排涝规划要求摘录

四、投资估算书

五、其他重要调查、分析研究专题报告

附图:

一、城市区域位置 1:25 000～1:50 000

二、流域面积图<10 km², 1:10 000～1:2 500 >10 km², 1:25 000～1:50 000

三、历史大洪、涝淹没范围图 1:5 000～1:10 000

四、常年水涝淹没范围图 1:5 000～1:10 000

五、防洪排涝总体规划图 1:5 000～1:10 000

六、防洪规划图 1:5 000～1:10 000

七、排涝规划图 1:5 000～1:10 000

八、防洪河道、主要堤防规划平面及纵横断面图

比例:平面图 1:1 000～1:2 000

纵断面图:水平 1:1 000～1:2 000、垂直 1:100～1:200

横断面图:水平 1:500～1:1 000、垂直 1:100

九、排涝沟渠平面及纵横断面图

比例:平面图 1:1 000～1:2 000

纵断面图:水平 1:1 000～1:2 000、垂直 1:100～1:200

横断面图:水平 1:500～1:1 000、垂直 1:100

其中:五～九为需绘制的规划成果图。

三、水运及路桥工程规划

(一)滨水道路规划

1. 滨水景观道路系统的设计原则

滨水道路是指在城区内外沿江、河、湖、海、溪流等水系为方便行人而修建的道路,包括步行道、自行车道。水域孕育了人类和人类文化,人类常常容易围绕水聚居,水成为人类发展的重要因素。它是景观设计中不可缺少的构成要素,是景观的骨架、网络。滨水景观道路的规划布置,往往反映不同的景观面貌和风格。例如,我国苏州古典园林,讲究峰回路转,曲折迂回,而西欧古典园林凡尔赛宫,讲究平面几何形状。景观道路和多数城市道路不同之处,在于除了组织交通、运输,还有其景观上的要求,如组织游览线路;提供休憩地面。景观道路、广场的铺装、线型、色彩等本身也是景观一部分。所以,滨水道路往往是人数相对密集而景观要求又较高的路段。滨水道路的设计原则如下:

(1)滨河步行道与自行车道

为使滨河景观具有观赏性,应满足游人能接近水面,进而沿着水边进行散步。自行车道路线的设计上,尽量不设小半径的弯道,按景观的观赏性应设置成大弯道或直线道,并且道路应尽量宽些。在两车道的交汇部位,为避免交通事故,需设置自行车减速路障,方便行人优先通过。还需考虑禁止自行车驶入步行道。在设置停车场时,旁边有种植植物等调整,与周围环境取得协调。

河岸线因原有地形高低起伏不平,常遇到一些台地、斜坡、壕沟,可结合地形将车行道与滨河步行道分设在不同的高度上。这样步行者和骑车者不会相互干扰,也相对安全。在台地或坡地上设置滨水路,常分为上下两条,一条临近干线人行道,高程与交通干线一致;另一条设在常年水位线以上(图4-1)。滨水路宽度依地形确定,在斜坡角度较小时用绿化斜坡相连,坡度较大时,用坡道或石阶相互贯通。在平台上可以布置座椅、栏杆、花架、园灯、小型瀑布、雕塑艺术品等,方便游人驻足观赏。在码头或小型广场地段,通常在石阶通道进出口的中央或两侧设置雕塑、圆灯、座椅,并在适当的位置留出行人驻足远眺的平台,面积可大可小。一些突出河湖岸线的半岛地带是滨水游憩林荫路上最具有风景表现力和吸引游人的地方,可以根据面积大小和需要布置雕塑、纪念碑、风景树群、小游园或是具有特殊意义的建筑物和广场等。

(2)驳岸的使用

为了保护江、河、湖幸免遭波浪、雨水等冲刷而坍塌,需修建永久性驳岸。驳岸一般多采用坚硬石材或混凝土,顶部加砌岸墙或用栏杆围起来,标准高度为 80 cm 至 100 cm,沿河狭窄的地带在驳岸顶部用高 90 cm 至 100 cm 的栏杆围起来,或将驳岸与花池、花境结合起来,便于游人接近水面,欣赏水景,大大提高滨水林荫路的观赏效果。自然式滨水路与驳岸间种植花卉苗木,在坡度 1:1 至 1:1.5 的斜坡上铺设草坪,砌嵌草砖块,或者在水下砌整形驳岸,高于水面布置自然山石,高低曲折变幻,既美化了驳岸,同时可以供游人驻足休息、观景、垂钓;在设有游船码头或水上运动设施的地段,应修建坡道或设置转折式台阶直通水面。

(3)临近水面的散步道

宽度应不小于 5 m,并尽可能接近水体。如滨水路绿带较宽时,最好布置成两条滨水

图 4-1　南京四牌楼滨水道路景观

路,一条临近干线人行道,便于行人往来,另一条布置在临近水面的地方,路面宽度宜大,给人一种安全感(如图 4-2 所示)。

图 4-2　滨水休闲小径

　　水面不宽阔、对岸又无景可观的情况下,滨河路可布置简单一些,在临水布置的道路、岸边可以设置栏杆、园灯、果皮箱、石凳等。道路内侧宜种植树姿优美、观赏价值高的乔灌木,以自然式种植为主,树间布置座椅,供游人休息。在水面宽阔、对岸景色优美的情况下,临水宜设置较宽的绿化带、花坛、草坪、石凳、花架等,在可观赏对岸景点的最佳位置设计一些小型广场或者是有特色的平台,供游人伫立或摄影。水体面积宽阔,水面可以划船。

　　一般景观的景观道路分以下几种:①主要道路:贯通整个景观,必须考虑通行、生产、救护、消防、游览车辆。宽 7~8 m;②次要道路:沟通景区内各景点、建筑,通轻型车辆及人力车。宽 3~4 m;③林荫道、滨江道和各种广场;④休闲小径、健康步道。双人行走 1.2~1.5 m,单人 0.6~1.0 m。健康步道是近年来最为流行的足底按摩健身方式。通过行走卵石路上按摩足底穴位既达到健身目的,同时又不失为一个好的景观。

2. 滨水景观道路系统设计的应用

景观规划中的景观道路,有自由、曲线的方式,也有规则、直线的方式,形成两种不同的景观风格。在路线的设计中,路线特征、方向性、连续性以及路线的韵律与节奏等设计手法的应用,充分考虑路线与地形及区域景观的协调。

直线线形带有很明确的方向,给人以整齐简洁之感。但直线型道路从视线上看比较单调、呆板,静观时路线缺乏动感。除平坦的地形以外,直线很难与地形协调,因此直线的应用与设置一定要与地形、地物和道路环境相适应(如图 4-3 所示)。

图 4-3　青岛滨水道路

曲线线形流畅,具有动感,在曲线道路前方封闭视线形成优美的景色,而且曲线容易配合地形,与地形现状相结合,组合成优美的道路图案(如图 4-4 所示)。

图 4-4　威海海滨道路

当然,采用一种方式为主的同时,也可以用另一种方式补充。比如,上海杨浦公园整体是自然式的,而入口一段是规则式的;复兴公园则相反,雁荡路、毛毡大花坛是规则式,而后面的山石瀑布是自然式的。这样相互补充也无不当。不管采取什么式样,景观道路忌讳断头路、回头路。除非有一个明显的终点景观和建筑。

景观道路并不是对着中轴,两边平行一成不变的,景观道路可以是不对称的。最典型的例子是上海的浦东世纪大道:100 m 的路幅,中心线向南移了 10 m,北侧人行道宽 44 m,种了 6 排行道树。南侧人行道宽 24 m,种了两排行道树;人行道的宽度加起来是车行道的两倍多。

景观道路也可以根据功能需要采用变断面的形式。如转折处不同宽狭;坐凳、椅处外延边界;路旁的过路亭;还有道路和小广场相结合等。这样宽狭不一,曲直相济,反倒使道路多变,生动起来,做到一条路上休闲、停留和人行、运动相结合,各得其所。

道路的转弯曲折在天然条件好的景观用地并不成问题,因地形地貌而迂回曲折,十分自然,易于处理。而在条件并不太好的地区,一般就不是这样。为了延长游览路线,增加游览趣味,提高绿地的利用率,景观道路往往设计成蜿蜒起伏状态,但是有的地区景观用地的变化不大,往往一马平川而根据不足。这时就必须人为地创造一些条件来配合园路的转折和起伏。例如,在转折处布置一些山石、树木,或者地势升降,做到曲之有理,路在绿地中;而不是三步一弯、五步一曲,为曲而曲,脱离绿地而存在。陈从周说:"园林中曲与直是相对的,要曲中寓直,灵活应用,曲直自如。"以明计成的话,要做到:"虽由人作,宛自天开。"

(1)景观道路的交叉要注意几点

① 避免多路交叉。这样路况复杂,导向不明。

② 尽量靠近正交。锐角过小,车辆不易转弯,人行要穿绿地。

③ 做到主次分明。在宽度、铺装、走向上应有明显区别。

④ 要有景色和特点。尤其三岔路口,可形成对景,让人记忆犹新而不忘。

⑤ 园路在山坡时,坡度≥6°,要顺着等高线作盘山路状,考虑自行车时坡度≤8°,汽车≤15°;如果考虑人力三轮车,坡度还小,为≤3°。

⑥ 人行坡度≥10%时,要考虑设计台阶。景观道路和等高线斜交,来回曲折,增加观赏点和观赏面,未尝不是好事。

⑦ 安排好残疾人所到范围和用路。

(2)景观道路系统设计的步骤

① 现场调查与分析。包括人流量的调查与分析,道路性质分析,周边地形、地质、建筑物、自然条件综合分析等。

② 方案设计。根据上述设计原则和调查分析结果,提出景观道路的初步方案。

③ 初步评价景观效果。使道路在平面、横断面、竖向、交叉口等方面达到和谐统一,并制作模型,从不同角度感知模型的景观效果。

④ 绿化、美化。研究道路绿化与景点布局,使道路绿化在树种、树形、布局等总体上与周边景观成为一个整体。

⑤ 附属设施景观设计。对道路硬质景观和相关的建筑提出控制性的设计。包括路灯、路牌、候车亭、小品、雕塑、扶手栏杆等。

(二)过水桥梁规划设计

1. 桥梁设计的基本原则

桥梁是公路、铁路和城市道路的重要组成部分,特别是大、中桥梁的建设对当地政治、经济、国防等都具有重要意义。因此,桥梁总体规划应根据所设计桥梁的使用任务、性质和所在线路的远景发展需要,必须遵照"安全、适用、经济和美观"的基本原则进行设计,同时应充分考虑建造技术的先进性以及环境保护和可持续发展的要求。公路桥涵还应当适当考虑农田排灌的需要,以便支援农业生产,在靠近村镇、城市、铁路及水利设施的桥梁,应结合各有关方面的要求,考虑综合利用。桥梁建设应遵循的各项原则分述如下:

(1)安全

① 所设计的桥梁结构,在强度、稳定和耐久性方面应有足够的安全储备。

② 防撞栏杆应具有足够的高度和强度,人与车流之间应做好防护栏,防止车辆撞入人行道或撞坏栏杆而落到桥下。

③ 对于交通繁忙的桥梁,应设计好照明设施,并有明确的交通标志。两端引桥坡度不宜太陡,以避免发生车辆碰撞等引起的车祸。

④ 对于修建在地震区的桥梁,应按抗震要求采取防震措施;对于河床易变迁的河道,应设计好导流设施,防止桥梁基础底部被过度冲刷;对于通行大吨位船舶河道,除按规定加大桥孔跨径外,必要时设置防撞构筑物等。

(2)适用

① 桥面宽度能满足当前以及今后规划年限内的交通流量(包括行人通行)。

② 桥梁结构在荷载作用时不出现过大的变形和过宽的裂缝。

③ 桥跨结构的下面有利于泄洪、通航(跨河桥)或车辆和行人的通行(旱桥)。

④ 桥梁的两端方便车辆的进入和疏散,不致产生交通堵塞现象等。

⑤ 考虑综合利用,方便各种管线(水、电气、通信等)的搭载。

(3)经济

① 桥梁设计应遵循因地制宜、就地取材和方便施工的原则。

② 经济的桥型应该是造价和使用年限内养护费用综合最省的桥型,设计中应充分考虑维修的方便和维修费用少,维修时尽可能不中断交通,或中断交通的时间最短。

③ 所选择的桥位应是地质、水文条件好,桥梁长度也较短。

④ 桥位应考虑建在能缩短河道两岸的运距,促进该地区的经济发展,产生最大的效益。对于过桥收费的桥梁应能吸引更多的车辆通过,达到尽可能快回收投资的目的。

(4)美观

一座桥梁应具有优美的外形,而且这种外形从任何角度看都应该是优美的,结构布置必须精炼,并在空间有和谐的比例。桥型应与周围环境相协调,城市桥梁和游览地区的桥梁,可较多地考虑建筑艺术上的要求。合理的结构布局和轮廓是美观的主要因素,结构细部的美学处理也十分重要,另外,施工质量对桥梁美观也有重大影响。

(5)技术先进

在因地制宜的前提下,尽可能采用成熟的新结构、新设备、新材料和新工艺,必须认真学习国内外的先进技术,充分利用最新科学技术成就,把学习和创新结合起来,淘汰和摒弃原来落后和不合理的东西。只有这样才能更好地贯彻安全、适用、经济和美观的原则,提高我国的桥梁建设水平,赶超世界先进水平。

(6)环境保护和可持续发展

桥梁设计必须考虑环境保护和可持续发展的要求,包括生态、水、空气、噪声等几方面,应从桥位选择、桥跨布置、基础方案、墩身外形、上部结构施工方法、施工组织设计等多方面全面考虑环境要求,采取必要的工程控制措施,并建立环境监测保护体系,将不利影响减至最小。

桥梁施工完成后,将两头植被恢复或进一步美化桥梁周边的景观,亦属环境保护的内容。

2. 桥梁设计前期资料调查

桥梁设计前,首先要选择合理的桥位,这常常是影响桥梁设计、施工和使用的全局问题。对于所选定的桥位,必须进一步调查研究,详细分析建桥的具体情况,才能做出合理的设计方案。一般需要做如下资料准备工作:

(1)调查桥梁的使用任务,即桥上的交通种类和行车、行人的往来密度,以确定桥梁的荷载及行车道、人行道的宽度等。

(2)测量桥位附近的地形,制成地形图。

(3)调查和测量河流的水文情况,包括河道性质、冲刷情况等,收集与分析历年洪水资料,测量河床横断面,调查河槽各部分的形态标志,了解通航水位和通航需要的净空要求,以及河流上的水利设施对新建桥梁的影响。

(4)探测桥位的地质情况,包括岩土的分层高程、物理力学性质和地下水等,尤其是不良地质现象,如滑坡、断层、溶洞、裂隙等情况。

(5)调查当地施工单位的技术水平,施工机械等装备情况,以及施工现场的动力和电力供应情况。

(6)调查和收集建桥地点的气象资料,以及河流上下游原有桥梁的使用情况等。

3. 桥梁平、纵、横断面设计

(1)桥梁的平面设计

桥梁设计首先要确定桥位,按照《公路工程技术标准》(JTG B01－2003)的规定,小桥和涵洞的位置与线形一般应符合路线的总走向,为满足水文、线路弯道等要求,可设计斜桥和弯桥。对于公路上的特大桥、大桥和中桥桥位,原则上应服从路线走向,桥、路综合考虑,尽量选择在河道顺直、水流稳定、地质良好的河段上。

桥梁的平曲线半径、平曲线超高和加宽、缓和曲线、变速车道设置等,均应满足相应等级线路的规定。

(2)桥梁纵断面设计

桥梁纵断面设计,包括确定桥梁的总跨径、桥梁的分孔、桥道的高程、桥上和桥头引道的纵坡以及基础的埋置深度等。

① 桥梁总跨径

桥梁总跨径一般根据水文计算来确定。其基本原则是:应使桥梁在整个使用年限内,保证设计洪水能顺利宣泄;河流中可能出现的流冰和船只、排筏等能顺利通过;避免因过分压缩河床引起河道和河岸的不利变迁;避免因桥前壅水而淹没农田、房屋、村镇和其他公共设施等。对于桥梁结构本身来说,不能因总跨径缩短而引起的河床过度冲刷对浅埋基础带来不利的影响。

在某些情况下,为了降低工程造价,可以在不超过允许的桥前壅水和规范规定的允许最大冲刷系数的条件下,适当增大桥下冲刷,以缩短总跨长。例如,对于深埋基础,一般允许稍大一点的冲刷,使总跨径能适当减小;对于平原区稳定的宽滩河段,流速较小,漂流物也少,主河槽较大,这时,可以对河滩的浅水流区段作较大的压缩,但必须慎重校核,压缩后的桥梁壅水不得危及河滩路堤以及附近农田和建筑物。

② 桥梁的分孔

对于一座较长的桥梁,应当分成若干孔,但孔径划分的大小,不仅影响到使用效果和施工难易等,而且在很大程度上影响到桥梁的总造价。例如,采用的跨径愈大,孔数就愈少,固然可以降低墩台的造价,但却使上部结构的造价大大增高;反之,则上部结构的造价虽然降低了,但墩台的造价却又有所增高。因此,在满足下述使用和技术要求的前提下,通常采用最经济的分孔方式,使上、下部结构的总造价趋于最低。这些要求是:

a. 对于通航河流,在分孔时首先应满足桥下的通航要求。桥梁的通航孔应布置在航行最方便的河域。对于变迁性河流,根据具体条件,应多设几个通航孔。

b. 对于平原区宽阔河流上的桥梁,通常在主河槽部分按需要布置较大的通航孔,而在两侧浅滩部分按经济跨径进行分孔。

c. 对于在山区深谷上、水深流急的江河上,或需在水库上修桥时,为了减少中间桥墩,应加大跨径。如果条件允许的话,甚至可以采用特大跨径的单孔跨越。

d. 对于采用连续体系的多孔桥梁,应从结构的受力特性考虑,使边孔与中孔的跨中弯矩接近相等,合理地确定相邻跨之间的比例。

e. 对于河流中存在不利的地质段,例如岩石破碎带、裂隙、溶洞等,在布孔时,为了使桥基避开这些区段,可以适当加大跨径。

总之,大、中桥梁的分孔是一个相当复杂的问题,必须根据使用要求、桥位处的地形和环境、河床地质、水文等具体情况,通过技术经济等方面的分析比较,才能做出比较完美的设计方案。

③ 桥道高程

对于跨河桥梁,桥道的高程应保证桥下排洪和通航的需要;对于跨线桥,则应确保桥下安全行车。在平原区建桥时,桥道高程抬高往往伴随着桥头引道路堤土方量的显著增加。在修建城市桥梁时,桥高了使两端引道的延伸会影响市容,或者需要设置立体交叉或高架栈桥,这导致提高造价。因此必须根据设计洪水位、桥下通航(或通车)净空等需要,结合桥型、跨径等一起考虑,以确定合理的桥道高程。在有些情况下,桥道高程在路线纵断面设计中已作规定。

桥道高程确定后,就可根据两端桥头的地形和线路要求来设计桥梁的纵断面线形。一般小桥通常做成平坡桥。对于大、中桥梁,为了利于桥面排水和降低引道路堤高度,往往设置从中间向两端倾斜的双向纵坡。桥上纵坡不大于 4%;桥头引道纵坡不宜大于 5%。对位于市镇混合交通繁忙处的桥梁,桥上纵坡和桥头引道纵坡均不得大于 3%。桥上或引道处纵坡发生变更的地方均应按规定设置竖曲线。

(3)桥梁横断面设计

桥梁横断面的设计,主要取决于桥面的宽度和不同桥跨结构横截面的形式。桥面宽度决定于行车和行人的交通需要。我国交通部颁布的《公路工程技术标准》(JTG B01—2003)中,规定了各级公路桥面净空限界,如图 4-5 所示,在建筑限界内,不得有任何部件侵入。图中所代表的行车道宽度、中间带宽度和路缘带宽度,可以分别从表 4-5、表 4-6、图 4-6 和表 4-7、表 4-8 中选取。

桥上人行道和自行车道的设置应根据实际需要而定。人行道的宽度为 0.75 m 或 1 m,大于 1 m 时按 0.5 m 的倍数增加。一条自行车道的宽度为 1 m,当单独设置自行车道时,一般不应少于两条自行车道的宽度。不设人行道和自行车道的桥梁,可根据具体情况设置栏杆和安全带。与路基同宽的小桥和涵洞,可仅设缘石或栏杆。漫水桥不设人行道,但可设置护柱。

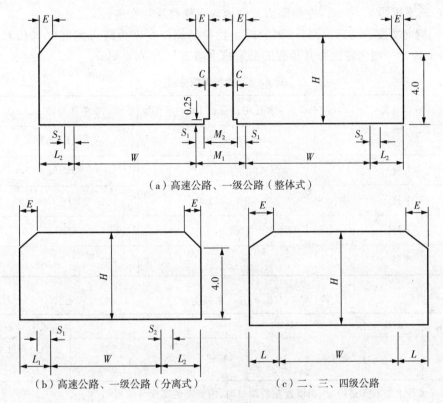

（a）高速公路、一级公路（整体式）

（b）高速公路、一级公路（分离式）　　　（c）二、三、四级公路

图 4-5　各级公路桥面净空限界

图中：

W——行车道宽度（m），为车道数乘以车道宽度，并计入所设置的加（减）速车道，紧急停车道、爬坡车道、慢车道或错车道的宽度，车道宽度规定见表 4-6 所列。

C——当设计速度大于 100 km/h 时为 0.5 m；当设计速度等于或小于 100 km/h 时为 0.25 m。

S_1——行车道左侧路缘带宽度（m），见表 4-7 所列。

S_2——行车道右侧路缘带宽度（m），应为 0.5 m。

M_1——中间带宽度（m），由两条左侧路缘带和中央分隔带组成，见表 4-7 所列。

M_2——中央分隔带宽度（m），见表 4-7。

E——桥涵净空顶角宽度（m），当 $L \leqslant 1$ m 时，$E = L$；当 $L > 1$ m 时，$E = 1$ m。

H——净空高度（m），高速公路和一级、二级公路上的桥梁应为 5.0 m，三、四级公路上的桥梁应为 4.5 m。

L_2——桥涵右侧路肩宽度（m），见表 4-8 所列，当受地形条件及其他特殊情况限制时，可采用最小值。高速公路和一级公路上桥梁应在右侧路肩内设右侧路缘带，其宽度为 0.5 m。设计速度为 120 km/h 的四车道高速公路上桥梁，宜采用 3.50 m 的右侧路肩；六车道、八车道高速公路上桥梁，宜采用 3.00 m 的右侧路肩。高速公路、一级公路上桥梁的右侧路肩宽度小于 2.50 m 且桥长超过 500 m 时，宜设置紧急停车带，紧急停车带宽度包括路肩在内为 3.50 m，有效长度不应小于 30 m，间距不宜大于 500 m。

L_1——桥梁左侧路肩宽度(m),见表4-9所列。八车道及八车道以上高速公路上的设置左路肩,其宽度为2.50 m。左侧路肩宽度内含左侧路缘带宽度。

L——侧向宽度。高速公路、一级公路上桥梁的侧向宽度为路肩宽度(L_1、L_2);二、三、四级公路上桥梁的侧向宽度为其相应的路肩宽度减去0.25 m。

表4-5　桥梁涵洞分类

桥涵分类	多孔跨径总长 L(m)	单孔跨径 L_K(m)
特大桥	$L>1\,000$	$L_K>150$
大桥	$100{\leqslant}L{\leqslant}1\,000$	$40{\leqslant}L_K{\leqslant}150$
中桥	$30<L<100$	$20{\leqslant}L_K<40$
小桥	$8{\leqslant}L{\leqslant}30$	$5{\leqslant}L_K<20$
涵洞	—	$L_K<5$

表4-6　车道宽度

设计速度	120	100	80	60	40	30	20
车道宽度	3.75	3.75	3.75	3.50	3.50	3.25	3.00(单车道为3.50 m)

注:高速公路上的八车道桥梁,当设置左侧路肩时,内侧车道宽度可采用3.50 m。

表4-7　中间带宽度

设计速度(km/h)		120	100	80	60
中央分隔带宽度(m)	一般值	3.00	2.00	2.00	2.00
	最小值	2.00	2.00	1.00	1.00
左侧路缘带宽度(m)	一般值	0.75	0.75	0.50	0.50
	最小值	0.75	0.50	0.50	0.50
中间带宽度(m)	一般值	4.50	3.50	3.00	3.00
	最小值	3.50	3.00	2.00	2.00

注:"一般值"为正常情况下的采用值;"最小值"为条件受限制时,可采用的值。

表4-8　右侧路肩宽度

公路等级		高速公路、一级公路				二、三、四级公路				
设计速度(km/h)		120	100	80	60	80	60	40	30	20
右侧路肩宽度(m)	一般值	3.00或3.50	3.00	2.50	2.50	1.50	0.75	—	—	—
	最小值	3.0	2.50	1.50	1.50	0.75	0.25	—	—	—

注:"一般值"为正常情况下的采用值;"最小值"为条件受限制时,可采用的值。

表 4-9 分离式断面调整公路、一级公路左侧路肩宽度

设计速度(km/h)	120	100	80	60
左侧路肩宽(m)	1.25	1.00	0.75	0.75

城市桥梁以及位于大、中城市近郊的公路桥梁的桥面净空尺寸,应结合城市实际交通量和今后发展的要求来确定。在弯道上的桥梁应按路线要求予以加宽。

人行道及安全带应高出行车道面至少 200～250 mm,对于具有 2%以上纵坡并高速行车的现代化桥梁,最好应高出行车道面 300～350 mm,以确保行人和行车的安全。

对于相同桥面净宽的上承式桥和下承式桥的横截面布置,显然由于结构布置上的需要,下承式桥承重结构的宽度 B 要比上承式桥的大,而其建筑高度 h 却要比上承式桥的小。

公路和城市桥梁,为了利于桥面排水,应根据不同类型的桥面铺装,设置从桥面中央倾向两侧 1.5%～3%的横向坡度。

(三)航道规划设计

航道是水运的基础,是人类利用自然的产物,它既受自然条件的影响,也受人类活动的影响。

1. 航道与通航水域

从一般意义上说,船舶及排筏能够通达的水域就是通航水域。从交通运输的角度来看,应该将具有能让营运船舶和大中型排筏通达的水域定为通航水域。由于不同水位期的通航水域是变化的,而且在具体界定航道时受许多因素的影响,因此不能认为通航水域就是航道。

广义的航道与河道或基本河槽等同,欧美常用水道(英文用 Waterway)一词来表示。可以把航道理解为包括常遇洪水位线以下的基本河槽,或者是中高潮位以下的沿海水域的水道和河道整体。

狭义的航道等同于"航槽"(Navigation channel),除了运河、通航渠道和一些水网地区的航道以外,航道的范围总是小于河槽的范围,这是因为航道应当有尺度标准和设标界限,航道位置会随河道演变和水位变动而随时移动,航道尺度也可以随季节与水位变化以及整治工程产生效果而有所调整。

在天然河道、湖泊、水库内,航道的设定范围总是只占水面宽度的一部分而不是全部。用航标标出可供船舶航行的这部分水域,既是确保航行安全的需要,也是客观条件的制约。因为在天然条件下,不同水位期能供船舶安全航行的水域,不仅要有足够的水深,而且要有平稳的流态,这样的水域不可能是无限宽阔的,在某些地方,还受过河建筑物的限制。因此,狭义的航道是一个在三维空间上既有要求,又有限制的通道。

可以这样明确地来定义航道,即为了组织水上运输所规定或设置的船舶、排筏航行通道称为航道。这里所谓的"规定",是指在图纸上画定或在现场标志出;所谓"设置",是指用疏浚或建筑物导治而形成的航道。一般说来,航道标准尺度应满足一定船舶(队)安全、方便地航行,为此对航道有以下的基本要求:

(1)应有足够的水深、宽度和弯曲半径。

(2)适合船舶航行的水流条件,包括适宜的流速,良好的流态。

(3)水上跨河建筑物应满足船舶的通航净空要求。

对于上述几项要求,天然状态下的河流不是都能满足的。平原河流及河口段,常常由于

泥沙堆积造成水深不足,出现所谓的浅滩。山区河流由于河床边界一般为岩石,除有些河段水深和宽度不足外,有些河段落差大,坡陡流急,船舶上行困难,下行危险,即所谓的急流滩。有些河段弯曲半径过小,并存在险恶的流态,驾驶中容易发生事故,这样的河段即所谓险滩。

航道可以根据多种原则进行分类。

(1)按航道的级别划分

许多国家都制定了航道分级标准,我国将航道由高到低分成 I～Ⅶ级,达不到Ⅶ级标准的航道称为等外级航道。

(2)按航道的管理属性划分

为有效进行管理,可将航道划分为国家航道、地方航道和专业航道。国家航道系指构成国家航道网,可通行 500 t 级以上船舶的内河干线航道,跨省、市、自治区、直辖市可常年通航 300 t 级以上船舶的内河干线航道,可通航 3 000 t 级以上海船的沿海干线航道,以及对外开放的海港航道和国家指定的重要航道。可通行 500 t 级以上船舶的内河干线航道又称为高等级航道。

(3)按航道所处地域划分

按航道所处地域可分为内河航道和沿海航道两大类。

内河航道包括河流、湖泊和水库内的航道,以及运河和通航渠道。其中,河流航道又可以分为山区河流航道、平原河流航道和潮汐河流航道。

沿海航道原则上是指位于海岸线附近,具有一定边界、可供海船航行的航道。例如,德国在《联邦航道法》中将沿海航道规定为:"系指位于中高潮位时,海岸水线、内河航道或内河航道与海域的分界线,与领海外侧边界之间的水域;以及导堤或防波堤一侧或两侧的进港航道。"目前,我国还没有对沿海航道进行具体界定,为了理顺管理体制,有必要对其进行科学的界定。

另外,还可以根据航道的形成因素,将航道划分为天然航道、人工航道和渠化航道。湖区航道还可分为湖泊航道、河湖两相航道和滨湖航道等。根据航道通航时间的长短分为常年通航航道和季节通航航道。根据有无对通航的限制划分为单行航道、双行航道和限制性航道等。

2. 内河船舶的航行方式

根据船舶的动力条件,内河船舶可分为自航与非自航两种。自航船就是船舶带有动力,可以自己单独行驶。非自航船也称驳船,自己没有动力,需要由机动船带动行驶。根据已经发布的国家标准、行业标准及各大水系的现实情况,内河货运船舶包括分节驳、普通驳船、机动驳船、普通货船、内河集装箱船及江海直达货船等几大系列。在内河上常见船舶编队航行,由多个驳船编结在一起,用机动船带动。编队航行的主要优点为运量大,比单船行驶运输单价低。目前我国内河上采用的编队方式为普通驳顶推船队和分节驳顶推船队,拖带船队已不多见。

拖带船队是拖轮在前,用缆索拖带后面的驳船队。为了减少拖轮螺旋桨搅起的尾流冲击到驳船队,从而加大船队的水流阻力,一般要求拖轮与第一艘驳船之间的缆索较长,具体长度按拖轮的动力大小而异。在航道尺度允许时,为了减小船队阻力,逆流行驶时,可以采取多排一列式(图 4-6a)),顺流行驶时,可以采用多排并列式(图 4-6b))。拖带船队的编队方式行驶时的阻力大、运价高,但由于它是软联结,要求的航道条件可以低些,弯曲半径较顶推船队为小。

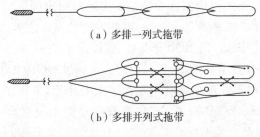

（a）多排一列式拖带

（b）多排并列式拖带

图 4－6　拖带船队

顶推船队是作为动力船的推轮放在船队的后面,驳船之间联结成一个整体,如图 4－7 （a）所示。顶推船队较拖带船队有以下优点:

（1）阻力小,消除了拖轮在前面搅起的水流对后面船队引起的冲击阻力;推轮在驳船队的附随水流之中,减小了水流对推轮的阻力;同时,螺旋桨也在附随水流之中,改善了螺旋桨的工作条件;减小或消灭了由于驳船在拖带船队中的偏转摆动所增加的阻力。

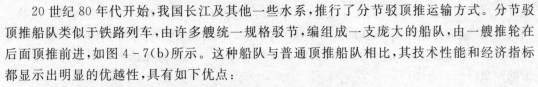

（a）普通驳顶推船队

（b）分节驳顶推船队

图 4－7　顶推船队

（2）顶推船队联结为一个整体,偏转摆动幅度小,增加了船队的稳定性。

（3）顶推船队的船员数量相对大大减少。

（4）编队、解队的作业简便快速,提高了劳动效率。

20 世纪 80 年代开始,我国长江及其他一些水系,推行了分节驳顶推运输方式。分节驳顶推船队类似于铁路列车,由许多艘统一规格驳节,编组成一支庞大的船队,由一艘推轮在后面顶推前进,如图 4－7（b）所示。这种船队与普通顶推船队相比,其技术性能和经济指标都显示出明显的优越性,具有如下优点:

（1）船队的整体线形得到改善,航速可提高 6%～15%。

（2）由于取消了普通驳船的驾驶楼、舵设备、救生设备和船员住宿等设施,降低了分节驳造价。

（3）船形丰满,在船队长度不变的情况下,其载重量可增加 8%～14%;若载重量不变,则船队长度可缩短,从而减少造船材料消耗量。

（4）驳船上可不配船员,节省人力。

（5）驳船建造易于标准化和系列化;线形简单,便于建造。

（6）船队驾驶操纵性能较好。

应该注意的是,由于船型自身的特点,分节驳不宜单独使用,否则阻力很大;在同一船队中只能编入尺度相同的分节驳船,在装货时要严格控制配载,保证各分节驳船吃水均衡,以形成一定线形的整体。

近年来,随着船形标准化的加速推进,顶推船队和拖带船队逐步萎缩,自航机动船的发展迅速。

3. 通航标准与航道等级

为了使我国水运建设及与之有关的水利、桥梁等建设工作经济合理、相互协调,并符合远景发展规划,使全国内河航道相互衔接,逐步形成方便通行的水运网络,充分发挥水运在国民经济中的作用,1963 年 1 月国家计委转发了交通部制定的《全国天然、渠化河流及人工运河通航试行标准》(简称"63 标准")。经过 20 年左右的试行之后,交通部于 1980 年组织开始对《内河通航标准》进行修编,至 1990 年完成,建设部于 1990 年 12 月批准了该标准(简称"90 标准")并于 1991 年 8 月 1 日起施行。《内河通航标准》(GBJ 139—90)颁布实施十余年,对内河航道的建设管理和水资源综合利用发挥了重要作用,取得了显著的社会效益和经济效益。经过十多年的实践,发现"90 标准"仍然有些规定不便操作,使用困难,而且标准的《条文说明》未同《内河通航标准》(GBJ 139—90)合在一起公开发行,不利于对《内河通航标准》(GBJ 139—90)的准确理解,出现了简单套用有关尺度的现象。随着水运事业的不断发展,内河船型、船队和运输方式都发生了很大变化,内河航道、通航建筑物和过河建筑物的建设也积累了许多新的经验。为适应新的发展要求,2000 年开始,建设部和交通部组织有关单位,在"90 标准"的基础上对原标准进行了修订。2004 年完成并于当年 5 月 1 日开始实施,新《内河通航标准》(GB 50139—2004)总结和借鉴国内外通航技术研究成果和实践经验,并通过大量调查研究、广泛征求意见和专题研究再次进行了修订。现行标准主要包括航道、船闸、过河建筑物、通航水位等技术内容。与修订前相比,调整了原标准中天然及渠化河流航道和限制性航道的部分通航尺度;纳入了特殊宽浅河流、水势汹乱的山区性河流和湖泊、水库航道的技术内容;增加了船闸的规模、工程布置和通航水流条件的有关规定;补充了过河建筑物的选址和布置以及通航水位的有关规定。

根据现行通航标准,将国内河流、湖泊、水库及规划通航的航道进行等级评定,定为Ⅰ～Ⅶ航道,Ⅶ以下的内河航道等级,按省、市、自治区、直辖市的交通主管部门的规定自行评定。航道等级评定的原则包括:航道定级应充分考虑航运远期发展的需要;应考虑航道基本条件和开发治理的可能性;要有利于干支直达、江海直达运输,有利于水运主通道和现代化航道网的建设;应结合江河流域、铁路、公路、城市、军事、林业、船舶工业等部门的发展规划综合考虑;应综合考虑航道在综合交通运输网和水资源综合利用中的地位和作用及邻省干支航道的等级标准。

4. 航道尺度与通航水流条件

(1)航道尺度

根据我国《内河通航标准》(GB 50139—2004)的规定,各级航道的尺度是航道工程要达到的标准,系指在设计最低通航水位下滩险河段上保证通航的最小尺度,包括航道水深、航道宽度、航道弯曲半径以及在设计最高通航水位下跨河建筑物的净空等。弯曲段最小宽度与直线段的值是不一样的,而且,同一等级或档次条件下的航道水深还存在一个幅度。因此,具体确定某个河段的航道尺度时,应该依据不同河流或水域的性质、通航船队船型、过船的密度和运量等情况进行分析论证。

一般来讲,航道标准尺度应保证船舶正常安全航行,并能提供发挥合理运输效益的条件,同时航道工程建设的投资和维护费用少。因此,它是满足一定船舶(队)安全有效航行条件下的最低技术标准。凡客观条件许可,无需增加航道工程费用,或费用虽有增加,但经论证仍属合理的情况下,可采用较大的航道尺度。

航道尺度的选择,应根据航道条件、工程量(包括基建性和维护性工程量)以及运输效益确定。大的江河具有能获得大的航道尺度的自然条件,能航行大的船舶,能满足大的货运要求;小河达到较大的航道尺度就较困难。图 4-8 表示航道尺度与建设成本的定性关系,说明如果航道尺度提高,花在工程方面的费用必将增大;但由于大的航道尺度能满足较大船舶(队)航行要求,能使运输成本降低,经济效益提高。从这两个因素中,就可以找到一个成本总量为最小的航道尺度。

需要指出的是,图 4-8 中的两条成本曲线涉及的因素较多,绘图和分析时需要进行深入调查研究,充分掌握第一手资料,否则无法正确地反映两因素的合理关系。

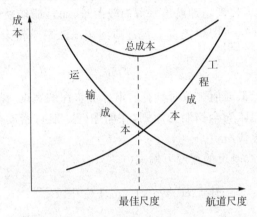

图 4-8　航道尺度与建设成本关系

(2)航道水深

航道水深是各项航道尺度中最为直接的一项尺度。航道水深决定着船舶的航速和载重量。一般在平原和河口地区,航道水深不足是碍航的关键。在这些地区,采取工程措施的主要目的是解决航道水深问题。

航道标准水深是指设计最低通航水位下航道范围内的浅滩最小水深,其定义参见图 4-9。

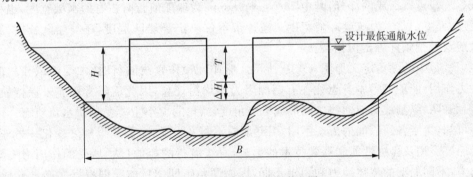

图 4-9　航道标准水深定义图

航道标准水深一般包括船舶的标准吃水和富余水深,可用式(4-1)表示:

$$H = T + \Delta H \tag{4-1}$$

式中:H——航道水深(m);

$\quad\quad T$——船舶吃水(m);

$\quad\quad \Delta H$——富余水深(m)。

船舶吃水 T 是指代表船型的设计吃水。在设计驳船时,船体结构所能承载的吃水称最大吃水(亦称结构吃水)。最大吃水大于标准载重时的标准吃水。例如,长江中游的一种油驳标准载重量3 000 t,标准吃水为3.3 m,而其最大载重量约为3 300 t,最大吃水是3.6 m。

富余水深是指船舶在标准载重时,处于静浮状态船底龙骨下部至河底的最小距离。

富余水深除关系到船舶(队)的航行安全外,还直接影响船舶的航行阻力及操纵性能,随着富余水深增大,船舶航行阻力减小,航速增快,船舶所需的动力大大节省,效益提高。一般说来,内河顶推船队采用的水深吃水比 H/T 不小于1.2。鉴于我国河流众多,条件各异,航道多处于自然状态,目前大幅度增加航道水深尚较困难,而且船舶航速尚不很高,因此,我国通常采用的 H/T 值在1.14～1.43之间。泥沙质河床浅滩最小富余水深为0.2～0.5 m,石质河床另加0.1～0.2 m。

(3)直线航道宽度

航道宽度是指设计最低通航水位时具有航道标准水深的宽度(见图4-9)。航道宽度取值一般以保证两个对开船队安全错船为原则,在船舶(队)航行密度很小,航道狭窄段不长,拓宽工程较大时可采用单线航道。

如图4-10所示,双线航道的宽度可用式(4-2)表示:

$$B=2b\cos\alpha+2L\sin\alpha+C_1+2C_2 \tag{4-2}$$

式中:B——航道宽度;

　　　b——船队宽度;

　　　L——船队长度(拖带船队为最大单船长度);

　　　α——漂角;

　　　C_1——船队间的富余宽度;

　　　C_2——船队与航道边缘间的富余宽度。

式(4-2)可概括成两部分,其中 $2b\cos\alpha+2L\sin\alpha$ 为船舶航行时占有的水域宽度,也称航迹带宽度,而 C_1+2C_2 为航道富余宽度。航迹带不仅决定于船队宽度,还与船队长度、船队操纵性能及航行条件等密切相关。

式(4-2)中的漂角定义如图4-10所示。船舶(队)作直线航行时,常受侧风和斜向水流的外力作用,船舶(队)本身也往往有两侧阻力不均衡现象,因此需经常用舵来保持航向。此时,船舶(队)纵轴线与航向线之间形成一个角度,漂角的大小主要受制于水流流态。由实船试验可知,由于各河段间的流态不同,引起航向不断发生变化,漂角也随之变化。另外,漂角还受船(队)型及操纵性能和驾驶技术的影响,直线航行的船舶(队)所受的作用力主要是流体动力,不同船型的流体动力和力矩不同,因而漂角不同。目前我国根据实船试验成果,并参照国外资料,一般Ⅰ级至Ⅳ级航道的漂角选用3°,Ⅴ级至Ⅶ级航道的漂角选用2°。

航道富余宽度是保证船舶安全航行,不产生船吸和岸吸现象的最小富余尺度,两船队交会时,船队两侧存在着流速差和水位差,形成压力差而产生互吸。船舶与岸线之间的水流有推动船首离岸而吸引船尾靠岸的倾向。影响航道富余宽度的因素有船型、队形、系结方式;船队的航速及推轮的舵效;水流流速、流向、流态;河岸的土质及坡度等。

(4)航道弯曲半径 R 和弯曲航道加宽

航道弯曲半径 R 是指弯曲航道中心线的曲率半径,弯曲半径越大航行越便利。但是受自然河道地形及两岸地物限制,船舶往往不得不在半径较小的弯曲河道中行驶。因此,规定一个

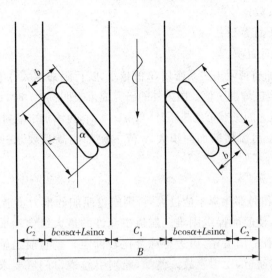

图 4 - 10　双线航道宽度示意图

弯曲半径的最小限值,作为航行保障的一个条件。我国《内河通航标准》(GB 50139－2004)中规定航道最小弯曲半径为顶推船队长度的 3 倍、拖带船队最大单船长度的 4 倍,特殊困难航道难以达到此值时,弯曲半径可适当缩小,但不得小于顶推船队长度的 2 倍、拖带船队最大单船长度的 3 倍。随着内河运输的发展,顶推船队逐步推广,船队尺度日益增大,船舶航速提高,操纵性能改进,弯曲半径的最小限值可适当减小。美国的经验认为他们的船队可以在弯曲半径与船队长度相等的航道中转弯,弯曲半径一般采用船队长度的 1.5～2.5 倍。

众所周知,航道弯曲后,流向发生变化,面流扫向凹岸,底流指向凸岸。纵向流速在横断面上分布也不均匀,外侧较大,内侧偏小,在凸岸下游,常出现回流或泡漩,流态紊乱。航行在弯曲航道中的船舶,在前进的同时必须围绕弯道中心旋转,不断改变航向。改变航向的过程,会使船舶承受力矩、离心力和动水压力,船舶必须用较大的漂角来克服这些作用力,因此要求船舶有更高的灵活性和自控能力。亦即是说,当船舶条件相同时,在弯道上行驶的航迹要比直段上宽得多,其宽度随弯曲半径减小而增加。

在弯道上的航道宽度应在直段宽度的基础上加宽。影响弯曲航道加宽值的因素很多:如漂角、船长、航速、弯曲半径、视距和船舶控制性能等。其中加宽值与漂角、船长、航速成正比,与弯曲半径、视距和船舶控制性能成反比。弯曲航道的航迹带宽度可采用直线航道的相同方法计算,只是漂角不同而已,而弯曲航道的富余宽度一般比直线航道大,各级航道随弯曲半径变化的宽度取值亦可查相关表格。由于船舶在弯曲航道中行驶时,下行的航迹带宽度大于上行的航迹带宽度,故单线航道的尺度按下行需要确定,双线航道则按上下行要求宽度之和计算。

(5)航道断面系数

航道断面系数 η 是指设计最低通航水位时,航道过水断面面积与船舶(队)标准载量时船舯横断面面积的比值。

$$\eta = \frac{A}{A_\varphi}$$

　　　　　　　　　　　　　　　　　　　　　　　　　　(4 - 3)

式中:η——航道断面系数;

　　　A——航道过水断面面积;

　　　A_Φ——船舯横断面面积。

航道断面系数与船舶航行阻力关系密切,η值越小,航行阻力越大;η值应随船速的提高而增大;航道流速大时,同样也应增加 η 值。国内外的研究成果表明:η=7 时,是最经济合理的;当 η>10 时,断面形状对航道阻力的影响可忽略不计;当 $\eta\geqslant14$ 时,再增加 η 值对阻力影响不明显。

在平原河流上,由于河流横断面面积大,η 值一般都能满足要求。新开的狭窄浅水航道或运河上必须考虑 η 值。

(6)流速流态

航道中的表面流速和局部比降不能过大,否则航行船舶的推力不能克服逆流阻力前进,下行船舶的舵效难以发挥,使船舶操纵困难。航道中允许的最大纵向表面流速和局部比降的数值与船型和整治措施有着密切关系,应进行综合比较确定。垂直航道轴线的横向流速亦不应过大,否则会将船舶推离航道,发生事故。例如,船闸引航道口门区要求最大横向流速不大于 0.3 m/s,回流流速不大于 0.4 m/s。航道中的流态应满足船舶(队)航行安全要求。

(7)水上跨河建筑物的净空

跨河桥梁、渡槽、管道、电缆等应有足够的水上净空高度和净空宽度,以便船舶能安全顺利地通过。净空高度是指设计最高通航水位至建筑物底部的垂直距离。设计最高通航水位的标准,应根据航道等级依据国家颁布的标准执行。净空高度的数值应满足设计船舶空载的水上高度加富余值。净空宽度系指航道底高程以上桥墩(或墩柱)间的最小净宽度,包括船舶过桥航行轨迹宽度和富余宽度两部分。一般说来,为了使桥梁通航孔的净宽尺度尽量小些,较大船舶(队)应避免在桥孔会船。所以,净空宽度按单线航道宽度拟定,应该特别注意航道两侧安全距离的取值。桥墩(墩柱)的顺水面应尽可能与水流流向平行,其偏角超过5°时,净宽必须相应加大。

天然、渠化河流上的水上跨河建筑物,一般应不少于两个通航孔,水运很繁忙的河流上,应设多孔通航。若在限制性航道上,净宽应采用航道宽度值,一般宜一孔跨过。

(四)码头规划

在港口城市中,港口由水域、陆域和码头三部分组成。码头是港口城市停靠船舶、上下旅客或装卸货物的场所。码头岸线则是港口水域和陆域的交接线,是港口生产活动的中心。构成码头岸线的水工建筑物是一切港口不可缺少的建筑物。

码头从广义上可理解为码头建筑物及装卸作业地带的总和,即除码头建筑物自身外还有装卸设备、库场和集疏运设施,这样码头才能完成靠船、系船、进行装卸作业、上下旅客和对船舶进行必要的补给等多种功能。因此,码头是完成水陆货客转换机能设施组合的总称。

1. 码头分类

(1)按货物种类和包装形式分类

以装卸普通件杂为主的码头称为杂货码头;装卸集装箱的码头称为集装箱码头;能装卸集装箱、普通杂货、重件等货物的码头称多用途码头;仅能装或卸一种类型货物的码头称为专用码头,如煤炭装卸码头、原油码头等。

(2)从贸易或商务上分类

以装卸外贸进出口货物为主码头称为外贸码头;以装卸国内进出口货物为主的码头称

为内贸码头。当货物只有一个流向时,常冠以出口或进口外贸(或内贸)码头。

(3)从隶属关系上分类

仅为一个公司(集团)或少数几个公司原材料或制成品装卸服务的码头,一般称为货主码头,这类码头由使用码头的厂矿投资建设;由交通部门投资建设,为腹地货主服务的码头称为公用码头;当能适应多种类型货物装卸时,习惯上又称为通用码头。

(4)从客货上分类

以装卸货物为主的码头称为货运码头;上下旅客的码头称为客运码头。

(5)按平面布置形式分类

码头按平面布置形式可分为顺岸式布置码头、突堤式布置码头、挖入式布置码头、沿防波堤内侧布置码头、岛式布置码头及栈桥式布置码头。

2.码头布置形式

码头布置形式与水陆域的环境条件及码头性质有关,应依据建设地点的自然条件,并考虑有利于船舶作业和陆上货物集疏运、存储作业等营运条件。如图 4-11 所示,常见的布置形式有:顺岸式布置(含栈桥式布置)、突堤式布置、挖入式布置、沿防波堤内侧布置、岛式及栈桥式布置。

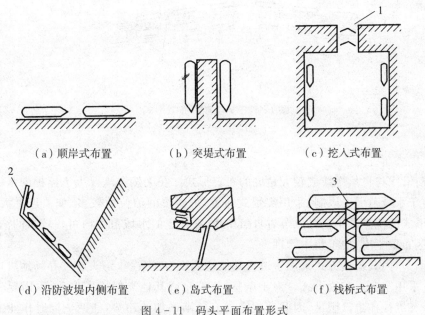

(a)顺岸式布置   (b)突堤式布置   (c)挖入式布置

(d)沿防波堤内侧布置   (e)岛式布置   (f)栈桥式布置

图 4-11 码头平面布置形式
1—口门或闸门;2—防波堤;3—起重机

(1)顺岸式布置

码头前沿线与自然大陆岸线大致平行或成较小角度的布置形式(见图 4-12(a)),是最常见的布置形式,尤其适合于港口规模不大,可利用的岸线较多,水域宽度有限制的港口,是河口港常见的布置形式。这种布置形式的优点是利用天然岸线建设码头,工程量小,泊位可占用的陆域面积较大,便于仓库、堆场以及其他辅助设施的设置,大型装卸机械可以灵活调度,适合于杂货及集装箱作业。但每泊位平均占用的水、陆域面积较多,如果岸线有限,则布置的泊位数较少。

顺岸式布置的前沿如果需要布置铁路线,当泊位数量较多时,将它们布置成一条直线对铁路调车行走十分不便。在这种情况下,为方便火车掉头,可以将前沿线布置成锯齿形,见图 4-12(b)。在河港和河口港,为顺应河道自然走向,常将前沿线布置成折线形,见图 4-12(c)和图 4-16(d)。

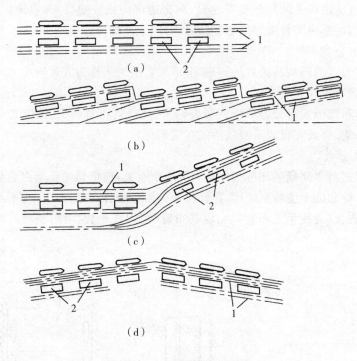

图 4-12 码头顺岸布置形式

1—铁路;2—仓库、堆场

(2)突堤式布置

码头前沿线与自然岸线成较大角度的布置形式。在天然海湾及人工掩护的水域中建设的港口,由于水域范围受限制,采用突堤式布置,可建设的泊位数较多,如大连港大港港区。这种布置形式的优点是不仅可以节省自然岸线,在一定的水域范围内可建较多的泊位,而且使整个港区布置紧凑,便于集中管理。

散货码头,因其疏运方式采用管道或其他连续式输送系统,码头与贮存场地可以保持较远距离,常采用窄突堤布置形式。对于杂货、集装箱或其他类似货类作业,因需要一定的堆存能力,窄突堤往往难以满足,因此突堤宽度有逐渐增加的趋势,能两侧同时作业的宽突堤布置形式逐渐取代了窄突堤形式。

图 4-13 所示为某公用石化码头。油品主要从中东地区进口,然后转往珠江三角洲的各个地区。由于进口远洋运输主要为 80 000～150 000 DWT 的大型油船,而出口中转主要为低于 1 000 t 的小型船舶。考虑靠泊船型等级较多的特点,采用突堤式布置。依次布置有两个系缆墩、80 000 DWT 泊位区、10 000 DWT 泊位区、1 000 DWT 泊位区和接岸引桥。系缆墩段长度为 75 m,码头平台段长度共 555 m,宽度分别为 36 m 和 42 m,引桥段长度为 75 m,宽度为 20 m。

顺岸式和突堤式是码头平面布置最常见的两种形式,它们各有特点。同样的泊位数量,

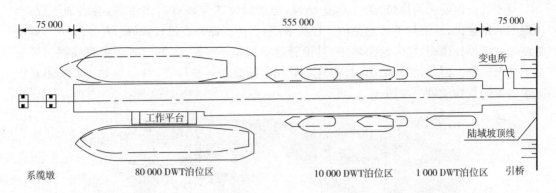

图 4-13　某公用石化码头突堤式布置(单位:mm)

突堤式较顺岸式占用岸线少,布置紧凑,因此在岸线较少的条件下,宜优先考虑突堤式布置。同时,从减少防波堤长度的角度,突堤式也是较为有利的。而在河道、河口处,由于突堤式过多地伸向河中,改变了原有的水流形态,容易引起冲淤;并且过多地占用河道宽度,会影响船舶通航,在这种条件下,宜选择顺岸式布置。

(3)挖入式布置

码头、港池水域是向岸的陆地内侧开挖而成的布置形式,在河港和河口港中较为多见。挖入式布置广泛应用于欧美的海港、河口港及内河港。鹿特丹港、汉堡港、安特卫普港,均为挖入式布置方式。日本很多开敞的海岸上均采用挖入式港口。

挖入式布置的优点:①充分利用天然岸线,在有限的岸线上可根据需要建设较多的泊位;②当主航道船舶航行密度较大、河道较窄时,不影响船舶航行;③掩护条件好,选择合适的港池轴线,可有效地避开风和浪,在降雨天数较多的地区,便于修建雨棚,可全天候作业;④由于挖入式港池是在向岸的陆域一侧开挖而成的,不降低河道的泄洪能力。

挖入式布置的不足之处主要有:①当河流流速和含沙量较大时,港池内淤积较严重,维护工作量较大;②当开挖工作量较大时,工程造价较高。

港口处于河道较狭窄,船舶航行密度较大的河段,且流速和含沙量较小时,可采用挖入式布置。挖入式港池宜根据原有地势、地形布置,减少开挖工程量。在流速和含沙量都较大的河流上采用挖入式布置时,港池轴线与主流方向(顺流)夹角宜控制在 30°～60°之间。

挖入式港池的口门布置宜避免直接面对强、常浪向;考虑船舶操纵的便利性,避免船舶靠离泊、回旋掉头作业过于困难;应尽量避免布置在水体含沙量高的水域,必要时建设防沙、导流堤将口门外推。挖入式港池内的水体与外部交换比较慢,在条件容许时,可布置一些沟渠与港池内部连接,以提高港池内部水体的交换,提高港池内的自净能力。到港船型大、中、小都有时,采取大船集中设回旋水域进行掉头作业、其他中小型船舶直接在码头前掉头的方式,减少开挖水域面积。

(4)沿防波堤内侧布置

码头沿防波堤内侧布置是很常见的。布置在堤根部位,水域相对平静,与后方连接方便。为了减少挖泥量,也常将泊位布置在防波堤的深水部位。当需要改善沿堤布置的泊位的泊稳条件时,可增设与防波堤近似垂直的短堤。如图 4-14 所示为秦皇岛港老港区(西港区)的大码头 3#～7#泊位,就是沿防波堤均匀布置的。

对于有防浪要求的泊位,为了防止越浪,防波堤顶部应该有防浪措施,会增加工程量。从现实的角度讲,越浪是不可避免的。经验表明,当防波堤外波浪较大时($H_{1/10}>3$ m),即使防波堤胸墙设计很高,在风的伴随下,溅浪越过堤顶是不可避免的,这种溅浪可飞溅至距胸墙十几米远处。因此,在此范围内,不宜布置固定的装卸运输设备,可布置如矿石类不致因溅浪而影响货物质量的堆场。

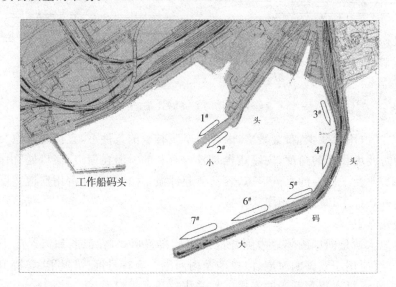

图 4-14 秦皇岛港西港区 1#～7# 泊位布置图

（5）岛式及栈桥式布置

岛式及栈桥式码头常布置在离自然岸线较远的深水区,在码头与岸线之间的水域也可以用于布置驳船泊位,进行水上过驳作业。通常在码头前沿设置大型装卸机械。为解决货物的运输问题,可采取栈桥或水下管线（油、气）与岸相接,堆场或灌区设在岸上。这种布置一般为开敞式,不设防波堤,大型散货船、油船和液体化工船多采用这种形式。

大型干散货码头也多采用开敞式布置。通过布置在栈桥上的工艺设备与岸上连接,所以被称为栈桥式布置。如图 4-15 为阿根廷建于 20 世纪 70 年代末的矿石出口码头,采用弧线式装船机,船舶根据流向条件可在 3 个不同方向的码头前沿线上停泊,增加了码头的作业天数。

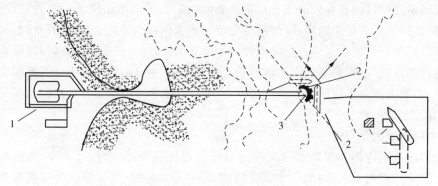

图 4-15 离岸干散货栈桥码头

1—堆场；2—靠船墩；3—装船机轨道

　　大型原油码头,当深水区距岸不太远时,也可以采用栈桥式布置,例如大连港鲇鱼湾油码头(见图 4 - 16)、青岛港黄岛 20 万吨级油码头等。

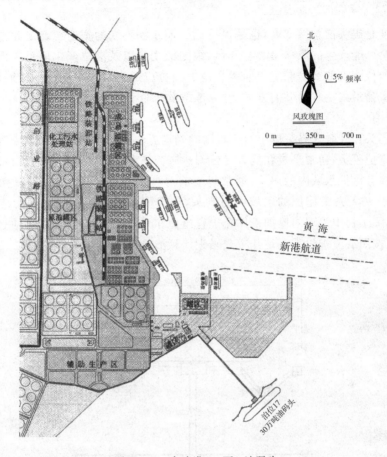

图 4 - 16　大连港 30 万 t 油码头

　　大型开敞式离岸码头常采用蝶形布置形式(见图 4 - 17),一般由工作平台、靠船墩、系缆墩组成,其中靠船墩有主靠船墩(靠泊大型船舶)和副靠船墩(靠泊小型船舶)。

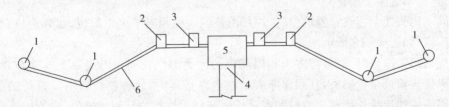

图 4 - 17　液体化工码头蝶形布置

1—系缆墩;2—主靠船墩;3—副靠船墩;4—引桥和管廊;5—工作平台;6—人行便桥

3. 码头泊位尺度

　　泊位尺度包括泊位长度、泊位宽度和泊位水深三个方面。泊位尺度的确定以设计船型尺度为基本依据,并考虑适当的富余量,以保证船舶在码头停靠作业的安全。

　　泊位长度 L_b 是泊位占用岸线的长度,一般由设计船长 L 和富余长度 d 构成。富余长度 d 是船与船之间或船与岸之间的必要间隔,d 的确定要考虑系缆要求,船舶靠离安全、方便,一个泊位的装卸作业对相邻泊位作业不产生妨碍,还要考虑装卸机械的检修方便等因素。为了提高泊位的利用效率,确定富余长度时,应充分考虑多种因素的影响,包括对柔性靠泊的适应性等。

泊位宽度是码头前水域宽度,也是保持码头前水深不变的宽度。确定此宽度要求考虑到船舶系泊时可能产生的漂移量。吹开风,缆绳的变形以及潮位变化均是导致船舶漂移的原因。一般泊位宽度取 2 倍船宽。回淤严重的泊位应适当增加宽度;丁靠(船舶靠泊时,其纵轴线与码头前沿线垂直的靠泊方式)时应考虑设计船型的具体情况而确定。

(1)单个泊位

有掩护码头和开敞式码头单个泊位长度的确定方法不同。规划时应首先判断属于哪一种码头。有掩护码头,通常是指在具有良好天然掩护或人工掩护的水域内建设的码头,船舶靠泊和系泊在有掩护水域内的码头,通常码头前波高 $H_{4\%}$ 不超过 0.6 m。开敞式码头是指既无天然掩护又无人工掩护的水域内的码头,外海波浪可直接作用在码头结构上(图 4-18)。对于实际工程中出现的掩护条件介于有掩护和开敞式之间的码头,可通过分析海域的特征,确定其按照有掩护码头还是开敞式码头计算泊位长度。

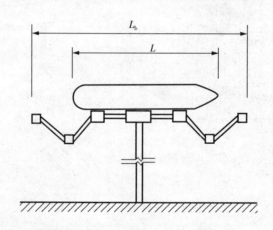

图 4-18　开敞式码头的泊位长度

(2)连续布置多个泊位

在同一码头线上连续布置泊位时,端部泊位的一侧相当于单个泊位,相邻泊位允许交叉带缆和压缆,如图 4-19 所示。

在规划码头岸线时,经常把多个相同规模的同类泊位在同一码头线上连续布置。这种情况多为集装箱或杂货码头,且顺岸布置。在港口运营时,允许泊位数不按设计船型分割,而按照码头连续岸线长度和到港船舶实际长度制订柔性靠泊计划。例如,按设计船型设计 4 个连续泊位,实际运营时,在满足水深等其他条件要求的前提下,可以安排 4 条以上不同吨级的船舶同时靠泊在连续岸线上进行生产作业。因此,规划和设计过程中,当连续布置同类泊位时,在条件允许的情况下,应尽可能使码头前沿线在同一直线上(见图 4-19),形成泊位组,以利于港口运营。多泊位连续布置的集装箱港区容易形成规模,便于增加集装箱作业的效率和设备调度使用的灵活性,降低项目的工程投资,如上海港外高桥港区五期工程连续布置 4 个集装箱泊位,总长度 1 100 m。有时,这种连续岸线的长度比泊位数量更能反映码头的规模。

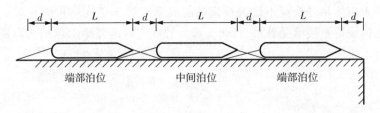

图 4-19 连续布置多个泊位长度

（3）折角布置的泊位

在突堤式码头布置中，突堤与顺岸相接的两泊位成折角布置。码头岸线折角 θ 有 45°～90°，从使用上看大于 70°为好，折角太小岸线损失太大，而且不利于港内水体的交换。转折处的泊位长度应满足船舶靠离作业的要求，并根据码头结构形式及转折角度确定。

直立式码头折角处的泊位长度 L_b 如图 4-20 所示。

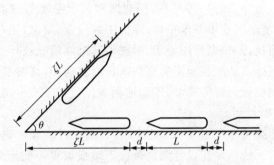

图 4-20 直立式码头折甬处的泊位长度

直立式码头与斜坡式护岸或水下挖泥边坡边线的夹角 θ≥90°时，靠近护岸处的泊位长度如图 4-21 所示。

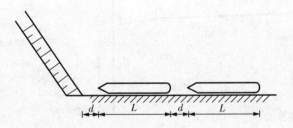

图 4-21 直立式码头与斜坡护岸处的泊位长度

4. 码头的前沿高程和陆域纵深

（1）码头前沿高程

码头前沿高程的确定与港口营运要求、当地水文和地形等因素有关。营运要求在大潮时不被淹没，便于生产作业并与码头后方及港外道路有效衔接。

对于有掩护码头的前沿高程，按照两种标准计算。

① 基本标准：码头前沿高程＝设计高水位＋超高值（取 1.0～1.5 m）。

② 复核标准：码头前沿高程＝极端高水位＋超高值（取 0.0～0.5 m）。

上述两种标准中按高值选取，并注意对沉降较大的码头应预留沉降量，并充分考虑相邻泊位及后方已形成的陆域、铁路、道路的高程，经论证后可以适当调整计算得出的高程。

开敞式码头应满足码头面不被波浪淹没的要求。对于桩式结构的开敞式码头,为了避免上部结构包括栈桥直接承受波浪力,码头面高程确定时应考虑上部结构高度,按下式确定码头前沿高程 E。

$$E = HWL + \eta_0 + h + \Delta \qquad\qquad (4-4)$$

式中: HWL——设计高水位(m);

　　　　η_0——设计高水位时的 50 年一遇波列 $H_{1\%}$ 波峰面高度(m);

　　　　h——码头上部结构高度(m);

　　　　Δ——波峰面以上至上部结构底面的富余高度(m),一般取 0.0~1.0 m。

对于上部结构可以承受波浪力的开敞式码头,可以根据结构受力条件,适当降低码头面高程。

码头前沿高程确定之后,还应根据排水、装卸工艺及运输系统的要求,结合当地地形、地质等条件,确定库(场)、道路、铁路、停车场、辅建区和排水系统等的高程。高程设计应尽可能减少土石方工程量,使港区挖填基本平衡,降低工程投资;同时,须与周边已建工程和后续工程场区标高相协调衔接,并根据使用要求,考虑地基沉降情况进行适当预留。

为使码头陆域地面排水能顺利地汇集到集水口或明沟中,其坡度不应小于 5‰。权衡考虑地面排水、堆货、流动机械运行等要求,库场地面坡度宜取 5‰~10‰;但当库场后方设置装卸站台时,其坡度可加大至 15‰。

滚装码头前沿线标高可参考图 4-22 确定,再根据设计高潮位确定坡道的长度,如潮差比较大,船跳板比较短,无法满足在设计潮位条件下跳板坡度不陡于 1:8,此时可设计专门的浮式坡道,或在限制潮位下作业。图中船跳板下干舷的最小值为船在满载时的舱内行车甲板槛高(通常 2 m 左右)。

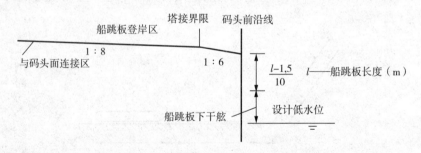

图 4-22　滚装码头前沿线标高示意图

(2)码头陆域纵深

码头陆域纵深指码头岸线陆侧直接或间接用于港口生产和辅助生产用地的尺度。受后方地形等条件的限制,多数港口陆域不是规则的图形,不具备统一的纵深尺度,一般所说的陆域纵深是指从码头前沿线(突堤式码头自根部算起)至后方港界线的平均宽度,数值上等于单位长度码头岸线拥有的土地面积。陆域纵深的确定应根据泊位性质、货种、运量、装卸工艺及集疏运条件等综合分析。陆域纵深过小会对港口生产产生限制,过大则会浪费宝贵的土地资源。

集装箱码头堆场作业模式的不同使得堆场面积具有更大的弹性。欧洲港口堆场面积大,堆箱层数少,个别港口采用底盘车堆存;亚洲港口堆场容量大,堆箱层数多,堆场密度高。

根据对各国集装箱码头的调查,用于集装箱装卸、堆存的港口作业用地的陆域纵深一般在450～650 m,如果考虑仓储业、物流业等的需要,还应该再增加额外的使用面积。

我国沿海港口集装箱码头的陆域纵深已有超过 1 000 m,例如青岛港前湾集装箱港区三期采用顺岸式布置,建设了 7 个大型集装箱泊位,全长 2 413 m,水深 16～17.5 m,陆域纵深1.5～2 km。从使用功能来看,已超出了集装箱堆存、装卸的使用要求而扩展到仓储、物流和其他相关产业。

(五)锚地规划

1. 锚地的选择

专供船舶停泊及进行水上装卸作业的指定水域称为锚地(anchorage area)。锚地按位置可划分为港外锚地(outer roadstead)和港内锚地(harbor anchorage)。一般以防波堤为界,防波堤以外为港外锚地,以内为港内锚地。港外锚地供船舶候潮、待泊、联检及避风使用,有时也进行水上装卸作业;港内锚地供待泊或水上装卸作业使用。

按功能划分,可分为候潮、引航、检疫、避风、过驳、危险品、熏蒸等多种锚地。在我国常用的锚地有:

① 引航锚地(pilotage anchorage):等候引航员执行引航任务的锚地。

② 检疫锚地(quarantine anchorage):供外轮抵港后进行卫生检疫的锚地,有时则兼供引水、海关、联检使用。

③ 停泊锚地(lying anchorage):船舶到离港的锚地,供船舶待泊、候潮。

④ 避风锚地(sheltered anchorage):供船舶躲避风浪的锚地。

⑤ 过驳锚地(lighterage anchorage):供船舶在水上过驳作业的锚地。

(1)船舶的锚泊方式

船舶在锚地停泊的方式主要有抛锚系泊(anchoring)和浮筒系泊(buoy mooring)两种,见图 4-23。由于锚地的条件和抛锚的目的不同,锚泊方式一般也可分为单锚泊和双锚泊两种;浮筒系泊包括单浮筒系泊(mono-buoy mooring)和双浮筒系泊(double buoys mooring)。港外锚地宜采取锚泊,港内锚地宜采用锚泊或设置系船浮筒等设施。

① 单锚泊(riding at single anchor)。当锚泊时间不长,锚地宽敞,风浪不是很大时,船舶通常抛单锚进行锚泊。这种方式作业容易,抛起锚方便,不足之处是风浪较大时,偏荡严重,且所需水域面积相对较大。

② 双锚泊(riding at two anchors)。分一字锚和八字锚两种。

a. 一字锚(flying moor or ordinary moor)。在船舶锚泊旋回受限的水域,如在有潮汐影响的狭窄河道中,可在与潮流流向一致的方向上,先后抛下两只首锚成一直线,双链交角近 180°,使船首系留在两锚之间,这种锚泊方式称为一字锚。在风流影响下,船舶随风流的变向而转动,其中对外力影响起主要系留作用的锚和链称为力锚(riding anchor)和力链(riding cable),而另一锚和锚链称为惰锚(lee anchor)和惰链(lee cable)。

一字锚方式回旋所需水域最小,主要适用于狭窄水域或内陆江河,短时间锚泊,但一字锚操作较为复杂和费时,风流方向多次变化后,双链容易绞缠,锚泊抓力也较小,故不宜在抗风防台时使用。

b. 八字锚(open mooring)。在锚地底质较差、风大流急、单锚泊抓力不足时,可(改)抛八字锚。八字锚是将左右两锚先后抛出,使双链保持一定交角(一般为 50°～60°)成倒八字

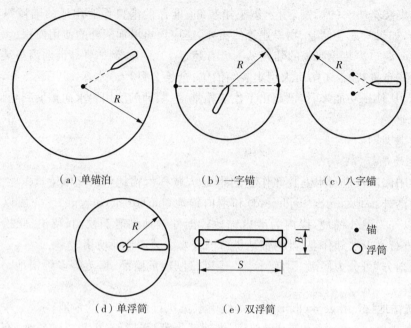

（a）单锚泊　　　　　　　（b）一字锚　　　　　　　（c）八字锚

（d）单浮筒　　　　　　（e）双浮筒

图 4 - 23　各种锚泊方式图示

形。这种锚泊方式可同时起到增大锚抓力和抑制偏荡两方面的作用。其作用的大小随两链的交角不同而不同，若夹角为 60°时，则上述两方面均有明显增强。缺点是操作较复杂，而且在风流多次变向后双链常发生绞缠。

　　船舶锚泊时所占水域尺度可参考表 4 - 10，浮筒系泊时所占水域面积可参考式(4 - 5)和式(4 - 6)确定。

表 4 - 10　船舶锚泊时所需水域尺度

锚泊方式	环境条件	所需水域尺度(m)
单锚泊	风力≤7 级	$R = L + 3D + 90$
	风力>7 级	$R = L + 4D + 145$
双锚泊	底质好，风、浪、流弱	$R = L + 4.5D$
	环境条件差	$R = L + 4.5D + 25$

注：表中 R——圆形水域半径；D——锚地水深；L——设计船长。

　　单浮筒系泊的水域半径可按式(4 - 5)计算。

$$R = L + r + l + e \tag{4 - 5}$$

式中：R——单浮筒水域系泊半径(m)；

　　　r——由潮差引起的浮筒水平偏位(m)，每米潮差可按 1 m 计算；

　　　l——系缆的水平投影长度(m)，$DWT ≤ 10\,000$ t，取 20 m，$10\,000$ t$< DWT ≤ 30\,000$ t，取 25 m，$DWT > 30\,000$ t 可适当增大；

　　　e——船尾与水域边界的富余距离(m)，取 0.4L。

其余符号意义同前。

双浮筒系泊水域尺度可按式(4-6)计算。

$$S=L+2(r+l)$$

$$B=4b \tag{4-6}$$

式中：S——所需水域长度(m)；

B——所需水域宽度(m)；

b——设计船型宽度(m)。

其余符号意义同前。

当双浮筒系泊用于过驳作业时，应按工艺要求，增加驳船及浮式装卸设备所占用的水域宽度。

(2)锚地位置

锚地位置应选在靠近港口，天然水深适宜，海底平坦，锚抓力好，水域开阔，风、浪和水流较小，便于船舶进出航道，并远离礁石、浅滩以及具有良好定位条件的水域。选择锚地位置时，应注意以下几点：

① 港外锚地的位置应临近航道的出入口，但锚地边缘距航道边线不应小于2～3倍船长；港内锚地采用单锚或单浮筒系泊时，距航道边线不应小于1倍船长，而双浮筒系泊时应不小于2倍船宽。

② 港外锚地水深不应小于船舶满载吃水的1.2倍，当波高($H_{4\%}$)超过2 m时，尚应增加波浪富余深度，但也不宜过大，一般最大水深不超过一舷锚链总长的1/4，即85 m左右，万吨级货船适合的锚地水深约为15～20 m。一般锚地不采取人工浚深。港内锚地水深一般可与码头前沿水深一样。

③ 锚地底质要具备良好的锚抓力。锚抓住海底的状态见图4-24。软硬适度的亚砂土和亚粘土底质锚抓力最好，淤泥质沙土次之。应避免在硬粘土、硬砂土、多礁石与抛石地区设置锚地，以免发生走锚。

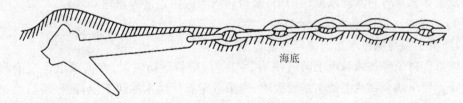

海底

图4-24 锚抓住海底的状态

④ 选择锚地时，考虑便于船舶寻找和方便设标，并满足各类船舶锚泊安全要求。

⑤ 应尽量避免在横流较大地区设置双浮筒锚地。

2. 锚地的规模

锚地的锚位数取决于同时系泊的船数，可根据排队论的理论和数学模拟的方法推算。利用排队论模型可计算少于和等于n艘船在港的概率之和Q_n，则$1-Q_n$表示港内多于n艘船的概率之和。Q_n的选取可以根据港口的重要性、附近有无其他锚地或其他港口锚地是否可以临时借用等情况确定。此外，也要考虑当地自然条件，如果设置锚地的费用很少则保证率可以取高一些,如果设置锚地费用很多则保证率可以取低一些。也可以通过国内外大量的锚地资料进行分析对比,在港口总体规划中予以确定。可采用试算的办法,例如取 Q_n 等于 95％、98％、99％等,求出相应在港(包括港内和锚地)船舶艘数 n,则锚位数 A_n 为:

$$A_n = n - S \tag{4-7}$$

港口锚地数量的配置,应根据到港船舶密度、港口生产组织以及港口水域自然环境等因素综合确定。一些港口仅设有一个锚地而担负各种锚地功能和用途。另一些港口则因航道、水深、底质以及掩护条件影响设置多处专用锚地。如天津港 $1^\#$ ～ $4^\#$ 锚地分布于新港航道两侧,主要服务于北疆、东疆港区。一般情况下,油船应设置用锚地。

四、涉水工程协调规划

(一)涉水工程与城市水系的协调

1. 饮用水源工程与城市水系的协调

饮用水源是城市的大水缸,必须确保其不被污染,且有足够的水量为全城服务。饮用水源包括地表水源和地下水源。地表水源包括江、河、湖泊、水库等,地下水源包括地下潜水、地下承压水和泉水,地表水是城市的主要水源。

水源地周围应划定卫生保护区,在保护区一定范围内上下游水系不得排放工业废水、生活污水,不得堆放生活垃圾、工业废料及其他对水体有污染的固体废弃物。水源地周围农田不得使用化肥、农药等,有机肥料也应控制使用。规划时应采取各种措施,力争上游水系来水的充足,保证饮用水源的充沛水量,以满足用水高峰期间的城市用水。

取水点周围要禁止捕捞、泊船、游泳等。取水口应选在能经常取得足够的水量和较好的水质,而不被泥沙淤积的地段。在顺直河段上,应选在主流靠近河岸、河床稳定、水位较深、流速较大的岸边,一般设在河段的窄处。在弯曲河段,应选在水深岸陡,泥沙量少的凹岸地带。

水源地规划还应考虑取水口附近现有的构筑物,如桥梁、码头、拦河闸坝和丁坝、污水排出口以及诸如航运等对水源水质的污染、水量和取水方便程度等影响。

2. 防洪排涝工程与城市水系的协调

(1)防洪工程与城市水系的协调

若城市有河流穿过或城市上游有湖泊、水库时,应修建防洪堤,海滨城市也应沿海岸线修建堤防。当汛期来临或上游水量较大时,应采取措施使洪水尽快下泄,减轻堤防负担。也可采用分洪手段,在城市外围另辟一条分洪道,分流一部分洪水,通过挡洪闸、分洪闸或排洪闸等工程设施来实现分流。有条件的城市可以在上游修建分洪水库,拦截洪水,减轻城市防洪压力。但不管是修建防洪堤、分洪道,还是分洪水库,都会改变原有的城市水系,破坏水系的固有面貌,影响水系周边的自然环境和生态平衡,特别是修建水库会淹没大片耕地,迫使大量人口迁移,破坏局部生物多样性和生态平衡。而所有这些防洪措施都会影响城市固有的生态环境,不利于城市的可持续发展。所以在修建防洪设施时,应本着可持续发展的原则,尽可能少破坏或不破坏城市原有的水系,做到既能满足城市防洪要求,又不致破坏城市生态环境。应大力倡导一些非工程防洪措施,如提高建筑设计高程、使用防水建筑材料、推行洪水保险等。

（2）排涝工程与城市水系的协调

排泄工程是利用小型的明渠、暗沟或埋设管道,把低洼地区的暴雨径流输送到附近的主要河流、湖泊。暴雨径流排出口可能与外河高水位遭遇的地方,需要修建防洪闸和排涝泵站。在划分排水流域时,对地形起伏较大的城市,可根据自然流域边界、水系等划分,对地形平坦的城市,可根据城市规划划分,兼顾各个排水区域排涝径流的均衡。布置排水沟渠、管道时,应充分利用地形,就近排入池塘、河流、湖泊等水体,尽量缩短排水路线,以降低造价。城市地形坡度较大时,管渠布置在低洼处;地形平坦时,管渠布置在排水流域中间,以方便排水的接入。城市排水应采取雨污分流制,禁止把生活污水或工业废水直接排入自然水体。

3. 水运及路桥工程与城市水系的协调

（1）滨水道路与城市水系的协调

滨水道路往往沿着城市河流、湖泊的岸线布置,道路可布置在堤防内侧或外侧,也可布置在堤坝顶部,视地形及水体的具体情况而定。滨水道路往往利用河流、湖泊的自然生态,配以绿化和人工景观,制作成景观道路。滨水道路可以是车行道,也可以是人行道。考虑到汽车尾气及噪音对水体环境的污染,另外也考虑涨水时不致淹没行车道路,车行道往往距岸线较远,多设于堤防外侧或堤顶。人行道或非机动车道则可以设在堤防内侧,距岸线更近,可以让人更近地感受到"水"的气息。人行道可以和滨水活动广场、水面游乐设施等统一规划布置,充分利用岸线的亲水空间。不管是车行道,还是人行道,都不可设计过宽,否则会导致岸线景观比例的失调,道路会显得过于宽大,而游弋于水体气场的影响之外,不再有亲切怡人的格调。

（2）跨水桥梁与城市水系的协调

在规划跨水桥梁时,应尽量布置在水面较窄处,以及地质条件较好处。另外,桥梁位置还应避开险滩、急流、弯道、水系交汇口、港口作业区及锚地。桥梁应尽量与河流垂直正交,当然规划路线不允许时也可斜交。城市支路不得跨越宽度大于道路红线宽度两倍的水体,次干道不宜跨越宽度大于道路红线四倍的湖泊。穿城而过的桥梁体型不宜过长过大,否则会破坏城市的自然风貌,如跨江或跨湖大桥,硬生生地把城市割裂为两部分,破坏了水体及城市的有机统一。桥下若通航时,应保证有足够的净空高度和宽度。

（3）港口码头与城市水系的协调

充分开发利用宝贵的港口岸线资源,坚持统筹发展和集约化、规模化、专业化的原则,协调好港口与城市之间的发展关系,注重环境和生态保护,促进港口与腹地经济社会的协调持续发展。港口的选址与城市规划布局、水系的分布、水面宽度、水体深度、水的流速、流态、岸线的地质构造等均有关系。海港位于沿海城市,应布置于有掩护的海湾内或位于开敞的海岸上,最好是水深岸陡,风平浪静。河港位于内地沿河城市,布置于河流沿岸,多以内贸为主,由于港口有大量的船舶进出及停靠,因此要求港口处有更宽阔的水域。河口港位于河流入海口,此处往往是多条水系交汇处,水运四通八达,水域宽广,可同时停泊大量海船和河船。内河港口码头最好采用顺岸式布置,利用河流本身的岸线,规划水域和陆域范围。若采用突堤式或挖入式布置,会破坏原来的水系,影响河流的流速和流态,而且还会在港口处淤积泥沙。海港码头则可根据需要布置成各种形式,目前大多以突堤式为主。

（4）航道规划与城市水系的协调

航道规划必须以区域经济发展与港区建设开发规模为依据，满足区域经济发展、港口总体规划、国防建设和水路运输发展的需要，并为将来的远期建设留有发展余地。我国内河航道发展的战略目标为"三横一纵两网十八线"，这一目标具有重要意义。我国航道跟国外相比，相对比较落后，需不断更新设施，实行科学管理。我国各地航道标准和船型还没有完全统一，随着水运的快速发展，我国各大水系必然互相衔接，江河湖海相通，逐步形成四通八达的水运体系，因此需及早统一航道标准和优化船型，以充分发挥水运在国民经济中的作用。目前我国很多航道标准较低，需在整个流域或更大范围内，运用各种工程措施，整治、疏浚或渠化航道，通过对区域水系的治理，提高城市的通航能力。

（5）锚地规划与城市水系的协调

锚地的规划布置，必须以现有港区、航道现状及规划发展的规模为依据进行布局；规划锚地的数量与规模，必须适应一定时期内航道、港区发展建设的规模，并应满足国防建设要求。外海待泊、引航锚地的规划布置，应尽量布置在外海航路与进港航道连接点的内侧附近海域，以方便大型船舶的待泊或引航进港。内水道规划锚地，应尽量布置在港区与进港航道附近，以方便船舶安全进出港区。规划锚地应尽量布置在避风条件好、水深适宜、海底平坦、锚抓力好、周围水域安全，避免在礁石、急流区设置锚地，以确保安全。必要时也可采取整治措施。规划锚地的等级和规模应尽可能根据可能停泊的船舶的锚泊要求予以确定，充分利用深水资源，适应船舶大型化发展的需要。

（二）各涉水工程之间的协调

防洪堤工程可以和交通旅游等结合起来，充分发挥堤防的综合效益。土堤一般可兼作滨水道路。堤防工程还可以根据所在位置的环境，与滨江（河）公园结合起来，美化环境，提供娱乐、休闲场所。防洪墙位于市区，须注意与其他市政设施的协调，必要时可以与园林、娱乐场所和商业等结合起来。

过水桥梁规划应注意桥下的净空高度和宽度，不要破坏河流原有的流向、流速和流态，汛期时桥孔能满足泄洪要求，桥墩能抵受水流的侵蚀和冲击。桥下有通航要求时，应满足规定数量和吨位的船只通行。

港口、进港航道、防波堤和锚地应统一规划，港内水域须有足够的空间，满足码头船只的停泊、港内船只的锚泊及船只回旋进出，并应考虑今后改扩建的需要。港口及进港航道水深应满足大型船舶进港、停靠及锚泊的要求，水底地质条件要好，利于船只的锚泊。码头陆域空间应和仓储、物流统一规划，实现水陆运无缝对接，提高货物流转效率。规模较大的河海港码头还可以规划商业、办公、金融、服务等区域，形成水陆联动的码头综合商贸区。

旅游码头的规划应更多地考虑景观和商业服务的要素。码头附近沿岸线可布置滨水景观道路，在道路节点处布置滨水广场，渲染码头的旅游气氛。码头周围可规划小型商业、餐饮、娱乐等设施，为游客服务。

当饮用水源位于城市上游或饮用水源水位可能高于城市地面时，在规划保护饮用水源的同时应考虑防洪规划。沿饮用水源岸线须修建防洪堤，防洪堤顶高程应满足当地防洪标准要求。对于山区湖泊或水库，还需修建溢洪道，必要时开闸放水，以减轻洪水威胁。

复习思考题：

1. 城市水源工程规划的原则是什么？

2. 城市水源工程规划包括哪几方面内容？

3. 城市防洪涝工程规划的原则是什么？

4. 城市防洪排涝规划的内容有哪些？

5. 简述城市防洪工程规划的方法和步骤。

6. 简述城市排涝工程规划的方法和步骤。

7. 滨水景观道路的设计原则是什么？

8. 桥梁规划设计的基本原则是什么？

9. 桥梁的纵断面设计包括哪些内容？

10. 什么是航道？航道是如何分类的？

11. 我国的航道等级是如何规定的？

12. 什么是航道尺度？它包括哪些方面内容？

13. 什么是码头？码头是如何分类的？

14. 码头的布置形式有哪几种？

15. 码头的泊位尺度包括哪几方面内容？

16. 什么是锚地？锚地有哪些类型？

17. 船泊的锚泊方式有哪几种？

18. 涉水工程协调规划包括哪些方面内容？

单元5 城市水系治理与水生态修复

一、城市水系治理

(一)城市水系治理发展历程

城市水系治理经历了由早期防洪筑坝、裁弯取直,到目前水系自然修复的过程,前者属于水系改造,后者称为水系治理。20世纪以来,城市水系的污染问题引起了广泛关注,因此早期对水系治理是由污染治理开始的,而后才转向关注水系污染、滨水区生态环境以及景观设计等关系,并开始引入生态学理论,在不同尺度上对水系开展综合治理,即以污染治理为核心、兼顾水系的疏通和布局,并提倡生态治理方法。迄今为止,生态治河的思想在欧美等发达国家仍被广泛应用,并取得了良好的效果。我国对城市水系的治理研究始于20世纪80年代,目前仍以末端治理为主,并逐步贯穿"减源、截留、修复"的三级控制思想。

随着城市的发展,以及对水系景观、休闲功能的需求上升,在城市水环境治理中融入景观元素已成为国内外研究的趋势,国外在水系治理的早期就应用景观生态学原理规划滨水区,并在设计中考虑了水质改善与景观的关系,20世纪90年代以来,德国、美国、日本、法国、瑞士、奥地利、荷兰等国家都大规模拆除已修建的混凝土河道,并对其进行生态与景观恢复。国内也在相关方面开展了一些研究,如:成都府南河的活水公园以及国家863重大科技专项"武汉市汉阳地区水环境质量改善技术与综合示范",首次特设专题要求在污染和生态修复工程中实施适配性的景观设计。

上述国内外的城市水系治理经历了末端治理(排污口处理)、综合治理和系统治理3个发展阶段(见图 5-1),反映了水系治理由单纯污染治理到各种问题综合考虑的发展过程。

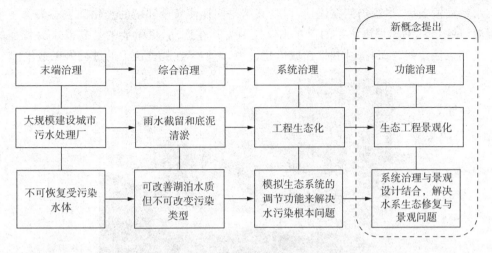

图 5-1　城市水系治理的发展阶段

(二)我国城市水系改造中存在的问题

良好的城市水系是构筑资源节约型、环境友好型社会的基础之一,是改善城市环境、提升城市形象的重要手段。如果以错误的方式对城市水系进行改造,城市的可持续发展能力、环境友好型的城市化道路将无从谈起。目前,我国错误的城市水系改造方式主要有以下几种:

1. 填埋、覆盖或切断城市水系

(1)填埋城市水系

这几乎是一种普遍的现象,在城市化的高潮中,每年都有大量河道被填埋(见图 5-2)。这些错误的水系改造方式,使许多昔日让人流连忘返的滨水环境变得单调平庸,原来流动互通的水系变成了支离破碎的污水沟或污水池。原有河道、湖泊中生物生存繁殖的环境与自然生态群落遭到彻底毁灭,同时使城市水系失去自净能力。

图 5-2　填埋城市水系

（2）覆盖城市水系

水系被覆盖后,尽管仍然在流动,但是其结果同样使城市环境的美化和生态失去了宝贵的资源(见图5-3)。城市水系的存在不仅仅因为其在流动,更重要的是其以水为特征的生态系统和生活空间。而与此同时,在城市建设中,人们又在耗资巨大的进行人工造水。

图5-3　覆盖城市水系

（3）切断城市水系

许多城市的水系,本来是一个连续体,与湿地、湖泊、绿地等形成一个完整的景观体系,是城市生态系统的“基础设施”,是生物的栖息地,也是城市居民的休憩空间和认知环境。然而,这一连续体却常常在城市建设中被切割、肢解,使得活水变成死水(见图5-4)。

图5-4　切断城市水系

2. 城市水系执行单一的防洪功能

在许多城市,河道治理机械地执行××年一遇、一刀切的设计标准,简单地截弯取直,造成了巨大的经济浪费,而且城市内部高大的防洪堤,严重地影响了原有的城市排水、交通和生态系统。水利部原部长钱正英院士认为:过去水利方面主要是搞工程,但对于如何与环境和睦相处,如何真正把水利作为生态环境中的一个因素却从未加以考虑⋯⋯造成水资源问题的根本原因是水利发展的模式属于粗放型,制约了可持续发展。如防洪堤防从解放初的 9 万 km,到 20 世纪 70 年代的 11 万 km,80 年代的 16 万 km,目前的 25 万 km,堤线越来越长,堤身越来越高,相应的洪水位也越来越高,形成恶性循环。我国许多城市正是这样一种单一水系治理的思路,使得昔日美丽的河道变成了单纯的防洪工程。而采用亲水方式对河道堤坝进行治理改造,其河岸景观就会大不相同。

3. 城市水系的硬质驳岸与衬砌

许多城市的水系治理中,片面强调水系的排洪、泄洪和排污功能,将水系截弯取直后用钢筋水泥进行衬砌(见图 5-5),这种"二面光"或"三面光"的建造模式,使得原有的自然河堤或土坝变成了钢筋混凝土或浆砌块石护岸,河道断面形式单一生硬,造成了水岸景观的千篇一律,水生态和历史文化景观遭到严重破坏。许多城市内所有河道、河岸的处理,全部是一个设计模式,一种风格。各类防渗工程(见图 5-6)所造成的生态破坏也比比皆是,混凝土衬砌后,使得水系、土地及其生态环境相互分离,失去自净能力,从而加剧了水污染的程度。某些城市更是在原有河道、古渠道中简单地设置混凝土涵管填平作为城市的下水道。这类机械的河道治理模式,破坏了原有河道的综合功能、独特文化遗产和景观,破坏了城市水系供市民亲水的公共资产特性,而且还会因难以清淤而造成引洪不畅,导致一场暴雨就造成积水的弊端。而实际上生态健全的水系构成的绿色通道网络,恰恰最具有蓄洪与缓解旱涝灾害的能力。

图 5-5　河道衬砌　　　　　　　　　　　图 5-6　防渗工程

4. 过度集中式的城市污水处理系统

过度集中式的城市污水处理系统,导致了巨额的投资费用、营运的高能耗和无法进行中水的就地利用。我国一些城市采取了污水集中处理的方式,把污水集中起来通过污水干管远距离输送至污水处理厂集中处理,然后把处理后的中水再通过管网运送回来,造成巨大的能源浪费,而且使得城市的污水处理系统非常不经济。

5. 远距离调水冲污

实施远距离的调水冲污,首先会使调水区的生态受到影响。根据国际生态组织的统计,如果把一条河流30%的径流量调走的话,就会对这条河流自身的生态造成难以恢复的影响。调水工程的实施,往往不计生态成本和社会成本,而只计算经济成本,这不是环境友好型,也不是资源节约型的发展道路。其次是无偿调水,打击了水源地群众和政府治理水污染的积极性。第三是巨大的工程成本。调水工程往往是几百、上千公里,长距离的调水要防止水的渗漏、蒸发造成的损失,需要沿线进行污水截流并深度处理,从而保证调水水质,这需要消耗巨大的管理成本、经济成本和社会成本。同时,简单的污水搬家只会导致污染范围的进一步扩大。

6. 滥采地下水改变了城郊湿地的生态功能

对地下水的滥采,会改变城郊湿地的生态功能,影响作为城市"水肾"的生态效用。城郊湿地是城市周边最主要的水过滤系统、地下水净化系统、生态聚集和保障系统。从经济学的角度来看,一块湿地的价值比相同面积的海洋高58倍,但这些系统由于湿地的功能改变带来了灭顶之灾,造成了水生态和物种的衰退。许多湿地衰退后,使得成百上千种的物种消失。无节制地抽取城市地下水,不仅使昔日的湿地迅速变成干涸的荒漠,而且也造成了大面积的地面沉陷(见图5-7)。

图5-7　地面沉陷

(三)城市水系治理原则

1. 系统规划、综合治理

城市水系的治理,要执行整体与生态最优原则。要综合考虑水生态、水景观、给排水、污水处理、中水回用、排涝和文化遗产、旅游等各种功能的有机结合,还要与城市的园林绿化紧密结合。城市水系是社会—经济—自然复合的生态系统,要按照这样的生态观、复合观去设计城市的水系。同时,治理城市水系,还应遵循资源最节约原则。水资源是影响城市发展的稀缺资源之一,必须将污水资源化、再生利用和节水、节能、节材紧密结合。要组织多学科专家学者协同跟踪研究,对一个城市水系的设计既要考虑历史文化和经济社会,也要考虑城市的独特性与可持续发展能力。

2. 法制保障、重在保护

城市水系生态的脆弱性,使得水系生态环境一旦破坏就很难恢复,而恢复也需花费巨额的资金。保护了城市水系,就等于保护了城市的特色景观和城市的生态以及城市的未来和繁荣；我们必须依据《城市规划法》、《水法》和《环境污染防治法》等诸多法律来规范治理。

3. 协同管理、科学考核

城市水系的多功能性，注定要求强化部门管理的协同性。城市水系涉及市政（给排水、污水和节水）、水源保护、园林、水利、环保、交通、航运、旅游、农业水产等方面。若把这么多功能都纳入到一个部门来管理，将失去相互制约，而且有可能造成巨大的决策错误或者单一机械的治理方案。应该系统地、全面地来整合这些功能，统一进行规划并落实责任。从多功能、复合性的高度来制订规划治理方案，分部门实施与管理。水资源的统一管理，必须着眼于整个水系的多种功能协调管理。要设立科学评价体系，合理评估各部门之间的协同性，减少和预防冲突，形成整体优化效果。

4. 纠正错误、公众参与

我们要勇于、敢于纠正以往的错误工程。通过整合或分别采用整体重构、园林护堤、水体净化和生态修复等多种技术，包括恢复文化资源遗产等方面，来恢复城市水系的复合功能。已有的很多好的经验，如绍兴、桂林、杭州、贵阳、成都的河道治理经验都非常好。但是，同时要看到每个城市的成功经验都有不足之处，应该有勇气来承认我们所犯的错误。

尊重自然、当地历史文化和普通百姓的长远利益是作为城市规划、建设、管理的三大主要原则。要做到这"三尊重"，就要动员市民成为保护和监督城市水系管理的主体。任何有关城市水系的修复、重建方案，都要进行公开讨论，尊重民意，提高维护城市水系的自觉性。

总之，应统筹考虑城市水系的整体性、历史性、协调性、安全性和综合性，来保障城市水系安全，改善城市生态，优化人居环境，提升城市功能，实现城市可持续发展。

(四)城市水系功能治理

1. 理论基础

城市水系的复杂性决定了城市水系在向综合集成的方向发展，因此治理必须从系统性和功能性出发。功能治理是在对水系问题（污染、断流、窄化和景观等）分析评价的基础上，结合污染源控制，选取水系的关键位置（交叉点和重污染区等），依据水环境修复理论对其进行治理，并从景观生态学角度，结合环境美学原理对生态工程进行景观化处理，使其与周围景观协调。在上述基础上，功能治理尚需根据生态景观理论，对城市水系的河道、滩地及沿途绿地等提出宏观设计方案。

功能治理是在系统治理基础上寻求一种与之相适配的景观系统，根据上述分析，确定其理论基础如下。

(1)水环境生态修复

为实现水系生态系统自我维持及建立水系生态系统与陆地、缓冲区间的相互关系，保护水系生物完整性及其生态健康而实施的水污染控制措施与方法，主要有三类：①化学方法：如加入化学药剂杀藻；②物理方法：如底泥疏挖等；③生物—生态方法：如人工湿地和水生植被构建。

(2)景观生态学原理

景观生态学是集生态、地理、经济、人文为一体的综合学科，而城市水系作为一种重要的生态要素，其生态过程受到人类经济驱动及人文社会的影响，所以景观生态学可为解决河流景观中复杂的科学和社会问题提供支持。

（3）环境美学原理

环境美学主要研究人类创造优美环境的原则、形式及其美学功能，是建筑艺术、园林艺术、生态环境、绿化美化等诸方面融合统一的形象美感。科学运用环境美学原理对整体环境进行设计，对城市水系水环境修复及景观设计具有重要指导意义。

（4）生态服务功能理论

生态系统服务功能是指生态系统与生态过程所形成及所维持的人类赖以生存的自然环境条件和效用，城市水系的治理需要恢复其提供的生态系统服务功能，而非简单地对污染加以治理。

2. 方法框架

功能治理是水环境修复与景观设计的结合体，其关键是处理水污染治理工程与景观美化的关系，发挥二者的综合优势和整体优势，方法框架主要包括四部分（见图 5-8）。

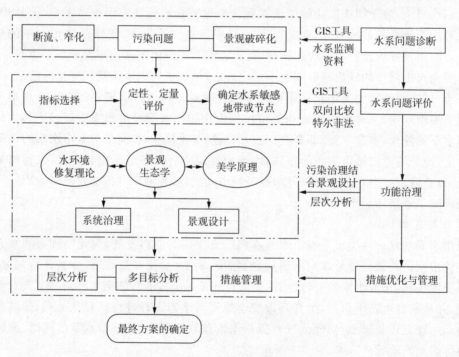

图 5-8　城市水系功能治理的方法框架

（1）水系问题诊断

将城市水系视为一个整体，研究其存在的问题，如断流、窄化、水体污染、沿途污染源、植被破坏、景观破碎化等。

（2）水系问题评价

①评价指标确定，可选取水质监测的各种指标，景观评价指标可根据水系现状选取植被、断流、窄化、景观破碎化等指标进行评价。②对水系存在的问题（污染、景观等）进行定性或定量的评价，如依据水系监测资料对水系污染源控制状况、断流或窄化的位置、植被破坏情况及景观破碎化程度进行定量分析，由于水系问题的复杂性，很多问题，如景观破坏的原因等，不能定量分析，对此可选择做定性或半定量的分析。③指标及其权重的确定。权重可采用双向比较法确定，指标值则可通过公众调查或特尔菲法（Delphi）确定，根据指标的加权

和得到对水系问题的综合评价,确定水系的敏感和优先控制区域。

(3)功能治理

①系统治理。系统治理是对水系问题的各种修复方法及生态工程进行的优化集成,如:以水生植物恢复/重建为核心的生态修复技术、水体恢复的生物操纵理论与方法、生态护坡、受污染水体底质污染控制与修复、水生态系统结构优化技术与功能强化技术、生态工程措施(湿地、人工浮岛等)及一些辅助性环境工程措施(氧化沟、生物滤床)等。治理重点是水系的敏感地带或节点,治理关键是在进行单项的水体修复技术适用性评价基础上,分析不同技术间的相关性,对各种技术间的耦合关系进行分析,如水力调度中引水流速、水量与水生植被恢复的水位控制的制约关系等。②景观设计。在城市尺度上对水系进行整体景观设计,并在局部上运用景观生态学原理及美学设计原理对生态工程进行处理,如人工湿地、人工浮岛的景观设计及河道植被的配置设计等。景观是廊道、斑块、基质的结合体,城市中水系纵横交错,是良好的生态廊道,对其进行设计保障河道畅通与合理布局;生态恢复区与水系岸线绿地可视为景观斑块,斑块设计要体现景观异质性原则;基质属于水系的背景元素,设计需遵从"大集中,小分散"原则。在局部设计中,还需结合环境美学原理,实现生态与景观美化的双重目的。但对于受污染水系,需在水质污染得到有效控制的情况下才可进行整体性的景观修复与设计。

(4)措施优化与水系管理

功能治理的对象是城市水系整体,治理过程实际是对各种生态修复方法进行优化组合的过程。采用层次分析法对拟议方案措施进行综合评价,用定性与定量结合的方法,从修复目的、景观效果、财务评价等角度,进行多目标分析,确定最终的优化方案。此外,根据水系水质等的突变情况,对特定生态工程措施做出调整。水系管理包括工程措施及景观的维护及外源污染控制(点源、面源)等。

功能治理是城市水系治理中的新理念,体现了系统治理与景观恢复的结合,为恢复城市水系多方面的生态系统服务功能提供保障;通过评价确定的敏感点和优先控制区域以及对应的治理措施可有效解决城市水系的实际问题,并达到双赢的效果。以问题诊断及评价、功能治理、措施优化与水系管理为主体的功能治理方法框架,符合目前城市水系治理的新要求,具有广泛的应用前景。

二、城市水环境规划与水生态修复

(一)城市水环境规划

1. 城市环境规划原则、作用与任务

城市环境规划是指对一个城市地区进行环境调查、监测、评价、区划以及因经济发展所引起的变化预测;根据生态学原则提出调整产业结构,以及合理安排生产布局为主要内容的保护和改善环境的战略性部署。也就是说,城市环境规划是城市政府当局为使城市环境与经济社会协调发展而对自身活动和环境所做的时间和空间的合理安排。

城市环境规划的原则:(1)经济建设、城乡建设和环境建设同步原则;(2)遵循经济规律,符合国民经济计划总要求的原则;(3)遵循生态规律,合理开发利用资源的原则;(4)遵循社会规律,坚持以人为本的原则;(5)系统分析、整体优化、突出重点的原则;(6)预防为主、防治结合,加强城市环境管理的原则;(7)依靠科技进步的原则。

城市环境规划的作用:(1)城市环境规划是实施城市环境保护战略的重要手段;(2)城市环境规划是城市经济、社会、环境协调发展的重要手段;(3)城市环境规划是政府和环境保护机构实施有效管理的基本依据;(4)城市环境规划是改善城市环境质量、防止生态破坏的重要措施;(5)城市环境规划具有公共政策功能,积极促进环境目标的实现。

城市环境规划的任务:(1)全面掌握城市经济、社会、环境的基础资料,分析评价环境系统的现状;(2)结合城市发展总体规划,对城市环境系统的发展进行预测;(3)对城市自然、经济和社会发展提出切实可行的调整方案;(4)搞好环境保护,促进区域生态系统的良性循环;(5)制定环境保护技术政策,保证经济协调发展。

2. 城市水环境规划目的、原则与方案

城市水环境规划就是通过城市所处流域的水污染现状和水环境问题分析,查明造成污染的原因,分析其主控因子;然后依据城市水功能区划的成果和要求,在水环境质量预测的基础上,针对城市不同水体污染成因采取相应的措施进行治理和恢复。水环境质量改善的总体思路应是"减污—控源—截留—输导—修复"。在做城市水环境规划时,应当注意要与区域经济和社会发展规划以及城市总体规划、环境保护规划相协调,兼顾各地区、各行业的需要。

(1)规划目的

城市水环境规划以可持续发展为指导思想,以城市水环境改善和水资源优化配置为目标,以水质改善、水生态修复、水生态及生态景观建设以及水资源开发利用为核心,针对城市水资源主要问题和制约水环境保护与社会经济协调发展的瓶颈,制定合理的水环境规划目标和指导体系,提出科学可行的实现目标和指标的规划方案以及具体可操作的规划项目,实现经济、社会、环境可持续发展以及人与环境的和谐。

城市水环境规划是一项庞大的系统工程,在规划及其实施中要充分利用生态学、系统科学、环境科学、景观生态学、水文学等学科的理论与方法,提出水环境保护、水资源配置以及水系生态修复的具体方案,从而实现城市地表水环境改善与可持续发展的目标,并建立良性循环的水生态系统,促进生态、经济和社会整个系统相协调。

(2)规划原则

在编制城市水环境规划时,应遵循如下的基本原则:

① 可持续发展和科学发展观原则。规划遵循"自然—经济—社会"协调发展、科学发展和自然科学规律,科学准确把握城市水环境面临的问题和制约因素,制定水环境保护的目标和指标,及实现目标指标的方案与措施,从根本上解决城市现存的和未来的水环境问题,实现环境、经济、社会的可持续发展和经济效益、社会效益、环境效益的统一。

② 前瞻性和可操作性原则。规划既要考虑城市水环境的现状问题,又要考虑规划期内可能发生的水环境问题,既要考虑目前水环境保护的技术方法,又要考虑未来环境科技的进步,同时更要考虑城市的经济资源条件,分阶段、分层次提出切实可行的规划目标和指标、规划方案和工程项目,确保规划具有前瞻性和可操作性。

③ 突出重点和分期实施原则。以实现水环境功能区达标为总目标,将改善城市水系水质及景观建设、水生态修复和生态景观建设作为规划的重点,提出具体的规划方案和工程措施;分期确定实施目标、分期确定实施方案、分期确定实施项目,逐步推进。

④ 以人为本、生态优先、尊重自然的原则。城市水环境保护和生态修复以保护人类健康、推进生态平衡、创造适宜环境为指导,在进行地表水水质保护、水环境改善、水生态修复、

水生态景观建设等过程中,坚持以人的需求、生态环境需求、自然环境需求为本,实现人与自然、人与社会、人与环境的和谐。

⑤ 坚持预防为主、防治结合的原则。坚持通过发展循环经济、清洁生产、污染全过程控制、经济结构调整等措施控制污染的产生,从根本上预防污染;通过产业布局调整、分区污染控制、科学合理利用水环境容量等措施,减轻水环境污染;通过污染集中控制、污染源治理,最大限度削减进入环境的污染物总量,保护水环境。实现经济结构调整与污染治理相结合,工业污染防治与生活污染防治相结合,污染治理与清洁生产相结合。

⑥ 坚持四个并重原则。规划制定坚持水环境改善和生态修复并重;水生态保护与生态及景观建设并重;水面建设和水质保护并重;水环境保护和资源开发利用并重,确保规划的系统性、全面性、科学性、实用性、可操作性和前瞻性。

(3)规划内容与技术路线

城市水环境规划是对特定规划时期内的城市水环境保护目标和措施所做出的统筹安排和设计,城市水环境规划可遵循如下的基本步骤(见图 5 - 9)。

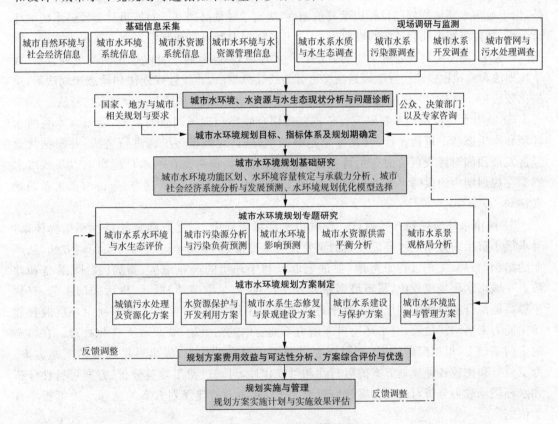

图 5 - 9　城市水环境规划步骤

① 基础信息采集与现场调研。根据所研究城市的特点,收集城市的自然环境信息、社会经济发展信息、城市水环境系统信息、城市水资源系统信息以及相关的管理信息;收集国家、地方以及城市的相关规划及要求。同时,对城市水系的水质与水生态现状、城市水系污染源、城市水系开发情况、城市管网与污水处理现状等进行调查与收集,在必要的情况下,补充监测。具体收集的基础数据包括:城市水系及自然状况、社会经济发展现状和规划、水资

源及开发利用现状与特点、水文与地质、地形与气候、生态环境现状、水污染状况和水环境质量变化数据等。

② 城市水环境现状分析及问题诊断。在对城市水环境系统综合分析的基础上，找出城市水系在水量、水质、水资源利用、水系布局以及水生态等方面存在的问题，并查明问题的根源所在，得到初步的诊断结果，为确定规划目标以及规划方案等奠定基础。

③ 城市水环境规划目标确定。根据国民经济和社会发展要求，从城市水系的水质和水量两个方面拟定水环境规划目标。规划目标是社会经济发展与水环境系统协调发展的综合体现，是水环境规划的根本出发点。环境规划目标的提出既要与经济发展的战略部署相协调，又要与目前的环境状况和经济实力相适应。目标的提出需要经过多方案比较和反复论证，在规划目标最终确定前要先提出几种不同的目标方案，经过具体措施的论证以后才能确定最终目标。

④ 城市水环境规划基础研究。城市水环境规划方案的制定要建立在对城市水环境系统全面分析的基础之上，因此需首先确定城市水环境功能区划并通过模型核定水环境容量。此外，由于城市水环境规划的目标以及其前瞻性，决定了规划必须基于对城市社会经济系统的综合分析，并预测城市社会经济的发展模式，为开展规划专题研究和制定规划方案提供支持。在基础研究中，尚需确定规划所采用的方法。在水环境规划中，通常可以采用两类规划方法：数学规划法和模拟比较法。数学规划法又可分为线性规划法、非线性规划法和动态规划法等；模拟比较法是一种多方案模拟比较的方法，如系统动力学、层次分析法和组合方案比较法。

⑤ 城市水环境规划专题研究。依据基础信息收集和现场调研的数据，对城市水系的水环境和水生态状况进行评价，对其变化趋势做出分析；对城市污染源进行解析，并根据社会经济发展预测对污染负荷的变化情况做出判断；对污染负荷变化的水环境影响以及城市水资源在规划期内的供需平衡做出预测，并计算城市水系的水环境承载力；分析城市水系的景观格局。

⑥ 城市水环境规划方案制订。在城市水环境规划中，根据所确定的目标和指标体系，寻求最小费用的方案是水环境规划的重要任务。目前，多采用全过程的污染控制方法，从产业的结构、布局、工艺过程来考虑，促进采取有利于环境的产业结构、布局、技术、装备和政策。在城市水环境规划中，将环境因素介入生产过程，采取节能、低耗、少污染的工艺，有利于提高能源合格资源的利用率。对于进入水环境中的污染物，要通过合理利用环境的自然净化能力来消纳。最后，对水环境自净能力不能容纳的污染物，要采取无害化处理。在措施确定的基础上，根据问题诊断、基础研究以及专项研究的结果，提出可供选择的实施方案。为了检验和比较各种规划方案的可行性和可操作性，可通过费用效益分析、方案可行性分析和水环境承载力分析对规划方案进行综合评价，从而为最佳规划方案的选择与决策提供科学依据。

一般而言，城市水环境规划的方案通常包括：城镇污水处理与资源化方案、水资源保护与开发利用方案、城市水系生态修复与景观建设方案、城市水系建设与保护方案以及城市水环境监测与管理方案。对规划方案进行费用效益与可达性分析，并对方案进行综合评价，筛选出不同规划期内的优选方案清单，也是城市水环境规划的重要内容；根据方案评价的结果，对规划专题研究以及规划方案做出反馈调整。

⑦ 规划实施与管理。规划的实施与管理是制定城市水环境规划的一个重要内容，方案

的被采用体现了规划自身的价值与作用。因此,需要提出规划的实施计划并对实施效果进行评估:建立规划评估制度,确定评估指标体系,建立监测计划(污染源监测、水质与水资源监测),反馈评估结果。在规划管理中,确定不同机构和政府部门的职责范围,建立完善水环境保护的体制与制度,实施规划的监督与反馈机制,逐步调整规划政策保障措施并提出科学研究的新方向。

在制定城市水环境规划时,特别需要注意以下几个问题:①根据目前和将来水体的用途,严格划分保护区,首先要保证饮用水源的水量和水质;②充分注意城市社会经济系统的变化对水量、水质的改变以及对水环境污染的影响;③应将城市的水资源、水环境、水生态以及社会经济系统作为一个整体加以考虑;④注意减免洪水灾害的问题;⑤妥善处理干支流、上下游、左右岸及各种水环境的相互关系;⑥明确水环境保护的方针和政策;⑦充分理解城市水系的景观以及服务功能,在规划方案制定和实施中统筹考虑不同功能的协调。总之,城市水环境规划过程是一个反复协调决策的过程,目的是为了寻求一个最佳的统筹兼顾方案。要特别处理好近期与远期、需要与可能、经济与环境等的相互关系,以确保方案的可操作性。

(4)城市水环境规划措施与方案

城市水环境规划方案是由许多具体的技术措施构成的组合方案,这些技术措施涉及水资源开发利用和水污染控制的各个方面。城市水环境规划的方案对策可主要归纳为:一是源头控制,减少污染物排放负荷,主要采取清洁生产工艺;二是提高或充分利用水体的自净能力;三是城市水系生态修复技术;四是末端治理措施。此外,在规划中还需同时关注水资源的保护与开发技术。

① 清洁生产

清洁生产定义为:对生产过程和产品实施综合防治战略,以减少对人类和环境的风险。清洁生产具有经济和环境上的双重目标,通过实施清洁生产,企业在经济上要能赢利,环境上也能得到改善,从而使保护环境与发展经济真正协调起来。因此,实施清洁生产是深化我国工业污染防治工作,实现可持续发展战略的根本途径,也是城市水环境规划中应采纳的重要措施。实现清洁生产的途径很多,其中包括资源的合理利用,改革工艺和设备、企业物料循环,产品体系的改革,必要的末端处理以及加强管理等。在城市水环境规划中,拟采取的详细的清洁生产措施可根据规划对象的具体要求来确定。

② 污水处理

建立污水处理厂是水环境规划方案中常考虑采用的重要措施。一般污水处理程度可分为一级、二级和三级处理,其中一级和二级处理技术已基本成熟,三级处理不仅技术上要求严格而且费用昂贵,但可以在二级处理后建设生态工程,如人工湿地等。污水处理费用主要为建厂投资和运转费用,可用污水处理费用函数表示。准确估算污水处理费用函数是评价污水处理厂费用的关键环节。

③ 提高或充分利用水体纳污容量

a. 人工复氧。河内人工复氧是改善河流水质的重要措施之一。它是借助于安装增氧器来提高河水中的溶解氧浓度。在溶解氧浓度很低的河段使用这项措施尤为有效。人工复氧的费用可表示为增氧机功率的函数。

b. 污水调节。在河流同化容量低的时期(枯水期)用蓄污池把污水暂时蓄存起来,待河流的纳污容量高时释放,由于更合理地利用了河流的同化容量,从而提高了河流的枯水水质。这项措施称污水调节。污水在蓄存期间,其中的有机物还可被降解一部分。污水调节费用主要是建池费用。国外蓄存用于调放的污水大都是经过处理的处理厂出水,这就避免或减轻了恶臭现象的发生。

c. 河流流量调控。实行流量调控可利用现有的水利设施,也可新建水利工程。利用现有水利工程提高河流枯水流量造成的损失,主要包括由于减少了可用于其他有益用途的水量而使来自这些用途的收益的减少量。新建流量调控工程除了控制水质方面的效益外,还同时具有防洪、发电、灌溉、娱乐等效益。由于水利工程具有多目标性,建立其费用函数具有很大的困难。同时,由于流量调控效益的多重性,目前仍未找到把费用公平合理地分配给每种用途的方法。

④ 城市水系的生态修复技术

城市水系周围常常是人类活动密集的区域。人类对滨水区的过度利用以及污水的大量排放,对水生态系统形成巨大的干扰,引起生态系统的退化和损害。城市水系生态修复技术主要有 3 个方面的内容:a. 恢复城市水系环境。恢复河流水系的形态、结构和自然特征。b. 恢复水生态系统的结构和功能。恢复河流水系生态系统的结构(群落组成、营养结构、空间和季节结构),以提高生态系统的功能,增强其净化水质的能力。c. 维护和改善河流水系的景观效果。这也是城市水系恢复的特殊之处。

城市水系生态修复遵循两个重要的原则:a. 自然法则。自然法则是河流水系水质净化和生态恢复的基本原则,只有遵循自然规律,河流水质和生态系统才能得到真正的恢复,具体有地域性原则、生态学原则、顺应自然原则、本地化原则等。b. 社会经济技术原则。社会经济技术条件和发展需求影响河流水系水质净化和生态恢复的目标,也制约着水质净化和生态恢复的可能性、恢复的水平和程度,具体有可持续发展原则、风险最小和效益最大原则、生态技术和工程技术结合原则、社会可接受性原则和美学原则。常用的城市水系生态修复技术有:投菌净化技术、河道生物滤床技术、人工湿地净化技术、生物浮岛技术、水陆生物系统配置技术以及生态堤岸技术等。

⑤ 水资源保护及开发利用

水资源保护及开发利用的总体框架是:节水优先,治污为本,多渠道开源(见图 5 - 10)。其中节水的途径包括农业、工业、服务业和生活用水节水等;治污的途径包括城镇污水处理,

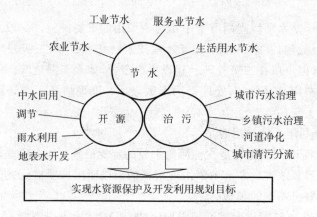

图 5 - 10　水资源保护及开发利用规划基本框架

河道净化等；多渠道开源的途径包括中水回用、雨水综合利用、地表水利用、跨区域调水工程等。由此，相关的技术主要体现在治污、节水、开源和利用 4 个方面，其中治污主要体现在城镇污水处理提供中水回用潜力和水体水质改善、实现城市水功能区划目标；节水是从根本上保护水资源，也是实现城市社会经济可持续发展的前提；开源是对水资源保护有效的补充；开发利用则是实现社会经济可持续发展的重要基础。

⑥ 规划方案综合评价

城市水环境规划方案制定后，为检验和比较各个方案的可行性与可操作性，可通过费用效益分析以及方案可行性分析，对规划方案进行综合评价，从而为最佳方案的选择与决策提供科学依据。

(二)城市水生态修复

1. 城市河流水生态修复

(1)生态河床

河床是河流生态系统的重要载体，但"裁弯取直"、"渠系化"、"硬质化"等人工措施(见图5-11)，致使自然河床消失，水域生态系统严重退化，水资源的使用功能被弱化。因此，可以从恢复河道形态多样性、保证河道生态水量与改善河道净化能力等几方面对城市河流的水生态进行构建和修复。

图 5-11　河道渠系与硬质化

① 河道形态

a. 河道的断面形式与蜿蜒性

常见的河道断面形式主要有："U"形断面、梯形断面、矩形断面、复式断面和双层断面五种类型。"U"形断面为自然河道断面，它是由水流常年冲刷自然形成的，为非规则断面，具有一定的多样性特点。梯形和矩形是城市河道常见的规则断面形式，结构比较单一，难以满足河道洪水和枯水落差之间的景观生态效应。复式断面综合考虑洪水期和枯水期的过流和水位要求，分为主河槽和行洪断面两部分，同时满足了行洪功能和枯水期景观生态效应，是城市河道中较为理想的生态型断面形式。双层护岸河道分为上下两层，上层(水深在 20cm左右)采用天然材料，构建多自然型河道；下层采用混凝土结构，主要用于行洪和排涝，适用于既有行洪、排涝的功能，又要满足生态性、景观性、亲水性要求的城市内河。

将"裁弯取直"的河道恢复或者部分修复到原先的蜿蜒性面貌（见图 5-12）。当资料不具备时，可根据水文原理，设置弯曲河流长度至少是直线长度的 1.5 倍。在河道恢复的弯曲段，水流交替地将凹岸的泥沙"搬运"到凸岸，形成自然河流的冲刷和沉积过程，同时也使得河曲段的河道宽度拓展为直线段的 5~7 倍。这种变化为河流生态的生物多样性提供了条件，与直线河流相比，弯曲河流拥有更复杂的动植物群落，其丰富的生态环境类型，也构成了河流水系自净能力的重要部分。

图 5-12　天然蜿蜒河道

b. 丁坝、挑流坝与浅滩、深沟

将卵石砌成楔形后，使水流发生变化，在其上游形成回流和泥沙淤积，从而形成了水流流态和生物栖息地的多样性。在水流顶冲部位，用拆掉的混凝土碎块建梳齿形丁坝，有护脚和消能功能。另外，丁坝还可以与木制沉床结合，创造出多样的水生环境。挑流坝可收缩河道流线，产生紊流，促进了低流量季节性粉沙沉积物的冲刷，在挑流坝后铺设石灰岩大鹅卵石，形成一个新的浅滩区，形成了多样的河道环境。

浅滩和深沟的形成可通过挖掘和垫高的方式来实现，也有采用植石（也可称为埋石）和浮石的方式形成浅滩和深沟。植石是将直径大小在 0.8~1.0 m 的砾石经排列埋入河床，以形成浅滩和深沟。植石一般适用于比降大于 1/500，水流湍急且河床基础坚固的地区。浮石带是将既能抵抗洪水袭击又可兼作鱼巢的钢筋混凝土框架与植石结合起来的一种方法。它一般适用于那些河床为厚砂砾层、平时水流平缓、洪水来势凶猛的地区。

② 生态水量

a. 设置多级人工落差

人工设置落差能减缓坡降，降低洪水流速，起到保护河床的作用，而且能在河道水量较少时通过拦蓄水流维持枯水期河道所需生态水量和生态水位，保持一定的河道水面面积。但在设置落差时必须考虑鱼类的迁徙，最大设计落差不得超过 1.5m。可以将坡降过大的河段设置成坡度为 1/10 的阶梯状，阶梯间高差为 30cm，在每节阶梯间设置约 50cm 深的池塘；横断面方向设 1/30 的倾斜坡度，以维持流量大小发生变化时鱼类上溯的流速和水深。这样的人工落差易于鱼类迁徙，而且可以增强水体的复氧能力和自净能力，也有利于水流和河相形成多种变化，保持生物的多样性。

b. 设置橡胶坝

橡胶坝(见图 5-13)是采用锦纶帆布为骨料,与橡胶压合而成的胶囊。枯水期充水后形成挡水坝体,使河槽保持一定的水深,维持河道生态平衡。洪水期排掉橡胶坝内的水,消除坝体挡水作用,不影响河道行洪能力。橡胶坝由三个部分组成:基础土建部分、挡水坝体部分、充排水供给与控制部分。

图 5-13　橡胶坝

③ 净化能力

河道具有天然的自净能力,可以通过植物、动物和微生物等的生理过程来吸收降解污染物质。通过改善受损河流中的环境,人为地创造适宜的河床条件,来强化相应的自然净化过程,增强对河道水体中污染物的净化能力。

a. 水生植被恢复

水生植被的恢复利于形成"水生植物—微生物—微型动物"系统,其对污染物的净化机理主要包括:水生植物对氮、磷营养物质的吸收作用;微生物和微型动物对有机物的降解作用和硝化反硝化作用;根茎叶系统的吸附过滤作用;促进沉降和抑制溶出作用。实验研究表明,河道沿岸的挺水植物对氨氮具有很强的削减作用,氨氮通过河道两岸的芦苇带时,浓度显著降低,模拟模型的衰减系数是无芦苇生长的混凝土护坡河段的 3 倍左右,氨氮的削减量也为无芦苇生长河段的 2 倍左右。

b. 生物填料(见图 5-14)

天然材料(如卵石、砾石及天然河床等)或人工合成接触材料(如塑料、纤维等)具有较大的比表面积,生物容易聚集生长而形成黏液状的生物膜,可以吸附降解水体污染物质。因此可以利用这些材料作为填料布置在河床中,创造适宜生物膜生长的介质来强化污染物净化效应。

这方面的技术包括:砾间接触氧化法是通过人工填充的砾石,水中污染物在砾间流动过程中与砾石上附着的生物膜接触、沉淀,进而被生物膜作为营养物质而吸附、氧化分解。薄层流净化法是增加河面宽度使水深变浅,增大河水与河床的接触面积,使河流的净化能力达到原来的数倍到数十倍。仿生植物填料技术主要是利用人工材料模仿水生植物,布置于河道中,在填料表面逐渐形成生物膜,通过接触氧化作用净化河道水体。

（a）天然材料

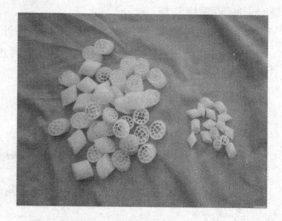
（b）人工材料

图 5-14　生物填料

c. 生物浮岛与沉床

生物浮岛（见图 5-15）是绿化技术和漂浮技术的结合体,植物生长的浮体一般是采用聚氨酯涂装的发泡聚苯乙烯制成的,质量轻、耐用。岛上的植物可供鸟类等休息和筑巢,下部植物根系形成鱼类和水生昆虫等生息环境,同时能吸收引起富营养化的氮和磷。形成稳定的植物—微生物—动物净化系统。生物沉床是将沉水植物种植在有基质材料的沉床载体上,通过固定桩将沉床在水体中固定,利用沉水植物对营养物质含量高的水体进行净化。

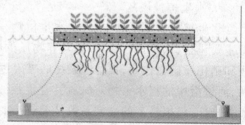

图 5-15　生物浮岛

（2）生态护岸

① 缓流河道

在缓流水体,岸坡侵蚀较小,岸坡的坚固程度要求较低,可以直接利用草、芦苇、柳树等天然的植物材料进行岸坡防护。植物在护岸工程中的功能主要体现在:树冠及地面残枝腐殖层可削减雨水的能量,防止雨滴直接冲击地面造成土壤流失;植物根系的生长可提高土壤稳定性,如土壤与根系间的凝聚力,提高土壤的抗蚀力,其高于地面之茎、叶及根部也可滤除水流中的沉淀物;植物的茎叶增加地表粗糙度,造成水流的障碍,可迟滞水流之流速,也因此以较低的能量冲击河岸土壤;植物根系深入地层,造成孔隙,增加降雨入渗、涵养水源、降低洪峰流量;植物与土壤及微生物构成的系统可以通过吸附、吸收和降解作用截留流入河道的污染物质,同样也可以净化河道水体;植物生长的岸坡可以为众多生物提供栖息之地,是生物生长、繁殖和迁移的绝佳场所。

a. 草皮护坡(见图 5-16)

草是生态型护岸工程技术中最常用的材料,可以通过在岸坡上铺设草坪增加坡面覆盖度,防止水土流失,改善生态环境。常见的护坡草种类型有:狗牙根、结缕草、地毯草、百喜草、野牛草、白三叶、假俭草、香根草、寸草苔、多年生黑麦草、高羊茅、扁穗冰草。单纯的草皮护坡一般只适用于坡度较小的岸坡,对较陡的岸坡或混凝土的坡面往往不适用,因为较陡的岸坡上地表径流大,草皮植物容易被冲走,而混凝土坡面的覆土种植也会发生塌滑现象。

图 5-16　草皮护坡

b. 水生植物护岸(见图 5-17)

以芦苇、香蒲、灯心草、蓑衣草等为代表的水生植物可通过其根、茎、叶系统在沿岸边水线形成一个保护性的岸边带,消除水流能量,保护岸坡,促进泥沙的沉淀,从而减少水流中的挟沙量。水生植物还可直接吸收水体中的有机物和氮、磷等营养物质,为其他水生生物提供栖息的场所,起到净化水体的作用。此外,柳树是河畔特有的植物,可以将具有萌芽生根能力的活性柳树杆植入岸坡土壤中,待其成活后,其庞大的根系、密集的排列能起到支承和保护陡岸坡坡脚的作用。

图 5-17　水生植物护岸

② 急流河道

在急流水体、岸坡侵蚀较大的河段,应结合土工材料、石料、木桩等坚固材料,加强护岸的稳定性和抗侵蚀性。常见的有利用三维网垫、混凝土框格、混凝土砌块的植草护坡,利用粗木桩、石笼、钢丝固定的柳树护岸,利用石块、混凝土槽的水生植物护岸,还有直接以木材和石材为主的木桩、木格框护岸,抛石、砌石、植岩互层、石笼护岸等。

③ 水位变化较大的河道

a. 复式护岸

在水位变化较大的河道中,由于水位的巨大落差常不利于生物的繁衍生长,并造成不和谐的景观效果。复式护岸由主河槽和河漫滩构成,在这两部分分别构建生态型的护岸形式,枯水期流量较小时,水流在主河槽中流动,洪水期水位抬高进入河漫滩,这样既不影响枯水期生物生长和景观效果,也利于洪水期的行洪。

b. 栅栏阶梯护岸

栅栏阶梯护岸是木桩栅栏护岸的一种演化,以各种废弃木材(如间伐材、铁路上废弃的枕木等)和其他一些已死了的木质材料为主要护岸材料,逐级在岸坡上设置栅栏,栅栏以上的坡面植草坪植物并配上木质的台阶,形成阶梯状的护岸形式。这样的护岸形式不受水位涨落的影响,始终能保持生态的护岸结构,实现了稳定性、安全性、生态性、景观性与亲水性的和谐统一。

④ 面源污染严重的河道

陆地污染物经过降雨径流的冲刷进入河道,成为河道水体的一个重要污染来源。一般的河道护岸对面源的入河考虑较少,或者有的护岸对面源污染具有一定的截留功能,但由于其材料和结构的限制,效果有限。通过在河岸构建多级阶梯式、潜流型、表面流型人工湿地护岸系统,可以综合解决岸坡稳定和面源污染的问题。

2. 湖泊水生态修复

(1)改变水动力要素,改善水体交换能力

污染源的控制是保护水环境的先决条件,从源头控制污水排入河网应该是解决水质污染问题的最根本措施。但改善水环境,水体自身的生态修复也必不可少,水体生态修复能够提高河湖自身的净化能力,尽管水生植物群落恢复、植物自身生存繁衍、水体中生物链形成是一个较为缓慢的过程,对水质改善的效果要经过较长时间才能显现。

在营养盐输入量一定的情况下,水动力要素是影响湖泊水质的第一要素。良好的水体交换能降低水体在湖泊的滞留时间,提高周转速率,从而输出水体中的营养盐。而水体交换缓慢,则会造成水体养分量不断上升或者随泥沙在湖底大量沉积。这种情况下,采用工程手段改善湖泊水体交换能力不失为一条良策。目前,我国大型的湖泊治理工程都基本上采用了这一措施。从一些湖泊的引水经验来看,从外流域引水对降低湖泊的富营养化水平有较好的效果,如太湖的引江济太工程,滇池的引水入滇工程等,但在实际操作过程中要注意合理控制水位,防止破坏湖内挺水植物和湖滨草本植物的生长繁殖。

(2)底泥生态疏浚

湖泊底泥中积累了大量的营养物质,受污染底泥对营养盐和其他污染物质的富集作用更加明显。当湖泊底泥氧化还原环境发生变化时,底泥中的营养物质和污染物质会重新释放进入水体,成为水体富营养化的主要营养源。即便在外源营养物被完全切断之后,底泥释放的营养物质仍然能够支持大规模的藻类水华。

底泥疏浚(见图 5-18)工程就是用装有搅吸式离心泵的船只在湖中抽出底泥,经过管道输送到岸上一个专用的堆积场所,与其他清淤工程不同,生态清淤旨在清除湖泊的污染底泥,为水生生态系统的恢复创造条件。这种高技术的生态清淤已经在很多大型湖泊治理中得到了应用。

（a）船只抽吸　　　　　　　　　　　　　　（b）管道输送

图 5-18　底泥疏浚

（3）水生生物恢复

① 水生植物

a. 漂浮植物恢复

近几年水葫芦等漂浮水生植物和蓝藻等浮游藻类已经声名狼藉(见图 5-19),实际上它们也是生态系统中必不可少的一部分。正常的漂浮种群和群落动态对生态系统并无危害。过去,太湖流域的河道、湖泊内水生植物种类很多,特别在低流速条件下生长更为茂盛。其中,在水面上繁殖的漂浮植物有水葫芦、水狐狸、萍、满江红、紫背萍等;根、茎、叶分别在水下和水面的浮叶植物有莲藕、睡莲、红菱、野莼菜等。水中植物的多样性,不仅发挥了很强的水质净化作用,而且还为水中生物的生长繁殖创造了必备条件,更增强了水景观的多样性。

图 5-19　疯长的水葫芦

在湖泊生态治理中可以适当开发水生浮游植物资源,并有目的地恢复和利用这些水生植物净化水质的作用。特别是在封闭的水系中,更要创造水生植物的多样性,对水葫芦等水中漂浮植物和蓝藻等浮游藻类也要正确对待,扬其所长,避其所短。例如,水葫芦在生长过程中需要大量的氮、磷等营养物质,并对重金属离子、农药和其他人工合成化合物等有极强的富集能力,同时,水葫芦发达的根系所分泌的物质,可有效降解多种有机毒物。水葫芦的吸污能力在所有的水草中是最强的,因此,适量的水葫芦生长对水质的净化是有利的,关键是科学管理和转化利用,可对其进行水面圈养,防止其肆意扩散(见图 5-20)。

图 5-20　水生漂浮植物圈养

生物浮床技术(见图 5-21)通常应用于漂浮植物的恢复方面,这种技术采用类似于陆域植物的种收办法,在局部水域种植适宜的陆生植物和湿生植物。在美化、绿化水域景观的同时,通过根系的吸收和吸附作用,去除水体中的氮、磷等营养物质,并通过收获植物体的方法将其带离湖体,从而达到净化水质、改善景观的目的。

图 5-21　生物浮床

b. 沉水植物恢复

我国的富营养化湖泊,大多是由于水资源的不合理开发利用使草型湖泊向藻型湖泊转变而来。从整体上看,草型湖泊以水生植物为主要初级生产者,水质较好,水生生物的多样性程度较高,有着比较高的渔业和旅游价值,一般不存在浮游植物尤其是蓝、绿藻的大量爆发。

在适宜的湖泊水域中恢复沉水植物(见图 5-22),有助于加强对水体中营养物质的吸收累积,一方面降低了水中的营养盐含量水平,同时,沉水植物的恢复还有助于提高水中溶解氧含量,附着水中的悬浮颗粒,提高水体透明度,改善湖底水环境质量,并且通过营养盐的平衡,抑制浮游藻类的过量生长,从而改善湖泊生态系统。

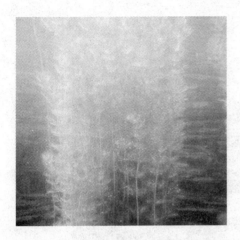

图 5-22　沉水植被

② 水生动物生态恢复

底栖生物是水生生态系统中重要组成部分,在水生生态系统中占有十分重要的地位,在湖泊生产力,水生、底栖系统耦合,水体能量通量以及水体食物网中均起重要作用。滤食性底栖动物对水体中的净化作用更为重要,特别是在封闭和半封闭的水体中更应如此。水生动物的多样性,使它们在水中相互依存,与水生植物相互依赖、相互作用,形成了生态平衡,同时也不断地消耗和降解着水体中的有机物质,维持湖泊生态系统的正常循环。但现在因为湖泊富营养化和沼泽化,水底底栖动物遭到破坏,水生动物种类大幅度减少,使生态系统自身的调节能力下降。因此,需要采取可行的途径恢复水生动物,逐步地建设和修补水中生物链,形成生物多样性,这是恢复水体生态系统的一项有效措施。

如为控制水华爆发,循环放养和重复养殖以滤食浮游植物(蓝藻)为主要食物的滤食性鱼类,调控湖泊中生物之间的食物链关系,降低藻类现有量,再通过成鱼捕捞,取走水体中的营养物质,从而达到减轻湖泊污染负荷,改善水质的目的。

(4)人工湿地建设

人工湿地(见图 5-23)的作用原理是利用自然生态系统中基质、水生植物和微生物之间物理、化学和生物的共同作用来实现对水体污染物的高效净化。这种湿地系统是在一定长宽比及底面有坡度的洼地中,由土壤和填料(如卵石等)混合组成填料床,污染水可以在床体的填料缝隙中曲折地流动或在床体表面流动。在床体的表面种植具有处理性能好、成活率高的水生植物(如芦苇、香蒲、美人蕉等),形成一个独特的动植物生态环境,对污染水体进行净化。根据流态的不同,人工湿地可分为表面流人工湿地、水平潜流人工湿地、垂直流人工湿地和复合人工湿地。

人工湿地的显著特点之一是其对有机污染物含量有较强的降低能力。水中的不溶性有机物通过湿地的沉淀、过滤作用,可以很快地被截留,进而被微生物利用;可溶性有机物则可通过植物根系生物膜的吸附、吸收及生物代谢降解过程而被吸收和分解去除。由于沼泽能有效地排除水流中的营养物,所以很多天然湿地被用来处理污染水体甚至废水。由于这种处理系统可结合景观设计种植观赏植物改善风景区的水质,其造价及运行费远低于常规处理技术,因此常被作为改善大型水体水质的有效方法。

图 5 - 23　人工湿地

3. 河湖滨岸缓冲带修复与管理

河湖滨岸缓冲带是一个位于水生和陆地之间的过渡地带,一般被描述为长的、线状的临近溪流、河流、湖泊、水库等各种水体的植被带。它既受到陆地系统影响,又受到水体的影响。典型的缓冲带通常占景观的 1%,但是却保存了大量的野生动物,拥有独特的生态功能。

(1)特征

① 结构特征

河湖滨岸缓冲带具有四维结构特征。对河岸缓冲带而言,有纵向(上游—下游)、横向(河床—泛滥平原)、垂向(河川径流—地下水)和时间变化(如河岸形态变化及河岸生物群落演替)四个方向的结构。同样,对湖岸缓冲带来说有纵向(环湖带状)、横向(湖床—泛滥平原)、垂向(地表水—地下水)和时间变化(如湖岸形态变化及湖岸生物群落演替)四个方向的结构。

在横向上,河湖滨岸缓冲带可划分为近岸水域、水滨区域以及近岸陆域三个主要部分(图 5 - 24)。近岸水域:浅水区、深水区;浅水区是指由水边向下延伸到大型植物生长的下限,水深一般不超过 6~8m。水滨区域:潮间区、湿地、浅滩地、沼泽地;近岸陆域:斜坡、岸上缓冲区。

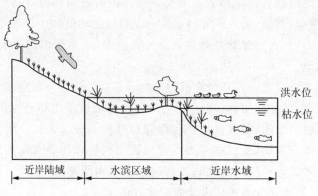

图 5 - 24　河湖滨岸缓冲带横向示意图

从结构分析可知,河湖滨岸缓冲带具有如下特征:①在位置上临近地表水体;②在范围上没有明确的边界;③在形态上表现为线型;④在生态功能上属于水陆生态系统的过渡带。

② 环境特征

河湖滨岸缓冲带一般由土壤、植被、水体构成,微生物生存在于其中。

a. 土壤　滨岸缓冲带的主体部分。从滨岸缓冲带横向结构上看,近岸水域的土壤常年处于水饱和状态;水滨区域的土壤含水率随着河湖水位的变化而变化;近岸陆域表层土壤的含水率随着降雨特性的变化而变化。

b. 植物　在近岸水域常水位以下一般生长水生植物。在近岸陆域坡面上常水位以上一般生长草本植物、灌木、木本植物等陆生植物。在水滨区域一般生长耐旱又耐涝的植物。

c. 水体　通常情况下水体以地下水的形式存在于滨岸缓冲带的深层土壤与河湖地表水连通。而在河湖水位以下部分,水体以地下水和地表水的形式共同存在。

d. 微生物　从土壤的含水状态可以看出,在近岸水域、水滨区域土壤中生存的微生物以厌氧菌为主;在近岸陆域表土层土壤中生存的微生物以好氧菌为主。

(2)功能

河湖滨岸缓冲带是陆地生态系统与水生生态系统的交错带,是河湖生态系统中各种陆生和水生物种重要栖息地,也是河湖中粗木质、养分和能量的重要来源,它直接影响整个河湖的水质以及流域的景观美学价值,因此,河湖滨岸缓冲带的设置,不仅对维护局部生态系统功能有直接的作用,而且,它们在景观上形成一个连接度很高的生态网络,影响整个流域景观生态系统的持续发展。河湖滨岸植被缓冲带总体上具有生态功能、社会经济功能以及美学功能三大功能。具体表现为以下六个具体方面:

① 生物的重要栖息地

由于缓冲带土壤—植物—水分的多变性,使其成为许多鱼类、爬虫类、两栖类以及一些大型哺乳动物生活的乐园。缓冲带能够为各种生物提供食物、水分、隐蔽场所等所有生存所必需的条件,许多动物在河溪附近的缓冲带中度过它们的一生,而缓冲带在其他剩余物种的整个生命中也是不可或缺的重要一环。

② 粗木质、养分和能量的主要来源

粗木质作为森林主要的一种代谢产物,对河溪生态系统有着不可替代的作用。它可以为鱼类和两栖类提供生存的场所,可以加强河道的稳定性,提高河湖生态系统结构的多样性和复杂性以及整个生态系统水分、养分的循环,而缓冲带植被的死亡和倒塌是河溪生态系统中粗木质唯一的来源。此外,河岸周围树木上脱落的树叶、树枝进入到河道中腐烂分解,对河溪中氮、磷酸盐和有机物的含量有着重大的影响。

③ 增强河岸的稳定性

河溪缓冲带一方面可以通过掉入河道中的粗木质减小河岸两侧水流的流速,从而降低河水的侵蚀速度;另一方面可以通过河岸植物根系来增强河岸亚表层的抗蚀性。植被的枝干和根系与土壤相互作用,增加根际土层的机械强度,甚至直接加固土壤,起到固土护坡的作用。侧根加强土壤的聚合力,在土壤本身内摩擦角度不变的情况下,通过土壤中根的机械束缚增强根际土层的抗张强度;同时垂直生长的根系把根际土层稳定地锚固到深处土层上,更增加了土体迁移阻力,提高土层对滑动的抵抗力。

④ 改善水质

河溪缓冲带能够降低直射到水面的太阳辐射,从而降低水温,使水中的溶解氧保持较高的水平,更有利于水生生物的生存。此外,缓冲带还可以减缓水流的速度,使水中夹带的泥沙和污染物能够在缓冲带中沉淀、分解。同样河溪缓冲带还可以过滤、调节由陆地生态系统流向河溪的有机物和无机物,如地表水、泥石流、各种养分、枯木、落叶等,进而影响河水中泥沙、化学物质、营养元素等的含量及其在时空中的分布。

⑤ 经济和美学功能

湖滨带内,水分充足、光照充分,来自陆源和湖源的沉积使得湖滨带内的有机物和营养物质十分丰富,这些都造成了湖滨带很高的初级生产力。湖滨带内丰富的植物资源和野生动物资源,不仅使湖滨带具有很高的生物资源开发潜力,而且造就了湖滨带独特而秀丽的自然景观。在起到景观廊道作用的同时,可提供多用途的娱乐场所和舒适的环境,因此,湖滨带具有很高的经济和美学价值,是重要的旅游资源。

⑥ 缓解人类活动的影响

河湖缓冲带正处于水域和其他土地利用方式之间,一个适当宽度的缓冲带能够最大限度地缓解农业耕作、放牧、交通运输、修建房屋等人类活动对水域造成的影响。此外,河溪缓冲带还可以调节水分循环,阻挡洪水、削减洪峰、净化空气、涵养水源。

(3)适宜宽度

河湖滨岸缓冲带功能的发挥与其宽度有着极为密切的关系,一般认为需要考虑以下几方面因素。

① 生态稳定性。一个健康的河湖滨岸缓冲带必须具备一定的宽度。河湖滨岸缓冲带只有具备一定的宽度才可以维持其生态系统的稳定和持续,才能够维持它的组织结构,并能够在一定的时间后自动地从胁迫状态恢复。

② 环境有效性。河湖滨岸缓冲带对 N、P 的截流转化效率以及水土保持能力与其宽度有关。一般地,河湖滨岸缓冲带带宽越宽,对地表径流和土壤中流的 N、P 转化截流效率越高,水土保持能力越强。另外,河湖滨岸缓冲带的适宜宽度与受纳水体水质自净能力有关,受纳水体水质自净能力越强,其纳污能力越强,所需求的河湖滨岸缓冲带的宽度就越小。同样,植被覆盖率越高,所需求的河湖滨岸缓冲带的宽度就越小。

③ 经济可行性。河湖滨岸缓冲带的建设必然会花费一定费用,但同时也会带来经济效益。一方面,河湖滨岸缓冲带宽度越大,其占有的“土地”越多,因此建设成本、维护费用越高。另一方面,河湖滨岸缓冲带宽度越宽,其中种植的具有经济价值的植物可以获得经济收益就越多。

④ 社会价值性。河湖滨岸缓冲带具有巨大的社会价值。一定宽度的河湖滨岸缓冲带可以大大美化环境,不仅可以给人们提供良好的休憩场所,改善居住环境,提升沿河两岸的地产价值,还可以带来巨大的旅游效益,进而促进城市旅游业和服务业的发展。另外,由于河湖滨岸缓冲带总体上具有一定的坡度,因此其宽度越宽,坡岸高程越高,防洪效益越好。一定宽度的河湖滨岸缓冲带可以减少因洪水给人们带来的财产损失。

(4)保护方法与措施

面对河湖滨岸带日趋严峻的生态环境问题,加强退化河湖滨岸带的科学管理,已成为生态环境保护的重要任务。

① 鼓励河湖滨岸带植被的恢复与重建。防止河湖滨岸带植被破碎成为较短的片段,即使在农业区域附近,也应保持合适的河湖滨岸带植被缓冲带。同时,有步骤地实施退田还湖、还林还草计划。

② 制定有关法律法规,强化河湖滨岸带开发和管理的政策研究。在生态评价的基础上划定河湖滨岸带保护区(湖滨带中最具活力和功能的地段),确定河湖滨岸带宽度,制定河湖滨岸带缓冲区设计标准及其管理要求。切实加强河湖滨岸带内的土地利用规划和管理,严格限制在水位变幅区内的生产、生活活动;同时,减少污染物排放,实行污染物总量控制。

③ 加强河湖滨岸带生态监测系统及生态评价指标体系的建设,结合流域管理,科学合理地制定河湖滨岸带规划。

④ 实现河湖生态保护由个别专业部门管理向一体化管理转变,提高全民生态环境保护意识和素质,促进河湖滨岸带管理的公众参与。

三、城市水景观和水文化

近年来,我国很多城市开始将水景观和水文化规划逐渐列入城市总体规划或生态建设专业规划之中,并在城市水系整治中取得了明显的成效。城市水系规划应依据自然条件和河湖特点,因地制宜、讲求实效,提出与城市发展水平、人居条件相适应的城市水景观和水文化建设规划,应特别重视保护原有的自然景观和历史文化遗产。

(一)城市水景观

1. 城市水景观功能划分

(1)划分原则

城市水景观功能划分是城市水景观规划和建设的前提,城市水景观功能划分是按照一定的原则、依据、指标,把一系列相互区别、各具特色的水景观按其功能进行个体划分,揭示水景观的内部格局、分布规律、演替方向。水景观功能划分实际就是从功能着眼,从结构着手,通过水景观功能区的建立,全面反映其空间结构与景观功能特征,以此作为水景观规划、评价、建设和管理的基础。城市水景观功能划分应遵循以下原则:

① 以人为本,尊重自然。城市是人类活动最频繁的地域,城市水景观功能划分必须坚持以人为本的原则;但水景观建设又必须在尊重自然和保护生物多样性的前提下进行,坚持尊重自然的原则。

② 与总体规划、水功能区划协调。城市水景观是城市的一部分,是城市总体景观的重要组成部分,因此,对其进行功能划分时应坚持与总体规划协调的原则,与城市功能分区相协调,并充分体现与城市总体景观的协调性,做到综合考虑、统筹兼顾、协调优美。除以上要求外,城市水景观功能划分必须使用可行。

(2)划分类型

城市规划基本术语标准(GB/T50280—98)将城市功能分区定义为"将城市中各种物质要素,如住宅、工厂、公共设施、道路、绿地等按不同功能进行分区布置,组成一个相互联系的有机整体",并分为工业区、居住区、商业区、商务区、风景区等,其中,工业区是指城市中工业企业比较集中的地区;居住区是指城市中由城市主要道路或片段分界线所围合,设有与其居住人口规模相应的、较完善的、能满足该区居民物质与文化生活所需的公共服务设施的相对独立的居住生活聚居地区;商业区是指城市中市级或区级商业设施比较集中的地区;商务区是指大城市中金融、贸易、信息和商务办公活动高度集中,并附有购物、文娱、服务等配套设施的城市中综合经济活动的核心地区;风景区是指城市范围内自然景物、人文景物比较集中,以自然景物为主体,环境优美,具有一定规模,可供人们游览、休息的地区。

水景观功能区划分应基于城市功能的已有定位和分区,根据城市中工业区、居住区、商业区、商务区、风景区等功能区对水景观的不同需求,体现不同分区中的水景观特色。

水景观功能划分应与城市功能分区相适应,可分为绿色防护型景观功能区、生活休憩型景观功能区、商务休闲型景观功能区、旅游观赏型景观功能区以及城市郊区的自然原生型景观功能区、历史遗址的历史文化型景观功能区等,并符合下列要求:

① 城市中工业企业比较集中的工业区,水景观功能可划分为绿色防护型景观功能区,以水系沿岸绿化为主,营造工业企业周围生态和环境的绿色防护型水景观。

② 城市中人们生活聚居的居住区,水景观功能可划分为生活休憩型景观功能区,以休闲廊道、景观小品、体育设施为主,营造适合居民生活休憩的水景观。

③ 城市中商业设施比较集中的商业区和中心商务区,水景观功能可划分为商务休闲型景观功能区,结合购物、文娱、服务等配套设施,营造适合商务休闲的水景观。

④ 城市范围内自然景物、人文景物比较集中的风景区,水景观功能可划分为旅游观赏型景观功能区,以自然景物或人文景物为主体,营造环境优美,可供人们游览、休息的水景观。

⑤ 城市郊区开发程度较低的区域,水景观功能可划分为自然原生型景观功能区,以原生景观为主,布置各种适合周末城市居民全家休闲、野营、垂钓的场所,使居民体味到回归自然的舒适感。

⑥ 城市历史遗址区域,水景观功能可划分为历史文化型景观功能区,充分挖掘历史文化内涵,营造展现历史水文化的景观。

2. 城市水景观规划

(1)规划原则

①与城市总体规划相协调;②环境保护和生态修复优先;③空间格局和节点耦合;④以人为本和人水相亲。

城市水景观规划是城市总体规划的具体体现和落实,总体规划为水景观规划确定了总体目标、城市格局、廊道范围和基质方案,因此水景观规划必须遵循总体规划。

城市水景观规划必须坚持与周边环境相协调的原则,强调景观空间格局对区域生态环境的影响与控制,通过格局的改变来维持景观功能的健康与安全,把景观客体和"人"看做一个生态系统来规划,它的基本模式就是"斑块—廊道—基质"模式。

城市水景观在空间上应构建水面景观、滨水景观、沿岸景观的多层次格局,在形式上应体现景观斑块、景观廊道、景观节点等的耦合。水景观中的斑块指与周围环境的外貌或性质上不同,并具有一定内部均质性的空间单元,如城市湖泊、水库、水塘、植物群落或居住区等;廊道是指水景观中的相邻两边环境不同的线性或带状结构,如城市河道、绿色长廊、防护林等;节点是指比较集中的具体景观,如水榭凉亭、雕塑喷泉等,景观斑块、景观廊道和景观节点构成了城市水景观的基本元素。

受现代人文主义影响的现代水景观规划更多考虑了"人与生俱来的亲水特性"。在以往,人们惧怕河水,因而建设的堤岸总是又高、又厚,将人与水远远隔开,而科学技术发展到今天,人们已经能较好地控制水的四季涨落特性,因而亲水性规划设计成为可能。在城市水景观建设中,要充分考虑城市居民的要求,建设一些与城市整体景观相和谐的水滨公园、亲水平台、亲水广场等,使城市的滨水空间成为最引人入胜的休闲娱乐空间。

(2)规划内容

① 城市水景观空间布局,应根据水系规划布局和水景观功能区划,拟定水景观的水面—滨水—陆域空间格局,确定与城市总体规划相适应的水景观宏观方案。

② 城市水景观规划设计,应根据水景观不同空间格局进行规划设计,拟定水面、滨水和沿岸的水景观斑块、廊道和节点建设方案,确定水景观斑块、廊道和节点的具体范围和形态。

③ 涉水资源开发利用战略规划,应根据水景观规划布局,拟定涉水闲暇资源的开发方案,对城市总体战略进行的分支与具体化。

④ 涉水游憩活动场所的规划设计,应按照水景观布局规划,设计游憩场所,制订活动计划,将景观作为一种思想、理念、渗透到城市规划设计之中。

(3)规划步骤

① 水景观规划资料收集。应收集分析规划区域的界线、现状植被、动物区系的生境、水文和水力条件、土壤和地下水的情况,区域的地质状况、气候条件、景观结构,城市总体规划、经济社会发展规划、防洪排涝规划、景观及园林规划、旅游规划、水环境综合治理规划等。

② 分析水景观的空间格局。应分析城市水景观空间分布的现状格局,与生态城市和环保模范城市要求进行比较,评价各项指标的基本状况,绘制图表,计算面积百分比,得出景观多样性指标。

③ 环境影响敏感性调查。应调查对城市水环境影响敏感并且值得保护的自然水景观,以便在水景观规划中优先考虑。

④ 提出规划方案。应根据城市总体规划确定的目标和城市水系建设的具体要求,提出城市水景观规划方案。

3. 城市水景观建设

(1)基本要求

城市水面景观建设应以不影响防洪排涝、航道运输、饮用水水源等基本功能为前提,综合考虑水域条件及周边景观,因地制宜采用自然造景和人工造景的方法进行规划。

城市河湖滨水景观建设应符合下列要求:城市水景观应注重河湖滨水景观建设。滨水区景观建设除了应符合城市规划、设计原则外,还应突出以下特点:①滨水区应体现共享性;②滨水区和全市应为一个整体;③应注重与防洪要求的协调;④应把握全局景观特色;⑤应坚持人与自然和谐相处的观念。

河湖滨水景观建设首先应保护滨水沿岸的溪沟、湿地、开放水面和动植物群落,进行滨水生物资源的调查和评价;其次应建立完整的滨水绿色廊道,即滨水区需要控制足够宽度的绿带,在此控制带内严禁修建任何永久性的大体量建筑,并要求与周围的景观基质连通,推广使用生态型护岸;第三,滨水开放空间应与城市内部开放空间系统组成完整的网络。

河湖沿岸景观建设应根据陆域景观建设的相关理论和方法进行,与水面景观和滨水景观协调一致。

(2)指导思想和主要内容

城市水景观建设根本目标是提高城市空间生活价值、服务市民及美化城市,因此应坚持

"以人为本"的指导思想,以城市水系景观功能划分,水面景观、滨水景观和陆域景观建设、景观斑块、景观廊道和景观节点规划为主。

城市水景观规划与建设不能按照统一模式、千篇一律地进行,对于城市不同的地区,其功能特征不同,因而对水景观的要求也不一样。城市水系景观功能划分是城市水景观规划与建设的前提和基础,只有从宏观上确定了景观功能格局,水景观的规划与建设才具有针对性、科学性和适用性。

根据位置结构水域广义上可分为水面、滨水和陆域等部分。相应地,水景观建设以水面景观、滨水景观和陆域景观建设为主要内容,各部分建设水景观的条件和对水景观的需求不同,因此相应的水景观也各具特点。

城市水景观应以河流的自然景观为主,按照自然化原则,发掘河流自身的美学价值,包括恢复水系的自然格局,恢复河流的自然形态,提高生物群落多样性,利用乡土物种。注意减少引进名贵植物物种,减少沿河楼台亭阁及其他人工建筑物,避免城市河流的渠道化和园林化倾向。

城市水景观建设中有两种不良倾向:一是将河流渠道化和硬质化,建成整齐划一的水景观;二是将河流园林化,在河流上建设大量楼台亭阁和其他人工建筑物,引种名贵植物物种。这两种方式显然忽视了河流自然景观特征,使得河流过分人工化,失去了其自身的自然美学价值,在城市水景观建设中不值得提倡。

4. 城市水系景观网络的构建

在城市快速发展的背景下,必须将水域空间景观格局的优化和整合建立在恢复和重建水系生态网络基础之上,通过河流综合整治、生态恢复与重建等,建构由河流水系、沿河绿带及生态用地复合系统构成的生态网络,发挥其重要的生态功能、休闲功能、景观与环境等功能。通过水系廊道,将城市公园、苗圃、农田、自然保护地等纳入绿色网络,使水系廊道围绕、穿越城市,形成承载城市生态环境的稳定性骨架和展示城市文脉的风景线。在此基础上,统一协调都市圈各城镇建设,调整用地结构,积极引导城镇规划与建设,促进自然生态与城市人居的协调发展。

水系作为城市实体形态构成要素中的自然要素而存在,它将自然生态引入城市,并加以"人化"。它一方面可维护区域自然格局,构建合理的生态网络;一方面通过优化城乡空间结构,塑造出良好的发展形态。同时,作为城市系统的一部分,它还具有许多非自然属性,处在自然生态、历史人文、城市空间、人类行为活动载体等多重立体网络交叉点上。

(1)水域景观斑块的结构和功能

一般地,城市水域景观斑块泛指与周围环境在外貌或性质上不同,并具有一定内部均质性的空间单元。这种所谓的内部均质性是相对于其周围环境而言的。由于成因不同,水域景观斑块的大小、形状、边界以及内部均质程度都会表现出很大的不同,可以是水生植物带,也可以是湖泊、水库等。

水域景观斑块的主要成因机制包括干扰、环境异质性和人类种植,常见的景观斑块类型分为四种:残留斑块、干扰斑块、环境资源斑块和人为引入斑块。不同水域景观斑块在物种流动、演化过程等方面存在很大差异。其度量指标有:斑块大小、斑块形状、内缘比、斑块数量和构型等。各度量指标的内容对水域生态系统过程都会有影响。

减少一个自然水域景观斑块,就意味着抹去一个栖息地,从而减少景观和物种的多样性和某一物种的种群数量。增加一个自然水域景观斑块,则意味着增加一个可替代的避难所,增加一份保险。

水域景观斑块的结构特征对城市景观和品味,特别是对水域生态系统的生产力、养分循环和水土流失等过程,都有重要影响。景观中同类水域景观斑块集中分布与分散分布所带来的影响是不同的。一个孤立的水域景观斑块不仅景观美感不好,而且其内部物种消亡的可能性远比一个与大陆(种源)相邻或相连的水域景观斑块大得多。与种源相邻的水域景观斑块当其中的物种灭绝之后,更有可能被来自相邻水域景观斑块的同种个体所占领,从而使物种整体上得以延续。另外,干扰与水域景观斑块空间构型之间存在一种反馈机制。一般而言,水域景观斑块越小,越易受到外围环境或基质中各种干扰的影响,而这些影响的大小不仅与水域景观斑块的面积有关,同时也与水域景观斑块的形状及其边界特征有关。

(2)水域景观廊道的结构和功能

按景观生态学的理念,廊道是异于周边环境的线型景观元素。水域景观廊道的结构可以分为三个基本类型,即线性廊道、带状廊道和河流廊道。

线性廊道是指全部由边缘物种占优势的狭长条带,比如河道边坡、堤坝、道路、树林等。

带状廊道是指具有含丰富内部物种的内部环境的较宽条带,比如较宽的湖泊绿化防护带。在铁路、公路与河流并行的地方,会形成较宽的人工—自然混合的条状廊道。

河流廊道是指以河流为中心的、沿着河川分布不同于周遭基质的植物生长带(区),包括河道流域及支流、河道边缘、河道漫流滩、部分高滩地所塑造的空间及生存于内的生物栖息环境。

与水域景观斑块的分类相似,根据形成原因,可分为干扰型、残留型、环境资源型、再生型和人为引入型。廊道内的物种动态也因起源而有很大差异,进而影响到水域景观廊道本身的持续性或稳定性。

水域景观廊道在景观中的主要特性,是指所有的景观均同时受廊道分隔及联系,此特性说明了水域景观廊道在景观中扮演着重要的角色。此外,宽度、间断区、结点、连接度、梯度、品质及曲度等是水域景观廊道结构的重要变项。其中,宽度影响廊道内部物种的生存几率,并决定了廊道会接受到多少来自外部的实质、人为与生物干扰或是边缘效应;间断区与结点则非随机地沿廊道分布于交叉处;连接度则是指廊道如何连接或空间上如何连续的量度,可简单地用廊道单位长度上间断区的数量来定量表示。由于廊道内是否有间断区,是确定廊道和屏障功能效率的最重要因素,因此,连接度是廊道结构的主要量度。

水域景观廊道的主要功能可以归纳为:栖地、通道、阻隔、过滤、资源及导入等六项基本功能(见图 5 - 25)。

栖地:提供植物、动物及人类居住的环境。

通道:如水体流动、植物传播、动物以及其他物质随植被或河流廊道在景观中运动。

阻隔:当廊道尺度过大时,会不适合某些动物生存,使该动物避免穿越而产生阻隔作用。

过滤:如同阻隔作用,廊道过滤作用发生在植物、动物或人类身上,当其试着越过廊道时,其移动受到局部的限制。

资源:廊道扮演邻近区的物种来源及水源的角色。廊道中的植物可补充人为栖地内稀少的原生植物,提供原生物种重建栖地所需的重要资源。

导入:廊道可引导动物进入较窄区域,减少其遭捕食的机会,从而降低死亡率。

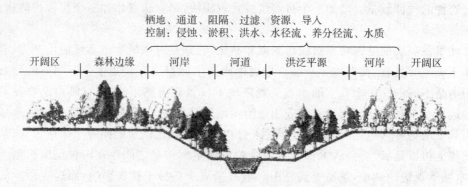

图 5-25   水域景观廊道的结构和功能示意图

（3）水域景观网络与基质的结构和功能

网络是由水域景观廊道相互交叉并与景观斑块和基质相互作用的复杂化结构。网络具有一些独特的结构参数，如网络密度（即单位面积的廊道数量）、网络连接度（即廊道之间的相互连接程度）以及网络闭合性（即网络中廊道形成闭合回路的程度）。网络的功能与廊道相似，但与基质的作用更加广泛和密切。

城市水域景观常见的基质有水体基质、森林基质、绿地基质、路网基质和城市用地基质等。基质通常具有比另外两种景观单元更高的连续性，故许多景观的总体动态常常受基质支配。面积上的优势、空间上的高度连续性和对景观总体动态的支配作用是识别基质的三个基本标准。在实际研究中，水域景观斑块、廊道和基质的划分总是与考察尺度相关联的，是相对的。

景观生态学认为，网络是一种普遍存在的景观结构，是景观要素空间联系的重要方式，是能量、物质和物种在景观中流动或运动的重要途径，网络的连续性与安全性是影响网络内部景观过程和功能的关键因素。

（4）城市水系景观网络构建的内涵

按照景观生态学的理论，城市水系景观网络是在同一个城市地域内，通过江河、溪流等线性或带状廊道联系起来的所有水域空间的集合。该系统既包括各类湖泊、池塘、水库、湿地、水滨绿地等一系列自然斑块，也包括各类沿水体和岸线分布的构筑物、景观小品、广场、公园、文物古迹、风景名胜等人工斑块，廊道将这些斑块组织成有机联系的、网络状的生态空间系统。

构建城市水系景观网络就是要通过物质和技术的手段，在水景观系统整体协同发展理想模式的指导下，综合考虑水域的生态功能、景观功能、防洪防灾、生产生活等功能，并结合绿地系统、交通系统、人居环境系统、景观游赏系统等对水体、水系进行梳理、整合、恢复和重建，探寻城市水系景观发展的组织规律，把握多元结构和多层次结构的形态特征，充分利用自然和人工水体，在城市各园林绿地斑块、水体斑块、公共空间斑块之间以及与城外自然环境之间，尤其在影响生物群体的重要地段和关键点之间建立廊道，做到点（小型水体）、线（水道）、面（大型湖泊、水利风景区等）相结合，形成水系生态景观网络。以建立水环境的空间秩序，提升水系的美学品质和生态价值，发挥水系的最大效用。

城市水系景观网络的构建还能减少"岛屿状"生境的孤立状态，增加开敞空间和各生境斑块的连接度和连通性，保证城市自然生态过程的整体性和连续性，减少城市生物生存、迁移和分布的阻力面,给生物提供更多的栖息地和更大的生境空间,使城市外围自然环境中的动、植物能经过"水域网络"向城市内部迁移,使城市成为人与自然和谐共生的生态空间。

城市水系景观网络构建必须坚持整体、系统与生态的观点,具有物质性、层次性与动态性的特征。物质性是指水系景观的建构是"一种物质环境的设计",关注水系景观的物质形态,通过物质空间的整合与构建达到与社会空间、心理空间的"同构",创造良好优美的景观;层次性是指水系景观是分层次、分结构的系统,水系按水系功能、水面尺度、形态及作用的不同,可分层次进行控制,不同层次的水系其侧重点也不同;动态性是指水系景观的建设必然是一个长期的、渐进的过程。

5. 城市非常规水资源的景观利用

在水资源日益珍贵的今天,雨水、洪水、污水等在城市景观中的价值与现实作用开始逐渐显现,巧妙地利用它们是缓解城市水资源短缺、改善环境和景观的有效途径之一。非常规水资源利用包括雨水利用、洪水资源化和污废水回用等。在城市规划设计中,给予非常规水资源高度的关注,不仅是水资源可持续发展的需要,也是确保城市可持续发展的重要内容。

传统的水资源管理,通常是将雨水、污废水收集在一起集中处理然后最终弃入大海,而非常规水资源景观利用则提倡分散处理,强调现场收集、处理和利用,控制区域水环境污染,维持和改善地表水和地下水水质及水生环境,引导有效利用水资源,确保可获得充足的符合环境标准的水资源(见表 5-1),这符合自然的水文状况和生态过程。

表 5-1　传统的非常规水资源管理与非常规水作为资源的观念对比

传统管理非常规之水的观念		非常规之水作为资源的观念
◎ 排水系统	⇨	◎ 生态系统
◎ 消极应对(解决问题)	⇨	◎ 积极应对(解决问题)
◎ 工程师为主导	⇨	◎ 各学科与专业间的团队合作
◎ 保护财产	⇨	◎ 保护财产和资源
◎ 排水管道与排水明渠,不考虑自然过程的连续性	⇨	◎ 模仿自然过程
◎ 市政做决策	⇨	◎ 基于多方共识的决策
◎ 市政所有权	⇨	◎ 当地政策所有权
◎ 只关注排水	⇨	◎ 整体的全局考虑

(1)非常规水资源景观利用的关键原则

非常规水资源景观利用的根本原则是转变观念,将非常规之水视为宝贵的资源。关键原则有以下几方面:①要注重多级景观规划尺度的整体配合;②水处理工艺要与生态景观艺术相结合;③要在源头上控制雨污;④借鉴自然的模式;⑤要减少地表径流,以防止水患;⑥增加美学价值,同时将开发成本降低最低;⑦尽可能创造多功能的景观;⑧要充分发挥景观的科普教育功能;⑨尽可能地利用再生水。

（2）雨水资源化的景观利用

近十年来，随着人们对城市生态环境的重视加深，许多国家开始探索雨水的生态管理理念和资源化利用，采用各种技术和措施对雨水进行收集、利用、控制和管理。雨水利用的技术体系主要有：收集技术，传输与贮存技术，过滤、控制与处理技术。将之与城市水景观建设、水环境改善融为一体，既能有效利用雨水资源、减轻污水处理厂对雨水处理和自来水供水的压力，又能增加城市水景观，起到了一举三益的作用。

城市雨水景观利用需从下列三个方面着手：尽量降低集水区域的不透水面积；增加集流时间；提供滞洪、滞留空间及增加地表入渗的功能，并达到抑制径流体积、衰减尖峰流量、缩短高流量延时、改善水质、维持自然生态环境的目的。

根据上述功能及目的，雨水利用各措施可归为两种形式，分别为地表改良措施与雨水滞蓄措施。为减少尖峰流量与径流体积，可先使用地表改良措施，如人工植被及减少不透水区域等方法，使尖峰流量与径流体积均减小，同时利用减缓坡度、增加流路长度或渠道糙度等方式，尽量增加集流时间。雨水滞蓄主要是利用屋顶雨水贮集、滞留池、入渗设施等降低尖峰流量与径流体积。

（3）洪水管理与景观利用

20 世纪 50 年代后，洪水"管理"而非"控制"的概念开始形成和发展，人们逐渐认识到建设防洪工程是必要的，但要减轻日益增长的洪水损失，除工程措施外，还需制定和采取新的政策和对策，推进洪泛区的合理开发与利用（见图 5-26）。

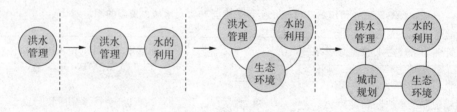

图 5-26　洪水管理的理念发展

洪水管理，就是在原来的工程防洪措施的基础上，配合洪泛区土地利用规划、洪水预警报、灾害应急管理、洪水保险、灾害救济、税费调整等非工程措施，以期达到尽可能减轻洪水灾害损失和影响的防洪政策。因此洪水管理既是江河流域治理规划的组成部分，又是城市规划的组成部分。进行洪水管理的主要目的是通过建设部门和水利、环保部门互相配合、密切协作，将城市规划与防洪规划有机结合，并与城市的道路、交通、景观等其他方面的建设相互协调，处理好洪水风险与城市发展之间的关系。

洪水资源化是洪水管理思想的具体化体现，是指在保障防洪安全的前提下，利用水库工程、保水工程、自然洼地、人工湖泊、水库等拦蓄洪水，以及延长洪水在河道、渠道、湖泊洼淀和蓄、滞洪区等的滞留时间，尽量多引、多提、多拦、多蓄水，恢复河流、湖泊、洼地的水面景观，补充地下水，改善人类居住环境，最大可能地把汛期不可利用的水量转换为水资源可利用量，以满足社会经济和生态环境保护的用水需求。其本质是实现灾害水向资源水的转化。

（4）污废水处理所产生的水景观

快速的城市化，为脆弱并日益减少的淡水资源造成了极大的压力，与之相伴的是环境退化。在水资源相对缺乏且分布不均、缺水问题严重地区,如果任意排放大量未经处理的污水,会更加剧水资源的紧张,因此,污水处理也成为调节城市生态系统水循环的关键环节。污废水是一种具有日益重要的战略意义的资源,通过合理的管理,污废水的使用在维持环境和景观质量等方面具有极其重要的意义。

① 人工湿地处理污水

在污水处理中,人工湿地作为一种生态处理方式,因其自身显著的优势和作用,逐渐成为城市污水处理重要的发展模式和研究方向,伴随人工湿地建设所产生的水域空间也正成为城市绿色空间的研究范畴。一些城市还将湿地污水处理技术与湿地园林造景技术相结合,建成了人工湿地生态公园,以缓解市区的单调景观,改善水体水质,并为居民提供休憩、娱乐、教育的场所。

② 重视与景观设计的结合

典型的常规污水处理厂里堆积着工业设备,四周筑起围墙,毫无景观气息(见图 5-27(a)),处理厂除了用来处理污水外便没有其他功能,既不增加任何视觉价值,也不能提高周边环境质量。因此,污水处理厂自身的水环境空间越来越受到关注,围绕处理厂水域展开的公共空间设计也开始受到重视。以一系列景观创新计划以提升这个场所的视觉美学品质,将这个城市基础设施转变为一个有魅力的、易接近可到达的公共空间,提供教育、消遣娱乐和精神放松的功能,在继续执行水处理功能的同时,使它成为一个值得市民骄傲的、重要的市政工程和公共空间(见图 5-27(b))。

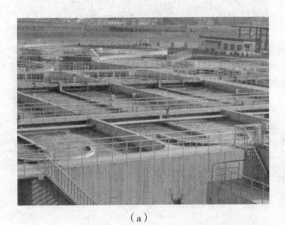

(a)　　　　　　　　　　　　　　　(b)

图 5-27　污水处理厂

(二)城市水文化

1. 水文化概念与内容

(1)水文化概念

水文化是指人类在社会历史发展过程中所创造的与水有关的物质和精神财富的总和,反映的是水与人类社会、政治、经济活动的关系。城市水文化建设主要包括历史水文化建设和现代水文化建设。

历史水文化建设具体表现形式包括艺术作品(如诗歌、碑刻、绘画、史记传说、成语谚语、建筑、雕塑、瀑布喷泉等)、水利文化(如闸、坝、堤、水电站建筑以及桥梁)、水运文化、宗教信仰(如庙宇、祭祀活动和民风民俗等)、科学著作、传统运动等。现代水文化建设具体表现形式包括在河岸利用高技术手段建设水文化展览馆、现代雕塑、大型喷泉、水上娱乐、水幕电影、音乐广场、水上夜景游览、焰火晚会等。现代水文化创立的基本原则是满足现代人对水文化的基本需求、反映现代人与水的关系、体现现代科技进步。

(2)水文化内容

① 艺术作品

艺术包括文学、绘画、雕塑、建筑、音乐、舞蹈、戏剧、电影、曲艺等,从某种意义上说,中国五千年的文明发展史是中国人民与水旱灾害作斗争的历史。历史上艺术作品中反映水文化的包括以下内容。

诗歌类:在唐诗宋词中,讴歌大江大河、湖泊壮丽景观的作品比比皆是;表达水灾之后民众流离失所的悲惨民谣也有很多记录。

碑刻类(见图5-28):在石碑和岩石上刻记曾经发生过的水现象。如三峡白梦梁的鱼纹石刻及相应文字记录了历史上发生过的长江枯水位;都江堰的石碑记录了李冰的治河原则;黄河花园口蒋介石题刻的石碑记录了抗日战争时期黄河人工决堤的惨剧。

图5-28　碑刻

绘画类:山水画一直是我国文化的主流,表达了人们对水域景观的追求和向往,其中以宋张择端的《清明上河图》最具代表性(见图5-29),它精细地记录了黄河下游曾经有过的繁荣。

图5-29　《清明上河图》(局部)

史记传说类：在中国数千年的治水活动中，涌现出许多民众心目中的英雄人物，他们的事迹或被文字记载，或经过长期口头流传，形成了丰富的历史和文学。如关于大禹治水（见图 5-30）三过家门而不入的故事，家喻户晓。

成语谚语类：是人们在长期生产生活中经验的总结，蕴含深厚的哲理和文化内涵。如：水涨船高，指水的浮力；人往高处走，水往低处流，指地球重力对水的作用；长江后浪推前浪，指水的运动；水可载舟，亦可覆舟，指水的双重性；还有水泄不通、滴水穿石等都蕴含着水文化的哲理。

建筑类（见图 5-31）：建筑是凝固的音乐，亲水性建筑有亭、廊、舫、榭、厅、堂、楼、阁、殿、斋、馆、轩、塔等十余种，其平面和屋面形式丰富多彩，含义和功能也各不相同，该类还包括水文化展览馆和纪念馆、博物馆等。

图 5-30　大禹治水

图 5-31　亲水建筑

雕塑类：往往以历史事件和人物为题材，以水文化为主线，艺术地浓缩当时发生的，对当时社会经济或政治等发生过重大影响的人和事（见图 5-32）。

图 5-32　水文化雕塑

瀑布、喷泉类（见图 5-33）：利用水的落差、动感、声音、气势等给人以美感和震撼力。如加拿大的厄牙加拉大瀑布、中国的黄果树大瀑布都是人们心骋神往的佳境。

（a）瀑布   （b）喷泉

图 5-33 瀑布与喷泉

水幕电影类：将现代科技与传统的水文化相融合的一种手段，是水文化外延的扩大（见图 5-34）。

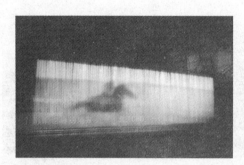

图 5-34 水幕电影

② 水利文化

从古代的大禹治水到都江堰的建成，从建国后淠史杭灌区（见图 5-35），江都、淮安水利枢纽工程（见图 5-36）的实施到葛洲坝（见图 5-37）、三峡工程（见图 5-38）的建设，不仅是人们利用水资源、战胜水灾害的时代文明的缩影，也是水文化在水利工程上的体现。都江堰（见图 5-39），使旱涝无常的四川平原成为天府之国，造福千年，其文化品位，不仅是水利文化的精品，更是中华民族文化的精髓。

图 5-35 淠史杭灌区

图 5-36　江都、淮安水利枢纽工程

图 5-37　葛洲坝　　　　　　　　　　图 5-38　三峡工程

图 5-39　都江堰

　　洪泽湖大堤(见图 5-40),被人们誉为"水上长城",作为明清两代"蓄清刷黄、治河保运"治水方略的产物,在筑堤成库的规划和工程建设方面,达到了当时科学技术的最高程度,其直立式条石防浪墙建筑在坝工技术上亦处于当时世界的前列,是人和自然共同成就的杰作,迄今仍然是苏北大平原防御淮河洪水的一道人工屏障,并实施其供水、灌溉、航运的功能,是前人留给我们的一笔极宝贵的物质和精神财富。

图 5-40　洪泽湖大堤

桥梁方便了人们的交往和物资的运输,隋朝李春设计的赵州桥(见图 5-41),是世界上现存最早的石拱桥,其造型与结构完美的统一,无论科技水平还是艺术水平都达到了当时世界的巅峰,是水文化中的精品。长江大桥、二桥、三桥(见图 5-42)、江阴大桥、苏通大桥、武汉大桥,不仅推动了长江两岸的社会经济发展,也代表着一个国家的科技水平和实力,更代表着一个国家的信心和蓬勃向上的朝气,其优美的造型、雄伟的气势,更是蕴含着丰富的文化内涵。

图 5-41　赵州桥　　　　　　　　　　　　图 5-42　长江三桥

③ 水运文化

在人类发明飞机、火车、汽车之前,水上运输是人们主要的交通运输方式,以运河文化(见图 5-43)为代表,包括"盐、漕、河、关"文化。苏北腹地的淮安,曾作为漕运要道、钢盐枢纽,与扬州、苏州、杭州并称大运河上的"四大都市",运河文化代表了中国古代水运的重大成就。现存的漕运总署、南船北马的石码头、河道总督府、淮扬菜文化丰富了水运文化的内涵。

④ 宗教信仰

信仰类:由于人们对水灾的恐惧和对治水人物的崇拜,逐渐形成有宗教色彩的信仰。如随处可见的龙王庙、禹王庙、纪念李冰父子的二王庙(见图 5-44)、纪念韩愈治理韩江的韩王庙等。

图 5-43　运河文化

祭祀类：在历史上每当遇到干旱和洪水，民众常常进行各种祭祀活动，祈求降雨、平安（见图 5-45）。

图 5-44　二王庙　　　　　　　　　　图 5-45　祭祀求雨

民俗类：长期在水畔生活的人群或民族，为了表达人与水的亲密关系，或为了纪念某一事件和人物，以及为了表达丰收的喜悦之情而举行的活动，长期以来就演变成为民俗。如西双版纳傣族的泼水节（见图 5-46）、洞庭湖区的赛龙舟（见图 5-47）等。

图 5-46　泼水节

图 5 - 47　赛龙舟

⑤ 科学著作类

在长期的治水活动中,人们加深了对水的认识,也涌现出了一些治水的专家,人们将这些认识形成理论,汇聚成书。比较有名的如《山海经》、潘季驯的《治水方略》等。

⑥ 体育运动类

近年来,体育界把游泳、赛艇、帆船、跳水等水上娱乐项目中人与水相合、相融、相谐的活动也称之为"水文化"。

2. 水文化特征

(1)水文化与人类文明、城市文明一路相承

据考古学、历史学与人类学的研究表明,几乎所有的人类文明都是起源于水边,河流文化促进了人类文明的发展,如尼罗河之于埃及、恒河之于印度、底格里斯河和幼发拉底河之于巴比伦,以及大海之于希腊。中华文明也不例外,黄河是中华民族的摇篮,是中华民族的母亲河。城市依水而建,人类靠水而生,先进的水文化可以促进人水关系的协调,落后的水文化使人水关系紧张。在现代的城市水利建设中倡导先进的水文化,既要注意保护和挖掘历史遗留的优秀水文化,又要创造与时俱进的现代水文化。

(2)水文化内涵不断丰富

随着人们生活水平的提高,对河流提出了许多新的要求,人们要求河流能够给社会生活提供更多的服务。除了防洪、抗旱的安全保障之外,人们开始关注水环境、水生态、水景观。社会的客观要求必然推动城市水利建设事业的发展,在城市水利建设的同时如何改善水域的景观和生态环境,已成为现代城市水利事业发展的主流。

现代水文化创立的基本原则是满足现代人对水文化的基本需求、反映现代人与水的关系、体现现代科技进步。在不断总结现代水文化发展经验的基础上,创造新的水利建设理论,充分展现我国水利建设事业的文化内涵,并且通过水文化的发展,引导社会建立人水和谐的生产生活方式。

(3)水文化的外延不断扩展

随着市民生活水平的提高,人们越来越关注水环境。现在,市民的注意力不仅集中在城区中河流、湖泊的水环境、水生态、水景观,而且关注城区中的水塘、湿地等水环境的更新改

造,关注城区水生态和水循环系统的建设。

（4）水文化设施不断丰富

随着水文化内涵和外延的不断丰富和扩展,人们精神生活和物质生活需求的增长以及旅游业的发展推动水文化设施不断丰富,滨水空间越来越多地得到重视和开发利用,滨水公园、滨水广场越来越多;亲水建筑、亲水设施和艺术小品越来越多,如著名的悉尼歌剧院、香港文化中心等亲水建筑已成为城市的标志;水文化展览馆、博物馆、水族馆等层出不穷。

3. 城市水文化建设

城市水文化建设应充分挖掘人们在水的治理、开发、利用、配置、节约、管理、保护等创造物质财富的活动和人们对水的认识、观赏、表现等创造精神财富的活动中的各种文化内涵。城市水文化建设应慎重对待,统筹考虑,选择有限区域,适当建设,不应使城市河道园林化。

城市水文化建设应结合城市水景观功能区划,划定城市水文化建设范围,应以保护历史水文化遗产为重点,辅助考虑具有时代特点、自身特色和适应城市人居需求的新型水文化建设,并应符合以下要求:历史水文化遗产保护应注重保护以水为载体的历史文化遗产;现代水文化建设在保存历史水文化的同时,可选择有限区域将现代技术、文化、观念引进到水利建设中,创造现代水文化,重视推进以水为载体的文化活动。

（1）水文化建设原则

① 以人为本原则

以人为本是当代城市规划设计和文化、生态环境营造的世界性趋势,是现代社会创建各种文化模式的基本原则。马克思视人为目的,他在阐述人类时,称人类是"作为目的本身的人类"。然而,当前我国的城市水利建设中背离"以人为本"这一基本原则的现象并不鲜见。

② 继承与发展的原则

继承就是发掘和保护历史文化遗产这一不可再生的资源。由于种种原因,中小城市中有许多水文化遗迹已遭到损坏或已经消失,散布在城区水边的古建筑、古树、古井、古巷和名人故居、遗址古墓等历史文化的积淀结晶,有相当一部分未被好好发掘、保护、展示和利用。如再不引起高度重视,则将造成无法弥补的损失。文化具有鲜明的时代性,不同时代有不同的文化表现形式。水文化遗迹是各个不同时期社会生产力和生产关系曲折发展的折射和沉淀,是当时"现代文化"的历史积累。

③ 个性化原则

城市水文化要保持其旺盛的生命力,就要具备足够的吸引力、凝聚力、辐射力,就必须始终保持自身鲜明的特色。文化特色是城市性质最活跃的表现形态,文化特色起着引导、丰富和强化城市物质的作用。城市水景、名胜古迹、亭台楼阁、馆堂庙观,使人们既能悠然地品味和领略湖光山色的自然之美,又能于人文景观中感受水文化气息,且适宜于集观赏、品味、休闲、游玩、娱乐、会议、度假、教育功能为一体的旅游。

④ 生态化原则

长期以来,不少城市在建设过程中,忽视甚至破坏了良好的水系,有的任意填堵河沟洼地,打乱了自然水系;有的水环境污染严重,造成水质性缺水;有的乱砍滥伐,造成水土流失。这些问题困扰着城市的发展,制约着城市的生态化进程。建设生态型城市,必须有一个完善、完美的水系,在满足生产、生活和生态用水的同时,应形成适度的水循环系统,减少从外部取水和改善水质,并为城市居民提供休憩、娱乐的水环境,实现"城在水中,水在城中"

的效果。一要积极防治水旱灾害,变对抗性为适应性,城市建设不能违背生态规律,不能侵占湿地、洼地搞开发,破坏湿地的生态功能;二要增强节水意识,发展节水工业、节水服务业,建立节水型社会;三要树立"亲水"意识,建设城市水网并加强绿化,形成良好的河流景观和滨水环境。

(2)水文化建设方法

① 建设静态河网、动态水体

水能予以舒适的视觉感,水是唯一能够制造水平面的物质,给人以俯视的景观,使人眼界开阔看远看深看透,使眺望者得到视觉休息。水的存在和以水为中心的集中效果,可以把一切像图画一样展示。水能增加美感,让我们看到各种各样的风景,倒景、落日、水波和光线相映生辉,给人以意想不到的变化和灿烂。水使人亲近,公园等城市空间整治过程中,形成的溪流、水路、瀑布、喷泉等,在给人以动感的同时还有着湿润、清凉、柔和等感觉。人们对汩汩流出的泉水感觉到神秘,这些都展示出水的无限性,恰似"无限的彼岸流出的水,理应和我们有亲密接触"。

目前,在我国的很多中小城市,河道干涸,河流的自然功能丧失,因此,要通过水生态修复工程措施,使"河道无水"变为"常年蓄水"直至"流动的水"。常年蓄水,既是河道环境和生态的需要,也是城市景观和水文化建设的需要。

② 建设丰富多彩的水域景观

原始的水域及周边的景观是自然生成的景观,水域景观由水域、过渡域、周边陆域三部分的景观构成。

水域的景观由水域的基本特征所决定,或是碧波万顷的湖泊,或是奔腾咆哮的大河,或是清澈见底的涓涓溪流……几乎每一条河流,每一个水域都具有各自的特性、各自的风貌。水域的景观基本是由水域的平面尺度、水深、流速、水质、水生态系统、地域气候、风力、水面的人类活动等要素所决定。

过渡域的景观是指岸边水位变动范围内的景观,在平原地区湖泊和河流的周边多是水草茂密的湿地,大片的苇草,鸟飞鹤舞。在山区的河流两岸、湖泊的周围大多是因为水位剧烈变动造成的裸露坡地。

河流周边的陆域景观,主要是由地理景观所确定。城市河流的景观建设要充分考虑城市居民的要求,建设一些与城市整体景观相和谐的河滨公园,使城市两岸周边的空间成为最引人入胜的休闲娱乐空间。为了便于居民欣赏水域景观,在景观建设中还需要有亲水性,即创造人与水接近的条件,如亲水平台、亲水广场等。

③ 设计文化内涵丰富的水域空间

水域空间设计不能平铺直叙、匆忙上马,而要深思熟虑、精心推敲,一方面要挖掘、保护、继承当地优秀的水文化历史遗存、历史文脉,形成历史、现代、未来的有机结合和相互辉映。一方面要与时俱进,理念创新,创造高品位的、有特色、有个性的新的水文化精品,做到功能与形式、艺术与实用、工程与生态的有机统一。

④ 有机结合城市规划建设

水文化建设与城市规划建设相互影响、相互促进、相互渗透融合。充分利用水域空间,增加滨水空间的开放性及可达性,实现与城市其他环境有机的融合。对于具有景观、文化、绿化、休闲功能的城市河道,应将河滨地区与其职能形象不符的工厂、仓库用地搬迁,换之以居住、商业、文化、绿化等城市功能,从而给城市滨水区带来生机,使之成为居民生活的舞台。同时,要求滨水街景疏密有致、开敞通透、尺度宜人、天际轮廓丰富,以创造丰富的"对岸景"和"水上景",并与城市排水、防洪规划有机结合。

复习思考题:

1. 我国城市水系改造中存在的问题有哪些?
2. 城市水环境规划内容,措施与方案包括哪些内容?
3. 城市河流与湖泊水生态系统,河湖滨岸缓冲带修复技术包括哪些内容?
4. 城市水景观功能划分原则是什么? 可以划分为哪几种类型?
5. 城市水景观规划的原则与内容是什么?
6. 城市水景观建设基本要求、指导思想与主要内容是什么?
7. 简述城市水文化的概念、内容与特征。

单元6　城市水系管理

学习指导

目标:1. 掌握城市水系管理的基本原则和要求;
　　　2. 掌握城市水系管理的主要方法和保证措施;
　　　3. 了解国外某些城市的水系管理体制及其优缺点;
　　　4. 了解我国城市水系管理体制的历史、现状及未来发展趋势;
　　　5. 了解城市防洪排涝、生态环境、饮用水源、航道运输等方面管理的原则和要求。
重点:1. 城市水系管理的基本原则和要求;
　　　2. 我国的城市水系管理体制。

一、城市水系管理的基本原则和要求

(一)城市水系管理的基本原则

(1)整体性原则,即要把发展人类社会和经济,以及保护人类赖以生存的自然生态系统看做是一个整体,而水则是维持一切生命的基础。不仅要看到水在自然界的全部循环过程,即包括降水的分布、水源保护、供水和废水处理系统,以及和自然环境、土地利用等的相互关系,也要看到不同部类间的用水需求。同时,应当采取生态途径,并尊重现有的生态系统。不仅要考虑河流的整体或地下水系统问题,也要考虑水资源与其他自然资源间的相互关系,并且在跨国河流上展开合作。

(2)公众参与原则,即要由公众参加城市水系的开发和管理机构,以及其工作的安排,为此应当:①由用水单位和公共大众,特别是妇女参与水资源项目的规划、执行和评定工作;②提高决策者和公众对水的重要性的认识;③与公众进行磋商;④应当在基层进行决策,以便决策者能更多地听取有关群众的意见。

(3)确认妇女在供水、水管理和保护水方面的关键作用。

(4)水资源的商品经济性,即承认水是有经济价值的商品,水资源的利用和管理应当通过水资源市场进行,这也是水资源经济管理的基础。在水资源的价格中应保证列入合理的外部费用及利润,对水资源的利用开展经济可行性研究。为此应当重视下列问题:①水对于全社会的重要性,且人人有权获得价格适当的水;②持续开发;③有效而又公平的水资源利用和管理;④环境因素;⑤在水价中应保证列入合理的外部费用及利润,以使其在财务上能具有活力和可计算性。

(二)城市水系管理的基本要求

城市水系管理的目标确定应与当地国民经济发展目标和生态环境控制目标相适应,不仅要考虑资源条件,而且还应充分考虑经济承受能力。水系管理目标的确定属于决策范畴,水系管理的最终目标是努力使有限的水资源创造最大的社会经济效益和最佳生态环境,或者说以最小的投入满足社会经济发展对水的需求。

我国对城市水系的管理工作正在不断得到完善、加强和提高,国家对水系管理的总要求

是:水量和水质并重,资源和环境管理一体化。我国城市水系管理的基本要求,包括以下几方面:

1. 形成能够高效率利用水的节水型社会

即在对水的需求有新发展的形势下,必须把水资源作为关系到社会兴衰的重要因素来对待,并根据中国水资源的特点,厉行计划用水和节约用水,大力保护并改善天然水质。

2. 建设稳定、可靠的城乡供水体系

即在节水战略指导下,预测社会需水量的增长率将保持或略高于人口的增长率。在人口达到高峰以后,随着科学技术的进步,需水增长率将相对也有所降低,并按照这个趋势,制订相应计划以求解决各个时期的水供需平衡,提高枯水期的供水安全度,以及对遇特别干旱的相应对策等,并定期修正计划。

3. 建立综合性防洪安全社会保障制度

由于人口的增加和经济的发展,如遇同样洪水给社会经济造成的损失将比过去增长很多。在中国的自然条件下,江河洪水的威胁将长期存在。因此,要建立综合性防洪安全的社会保障体制,以有效地保护社会安全、经济繁荣和人民生命财产安全,以求在发生特大洪水情况下,不致影响社会经济发展的全局。

4. 加强水环境系统的建设和管理,建成国家水环境监测网

水是维系经济和生态系统的最关键的要素。通过建设国家和地方水环境监测网及信息网,掌握水环境质量状况,努力控制水污染发展的趋势,加强水资源保护,实行水量与水质并重、资源与环境一体化管理,以应付缺水与水污染的挑战。

二、城市水系管理的主要方法和措施

(一)城市水系管理的主要方法

要使城市水系管理达到其管理的目的,就要采取一定的方法或手段。水系管理是一个极其复杂的多层次管理,所以管理方法也有许多。这里只介绍几种主要的方法。

1. 水系管理的法律方法

法律是一个国家进行各种管理的重要方法,水系管理的法律方法就是要制定并执行各种水系法规来调整和约束水资源管理过程中产生的多种社会关系与行动。一句话,就是依法管水。

(1)法律方法的特点

① 权威性和强制性,包括水系法规在内的一切法规均由国家制定,具有法律的严肃性。一切组织和个人都应遵守,不得对法规进行阻挠和抵制;否则,将受到法律的严厉制裁,因为法律是以强制力为后盾的。

② 规范性和稳定性。城市水系的有关法规与所有法律一样,文字表述严格明确,其解释权在相应的立法、司法和行政机构。同时法律法规一经颁布实施,就会在一定时期内有效,不会经常变动。

③ 平等性。法律面前人人平等,只要违反了法律法规,不论在任何情况下,都要受到法律的制裁。

(2)法律方法的作用

我国城市水系的时程和地区分布极不均匀,导致一些地区水资源丰富,一些地区水资源短缺。另外,由于国民经济的发展和人民生活水平的提高,水污染问题也更加严重,水事纠纷不断发生。为从根本上解决城市水系危机,使水系能持续为社会服务,维护国家的安定团结,我国颁布了《中华人民共和国水法》,这标志着我国依法治水、依法管水的开始。

法律方法融于水系管理之中,有其特别重要的作用:一是保证了必要的管理程序;二是增强了管理系统的稳定性;三是有效地调节了各种管理之间的关系;四是促进管理系统的发展。

2. 水系管理的行政方法

行政方法是依据行政组织或行政机构的权威,在遵从和贯彻水法的基础上,为达到水资源管理的目的而采取的各种决定、规定、程序和条件等行政的措施。行政方法也带有一定的强制性。

(1)行政方法的作用

行政方法是实现水系管理功能的重要手段,也是使国家的有关法律在不同地区、不同流域结合当地具体情况予以实施的必要方法。

由于城市水体属于国家所有,这就需要政府机构对水体采取强有力的行政管理方法,负责指导、控制、协调各用水部门的水事活动。城市水系的行政管理手段必须依据水系的客观规律,结合当地水系的分布情况、开发利用情况和国民经济发展对水的供需情况做出正确的行政决定、规定、条例等,使水系的管理更加符合当地具体情况。如黑龙江省宾县在贯彻《中华人民共和国水法》过程中,完善了与其配套的地方法规,制定了水系管理、水资源收费、水利工程供水收费等规定和方法,并制定了 4 个水行政制度,建立和充实了水政执行组织。

长期的水系管理实践证明,许多水事纠纷只能靠行政方法处理。为使行政机构具有权威性,《中华人民共和国水法》规定:县级以上人民政府或其授权的主管部门在处理水事纠纷时,有权采取临时处置措施,当事人必须服从。

(2)行政方法与其他管理方法的关系

行政方法虽然在水系管理中占有重要的地位,但单纯采用这种方法,就可能在管理过程中脱离实际或事倍功半,而要求管理对象无条件服从法律法规,就必须辅以经济管理方法,发挥经济手段在管理中的作用,并加强思想教育,增加人们的水资源意识,使人们能主动配合水系的管理工作,使管理任务顺利完成。

3. 水系管理的经济方法

水系管理的经济方法就是通过建立合理的水资源价格,并制定水资源投资政策,合理开发、利用和保护水系的经济奖惩原则等,从经济上规范人们的行为,间接地强制人们遵守水系法规,从而达到水系管理的目的。

水系的经济管理方法有很多,有《中华人民共和国水法》中所要求的计收水费和水资源费,还有如何合理地制定水费、水资源费、排污费等各种水资源价格;制定水资源投资方法和水环境补偿政策;采用必要的经济奖惩制度;建立健全水资源基金积累制度。

长期以来,由于计划经济的框架限制,经济方法在水系管理方面的应用很不够。水的价格过低,不仅造成水资源的浪费,还使供水工程难以正常运行,供水能力下降。而在把经济手段用于水系管理之后,水的浪费现象明显减少。如山西省在 1982 年开始征收水资源费以后,效果明显,省会太原市 1979 年工业总产值为 36.17 亿元,年用水量为 250 亿 t,1985 年工业总产值为 56.75 亿元,即增长了 57%,而年用水量反而降至 205 亿 t,即减少了 18%。实践证明,经济方法是一种行之有效的水系管理方法。

当然,经济方法不能代替一切,应该配合行政和法律方法,才能使管理效果最佳。

4. 水系管理的技术方法

虽然在水系管理中,法律、行政和经济方法起到了重要的作用,但现代的科学技术也应贯彻到管理之中。

所谓水系管理的技术方法,是指通过现代的科学技术对水系合理规划、开发、保护、统一调度,计划用水和节约用水,使水系管理更加科学化。我国水资源总量虽然不少,在世界上列第 6 位,但人均水资源占有量却只列第 110 位。而在这有限的资源中,由于用水技术落后,水的浪费相当严重,如我国农业用水平均利用系数仅为 0.3~0.4,工业用水重复利用率仅为 20%~30%,与世界发达国家相比有相当大的差距。如何改变这种状况呢? 这需要先进的科学技术来加以改变,使我国经济不断发展的同时,用水量减少,以达到水资源持续使用的目的。

(二)水系管理的保证措施

水系管理的内容已涉及水系的开发、利用、保护和防治水害等各个方面活动的管理。这种管理不仅表现在对水体权属的管理,还涉及国内和国际间的水事关系。实现有效的水系管理,必须有一定的措施保证,包括行政法规措施、经济性措施、技术性措施、宣传教育措施和必要的国际协定或公约。

1. 行政法规措施

行政法规措施即运用国家的行政权力,建立水管理机构,并制定相应水管理法规。在水的利用方面有多部门分工的情况下,也要指定国家的水行政主管部门或机构,以协调各方面有关水的工作,制定水系综合开发规划,并监督执行有关水的法令和规章。

为了实现水系管理的目标,确保水系的合理开发利用、国民经济可持续发展以及人民生活水平不断提高,必须建立健全完善的法律法规措施。这是非常重要的,也是非常关键的。

加强和完善水系管理的根本措施之一,就是要运用法律手段,将水系管理纳入法制轨道,建立水系管理法制体系,走“依法治水”的道路。

新中国成立后,我国政府十分重视治水的立法工作,已经制定了《中华人民共和国水法》、《中华人民共和国水污染防治法》、《中华人民共和国水土保持法》、《中华人民共和国防洪法》。

1988 年《中华人民共和国水法》颁布实施,标志着我国走上了依法治水的轨道。2002 年8 月又重新对水法进行修订,颁布实施了新的《中华人民共和国水法》。

这些法律、法规是在我国从事水事活动的法律依据。

2. 经济性措施

经济性措施即利用经济政策和手段,达到管好、用好水系的目的。

水价作为一种有效的经济调控杠杆,涉及经营者、普通水用户、政府等多方因素,用户希望获得更多的低价用水,开发经营者希望通过供水获得利润,政府则希望实现其社会政治目标。但从综合的角度来看,水价制定的目的在于:在合理配置水资源,保障合理生态环境、美学等社会效益用水以及可持续发展的基础上,鼓励和引导合理、有效、最大限度地利用可供水资源,充分发挥水资源的间接经济社会效益。

在水价的制定中,要考虑用水户的承受能力,必须保障起码的生存用水和基本的发展用水。而对不合理用水部分,则通过提升水价,利用水价杠杆,来强迫减小、控制,逐步消除不合理用水,以实现水系的有效利用。

依效益合理配水,分层次动态管理,基本思路是:首先全面、科学地评价用水户的综合用水效益,然后综合分析供需双方的各种因素,从理论上确定一个"合理的"配水量。再认真分析各用水户缴纳水资源费(税)的承受能力,根据用水的费用效益差异,计算制定一个水资源费(税)收取标准。比较用水户的合理配水量与实际取水量,对其差额部分予以经济奖惩。对于超标用水户,其水资源费(税)的收取标准应在原有收费(税)标准上,再加收一定数量的惩罚性罚款,以促进其改进生产工艺,节约用水;对于用水比较合理的非超标用水户,应根据其盈余情况给予适当的奖励。这样就将单一的水资源费(税)改成了分层次的水资源费(税),实现了水资源的动态经济管理。

明晰水权,制定两套指标,保证配水方案实施。水利部曾提出"明晰水权,确定两套指标"的管理思路。

水权包括水的所有权、使用权、经营权、转让权等。在我国,水的所有权属于国家,国家通过某种方式赋予水的使用权给各个地区、各个部门、各个单位。这里所说的水权主要是水的使用权。一般来说,水的使用权是按流域来划分的。例如某流域水资源中,有多少用于生态、多少用于冲沙、多少用于各区分配及每个区用多少,这就是国家赋予他们的水权。

明晰水权是水权管理的第一步,要建立两套指标体系,一套是水系的宏观控制体系;另一套是水系的微观定额体系。前者用来明确各地区、各行业、各部门乃至各企业、各灌区各自可以使用的水资源量,也就是要确定各自的水权。另外,还可以将所属的水权进行二次分配,明细到各部门、各单位,每个县、乡、村、组及农户。第二套体系用来规定社会的每一项产品或工作的具体用水量要求,如炼 1t 钢的定额是多少、种 $1hm^2$ 小麦的定额是多少等。有了这两套指标的约束,各个地区、各个行业、每一项工作都明确了自己的用水和节水指标,就可以层层落实节水责任,可持续发展才能真正得到保障。

3. 技术性措施

技术性措施即充分认识当地水系的特点和问题,采取合理的技术手段,开发利用并保护好城市水系。

技术性措施主要是利用现代化技术,合理运行水系管理方案并实时调度,这包括建立水资源信息的实时传递及通信系统和实时联机水情预报系统,进行水系工程和有关设施的监测及维护,进行水体的合理运行调度等。关于对城市水系工程和设施的监测及维护等。

4. 宣传教育措施

重点是提高全民的水资源意识,使公众自觉参与水系的保护和管理,节约用水。

加强宣传,鼓励公众广泛参与,是水系管理制度落实的基础。水系管理措施的实施,关系到每一个人。只有公众认识到"水资源是宝贵的,水资源是有限的","不合理开发利用会导致水资源短缺","必须大力提倡节约用水",才能保证水系管理方案得以实施。公众参与,是实施水系可持续利用战略的重要方面。一方面,公众是城市水系管理执行人群中的一个重要部分,尽管每个人的作用没有水系管理决策者那么大,但是公众人群的数量很大,其综合作用是水系管理的主流。只有绝大部分人群理解并参与水系管理,才能保证水系管理政策的实施,才能保证水资源可持续利用。另一方面,公众参与能反映不同层次、不同立场、不同性别人群对水系管理的意见、态度及建议。而水系管理决策者仅反映社会的一个侧面,在作决定时,可能仅考虑某一阶层、某一范围人群的利益,这样往往会给政策执行带来阻力。例如,许多水系开发项目的论证没有充分考虑到受影响的人群,导致受影响群众的不满情绪,对项目实施带来不利影响。

三、城市水系管理体制

水系问题涉及千家万户、国计民生,需要建立一定的管理体制进行管理。但因各国的自然、社会和经济状况不同,世界各国对水系的管理体制并无统一的模式。通常可将水系管理模式分为两种类型:集中管理和分散管理,且在不同时期采取不同形式。所谓集中型管理,是指由国家设立专门机构对水系实行统一管理,或由国家指定某一机构对水系实行归口管理,其用意都是由于在一般情况下,水的利用分属不同部门,常因争水源或水域而发生矛盾,为此需由一代表国家的机构来协调各有关部门对水系的开发利用。而分散型管理则是指由国家各有关部门按分工职责对城市水系分别进行有关业务的管理,或者将水系的管理权交地方当局执行,国家只制定有关法令和政策。当前世界各国的水系管理形式主要有国家和地方两级的行政机构为主体的水管理形式、设定独立性较强的流域(或区域)水管理形式以及其他类型的管理形式(如城市水务局)。许多国家在水系管理方面多经历了不同阶段,体制和形式也在不断变化。

(一)国外水系管理体制

1. 美国水系管理体制

在 20 世纪初期,美国的水管理形式十分分散。随着水利工程的不断增加及提出综合多目标开发水系的构想,在 1933 年美国政府授予田纳西河流域管理局全面负责该流域内各种自然资源的规划、开发、利用、保护及水工程建设的广泛权利,使这个流域管理局既是美联邦政府部一级的机构,又是一个经济实体,具有相当大的独立性和自主权。在其开发初期以解决内河航运和防洪为主,结合发展水电,后来由于电力需求的增长而本流域水电资源有限,又大力发展火电、核电,并开办了化肥厂、炼铝厂、示范农场、良种场和渔场等,并通过工程建设,在防洪、航运、发电、工业、农业、林业、渔业和旅游业等方面均取得了巨大的经济效益,成为美国河流流域综合开发的一个典范。至今,田纳西河流域管理局仍以原来由国会赋予的形式和权利存在。

虽然田纳西河流域管理局在治理方面取得了巨大成效,但是这种形式在美国并没有加以推广,这也是美国迄今唯一的流域管理局。美国的其他河流流域上再没有采用这样的管理形式,原因在于该管理局的管理囊括了当地的主要经济领域,成了独立于流域所在各州的经济实体,不利于各州的财政和行政管理。在成立之初,各州经济力量较薄弱,无暇顾及该流域,成立管理局的阻力并不大,但随着各州逐渐发展,对本州的行政管理力度逐渐加强,这种分权的机构就难以获得州政府的首肯了。

在 20 世纪 50 年代以前,美国对河流水系的管理主要是通过大河流域委员会。在 1965 年,鉴于水系的分散管理形式不利于全盘考虑水系的综合开发利用,由国会通过了水资源规划法案,成立了全美水资源理事会(Water Resources Council),又改建了各流域委员会,使其职能侧重于水及其有关土地资源的综合开发规划,并向水资源理事会提出规划及实现规划的建议。水资源理事会由美国总统直接领导。在此期间,美国的水系管理倾向于由分散走向集中。但这样由美联邦政府集大权的水管理形式又和各州政府产生一定矛盾。到 80 年代初,美联邦政府又决定撤销了水资源理事会,成立了国家水政策局,只负责制定有关水资源的各项政策,而不涉及水系开发利用的具体业务,把具体业务交由各州政府全面负责,因而对水系的管理形式又趋向于分散。

2. 英国水系管理体制

英国在 20 世纪 30 年代设立各河流流域局,负责排水、发电和防洪。40 年代后期改设各河河流局,增加了渔业、防止污染和水文测验等职责。自 60 年代起英国开始改革水系管理体制,改河流局为河流管理局,在英格兰和威尔士共设 29 个河流管理局和 157 个地方管理局。到 70 年代进一步对水系实行集中管理,把上述河流管理局合并为 10 个水管理局(Water Authorities),实行其管辖范围内地表水和地下水、供水和排水、水质和水量的统一管理。而伦敦采用这种机构管理城市水系,其对水事务的统一管理被认为是世界上最好的,得到联合国的肯定和推荐。为进一步加强对水系的集中统一管理,在 1973 年英国也成立了国家水理事会(National Water Council),负责全国水系的指导性工作。但就在美国撤销了美国水资源理事会后不久,1982 年英国也撤销了其国家水理事会,同时加强了各河流水管理局的独立工作权限,各河流水管理局则直接由政府环境部领导。在各水管理局中以泰晤士河水管理局最大,职能也最全,常被誉为流域管理的典范。泰晤士河水管理局统一负责流域治理和水系管理,包括水文站网业务、水情监测和预报、工业和城市供水、下水道和污水处理、水质控制、农田排水、防洪、水产养殖和水上旅游等。河流水管理局的财政收入主要来自收取水费和排污费,以及农田排水、环境服务、旅游业等综合经营收入,政府只在防洪工程方面拨款,但所占比例不大。由于经济独立,自主权大,所以水管理局在执行管理水系职责时不受地方当局的干涉。在英国对于这种按产业经营方式来经营水资源的做法,取名为“水业”(Water Industry),与电业、煤气业同样作为公用事业对待,这和在英国本土上供水对象主要是城市和工业,而农业供水占比重不大的实际情况有关。英国的河流水管理局和美国田纳西河流域管理局在业务范围上最大的不同在于,英国河流水管理局未将河流上发电、航运的经营包括进来,也不在业务范围内经营包括水之外的其他工业和企业,这样就和地方当局的矛盾不突出。

3. 法国水系管理体制

法国对水系管理基本上采取以流域机构为主的方式,负责保护水资源、监测水质、防止污染、征收排污费和水费。各流域机构设立董事会,由地方社团、政府代表和用水户代表组成,基本属于分散管理的形式。

4. 日本水系管理体制

日本对水系的管理形式由多个部门分管,在中央政府下设的有关部门有建设省、农林水产省、通商产业省、厚生省和国土厅等。对于河流的管理则按照《日本河川法》的规定,一级河流由建设大臣任命的建设省河流审议会管理,二级河流由河流所在都、道、府、县知事管理。农林水产省负责灌溉排水工程的规划、施工和管理。通产商业省负责工业用水和水力发电。厚生省负责城市供水和监督水道法的实施。国土厅设有水资源部,负责水资源长期供求计划及有关水资源政策的制定,并协调各部门间的水资源问题。因此,日本的水系管理属分部门、分级管理的类型。

(二)我国水系管理体制

1. 我国城市水系管理的体制和现状

我国的水系管理在相当长一段时间内属于分部门和分级管理的类型,直到 20 世纪 80 年代初期,由于"多龙治水"局面影响到水系的综合开发利用效益,国务院规定当时的水利电力部归口管理,并于 1984 年成立了由水利电力部、城乡建设环境保护部、农牧渔业部、地质矿产部、交通部和中国科学院负责人组成的全国水系协调小组,协调解决部门之间水系立法、规划、综合利用和调配等方面的问题。1988 年 1 月由全国人民代表大会常务委员会审议通过了《中华人民共和国水法》,规定了在我国实行对水资源的统一管理和分级、分部门管理相结合的原则,并在当年重新组建水利部时,明确水利部作为国务院的水行政主管部门,负责全国水资源统一管理工作,各省、自治区、直辖市也相继明确了水利部门是省级政府的水行政主管部门,同时成立了由国务院副总理任组长并由有关 11 个部委负责人参加的全国水资源与水土保持工作领导小组,负责审核大江大河流域规划和水土保持工作的重要方针、政策及重点防止的重大问题,以及处理部门之间有关水资源综合利用方面的重大问题和省际重大水事矛盾。1994 年国务院再次明确水利部是国务院主管水行政的职能部门,统一管理全国水资源和沼泽、水库、湖泊,主管全国防汛抗旱和水土保持工作,负责全国水利行业的管理,受国务院委托协调处理部门间和省、自治区、直辖市间的水事纠纷。同时明确要逐步建立起水利部、流域机构和地方水行政主管部门分层次、分级管理的水行政管理体制。

虽然国家对水系管理做出了相应的规定,但是目前我国城市水系的管理仍然存在诸多问题,一些大城市的水系管理状况是"多龙管水,政出多门"。如北京是水利局、地质矿产局、规划局、公用局、市政工程管理处和市环保局"六龙"管水。这样,水源地不管供水,供水的不管排水,排水的不管治污,治污的不管回用,工作交叉,责任不清,政企不分,效益不佳。第一,多龙管水人为地增加市政管理的难度,如天津,水资源的管理通常涉及数个部门和两个主管口,有时甚至要常务副市长或市长出面协调。第二,没有部门对供需平衡负责,有专家指出,北京原始生态不缺水,关键是没有统一管理,因此难以从水资源系统以及水资源系统与社会经济发展系统之间关系的观点出发来认识和研究水资源问题。由于每个部门工作的侧重点不同,考虑的重心也不同,如从防洪角度考虑应当是弃水保安全,而来年可能发生的旱情就不是防洪部门要考虑的主要问题。第三,这种管理体制难以从根本上节约水资源,没有哪个部门真正负责节水工作,"卖水的自然想多卖"。据调查,如实行统一管理,通过联合调度和厉行节约,北京每年至少可节水 4 亿 m³,天津可节水 1 亿 m³。第四,无法有效地控制污染,控制污染的基本原理是污染总量不能大于由江河湖库决定的纳污总量,而目前的纳污总量由水利部门制定,排污总量由环保部门确定,没有部门对枯水期生产排污高所造成的水质急剧恶化负责。第五,没有部门负责河道积累污染治理等生态环境问题,治理污染目前只是考虑减少现有污染量,但我国没有部门对已经积累的污染和因此产生的二次污染的治理负责。第六,无法建立统一的管理。东京、巴黎和柏林的水系管理经验证明,由于水系分归不同的部门管理,很难出台统一的水系管理法规,即使有相应的法规,也将因无执法主体而无法有效实施。第七,无法定出合理的水价,目前各城市都在提水价,20 世纪 50 年代巴黎和目前的北京、上海处于同一发展阶段时,水价提高 10%,就节水 5%,但是提价幅度和增加的收入在各部门之间的分配问题以及如何保证提价后服务的质量有相应提高都是要解决的难题。

2. 我国城市水系管理的发展方向

当前,以工程建设为主的工程水利向以资源优化配置和环境生态平衡为系统目标的资源水利转变已是当务之急。资源水利的分析基础是以流域为系统,对大气水、地表水、地下水和污水进行系统分析与统一规划,在此基础上科学地开发、利用、治理、配置、节约和保护。水务局就是在城市区划内防洪、水资源供需平衡和水生态环境保护的城乡统一管理体制的执行机构。我国深圳市 1991 年闹水荒,市区连续 7 天停水,10 万居民连饮用水都难以保证,有人用矿泉水煮饭,以饮料洗漱,许多工厂停产,直接经济损失达 12 亿元,仅仅是食品、饮料和纺织行业就损失产值 1.0 亿元。1993 年又发涝灾,直接损失 14 亿元,自借鉴香港经验于1993 年成立水务局以来取得了很好的效果。在行政区划内尽可能大的范围内统一管理水资源,就是尽可能地遵循"加强流域水资源统一管理和保护"的原则。具体来说,城市水系的管理主要包括三项内容:防洪、保证水资源供需平衡和保护水生态环境。当前城市范围不断扩大,如上海和天津的主要水源地都不在城区,仅从水源地保护和供水来看,就必须城乡统一管理才能保证供需平衡;城区地域狭窄,人口密集,不能构成科学的生态圈,更谈不上生态平衡,必须城乡一体化考虑。一些特大城市如北京和上海的上游地区的污染都触目惊心,如果上游污染治理和本地治理水平不在一个层次上,将会事倍功半,无法达到治理水环境污染的目的,因此不仅要城乡一体化管理,还要在此基础上与上游省区协调统一。基于我国水系现行管理体制中存在的种种问题以及我国个别城市或地区借鉴国际先进经验的成果,水利部的有关专家认为,可以以水务局的形式作为我国城市水系管理的主要机构。成立水务局就是要对城市水系实行统一管理,为城市可持续发展提高水资源保障。不仅包括持续的水资源供需平衡,也包括抵御突变破坏、洪涝灾害等,还包括水环境与生态的维护。在统一管理的前提下,要建立三个补偿机制:谁消耗水量谁补偿;谁污染水质谁补偿;谁破坏水生态环境谁补偿。同时利用补偿建立三个恢复机制:保证水量的供需平衡;保证水质达到需求标准;保证水环境与生态达到要求。水务局应当是这六个机制建设的执行、运行的操作者和责任的承担者。水务局是城市可持续发展水资源保障的责任机构、水系相关法规的执行机构。自来水厂,污水处理厂等单位则根据缺水程度等具体情况,可以是公用事业机构,也可以是水务局宏观调控的企业。其中水务局局长对市长负责,保障城市水系可持续利用程度和发展。水务局的具体职责是:

(1)水源地的建设与保护。负责本地水源地的建设与保护,负责监测上游供水和水质与水量,负责提出与上游水源地优势互补、共同可持续发展的方案。

(2)供水(输水)的保证。负责市内各输水沿线的水质、水量监测与保护,保证达到水质要求的水量进入自来水厂,达不到就进行自来水的再处理。

(3)排水的保证。保证城市排涝,保证污染物达标排放进入河道或污水处理厂。排水是供水的延伸,供水、排水和统一管水是现代化城市水管理的基本经验。

(4)污染处理。根据污染总量合理布局建立污水处理厂,并根据水的供需平衡有偿提供达标的污水回用量,提高污水利用率,使污水处理厂的经济实现良性运行。大力开发治污技术,尤其是生物治理等高技术。

(5)防洪。堤防建设达标,根据来年水平衡综合考虑决定是否弃水。还应考虑在保护水源地的前提下,提高水库的经济利用效率。

(6)水环境与生态。依据水功能区划分要求,保护水环境与生态,对航运、旅游、养鱼等所有改变(破坏)水环境与生态的活动建立补偿恢复机制。

(7)节水。制定行业、生活与环境用水定额,使之逐步达到国际都市标准,大力开发节水技术,尤其是高技术。

(8)水资源论证与环境影响评价。对市内所有重大项目和工程进行水资源论证和水环境影响评价,据此发放取水许可证,不达标的一票否决,同时作为城市产业结构调整的一项重要衡量指标。

(9)水价。适时适度提出水价提高方案,做到优水优价,累进水价,不同用途不同价格。其中主要考虑水资源费、自来水厂成本利润节水投入、污水处理厂运行费用。以水价为杠杆调控水资源优化配置。

(10)法规。及时提出水资源的法规或管理条例草案,重点在于适度的罚则,经人大或政府批准后依法执行。

(三)国内外水系管理发展趋势

在 1992 年的都柏林国际水与环境会议的会议报告中,对于水系的管理体制有这样一段话:"集中的分部类(自上而下的)开发和管理水系的办法,已被证明不能解决地方水系管理问题。应当调整政府的作用,改为保证人民和地方机构积极参加……基本原则仍然是在特定情况下,应由最低层面来管理水系。要承认水系管理与土地利用和管理相结合,与环境保护和其他部门利益相结合,尤其应对居民点、农业和工业的需要加以管理,并根据人民和环境的总需求加以平衡。"

但在会议报告中也同时指出,在国家一级上应当有相应的机构来主管水,如国家水管局等。国家机构的职能在于将经济社会和环境决策过程与拟定的水资源政策和规划互相结合起来。其他职能也包括协调和管理数据、管理国家监测网、拟定规章、技术转让、人才开发以及促进管理、持续开发水资源、便利公众的参与各个方面的水系管理活动等。

水系管理的形式因各国和各地区情况不同,并没有一种确定的最佳模式,但对水系管理体制和形式的总趋向是:针对各国的具体条件,采取不同的形式。分层和分级的管理体制比较适合跨越不同地区的流域水系。一般而言,一个国家应有一个负责全国水系管理的机构,但高层次机构的主要职责应侧重于重大政策、规划和具有全国意义的重大工程的决策;而不同层次的水系管理机构负责解决其管理范围内的水资源问题。不同部门之间对水系利用方面应分工明确,但应在统一规划思想的指导下,采用一定的组织形式,协调好水系的综合利用,避免出现或尽量减少因不同用水要求而引起的矛盾,使水系的综合利用效益最优,且各部门都比较满意。

四、城市水系管理范围

(一)城市防洪排涝管理

城市防洪排涝工程措施规模大、耗费多,因受到各种条件的限制,往往并不能彻底解决洪水灾害问题。城市多年、大量的经验教训表明,实施非工程的管理措施,将会更为有效地解决城市水生态系统洪涝灾害问题。

1. 防洪排涝体系

(1)指挥体系。城市防汛指挥部由市委、市政府主要负责人及有关的委、办、局等负责人参加,辖区相应建立防台防汛领导小组。市防汛指挥部负责统一发布防汛抗灾命令,指挥、协调、督促各方落实防汛抗灾措施。区、乡、镇防汛指挥部以块为主抓好本地区的防汛抗灾工作,督促有关单位落实上级防汛的指令。各委、办、局按照防汛工作职责的要求,抓好本系统的防汛抗灾任务,确保条块之间防台、防汛预案的落实。

(2)防汛抢险措施。

① 组织防台、防汛工作检查。从思想发动、组织落实、配套工程的维修管理等多方面,组织市水利战线的有关人员对防洪排涝设施、险要地段、危险房屋、通讯线路、供电设施、剧毒、易燃、易爆物资仓库等进行全面检查。发现薄弱环节,责任到人,及时维修,消除隐患。

② 备足防台、防汛器材。采取国家有重点的集中储备和集体自筹相结合的原则,准备好草包、毛竹、木桩、圆钉、铅丝等物资,专人保管,专料专用。

③ 落实防汛措施。灾情超载防御工程能力时,采取各种应急措施,组织抢险救灾队伍,制定人员物资转移、通讯设备、交通运输、治安保卫、生活资料供应、医疗救护以及善后处理等各方面的应急方案和应急措施。

④ 建立各级防台、防汛组织岗位责任制。水闸、排涝泵站等设施,汛前做好设备维修保养,保证排得出,挡得住,水位降得下。供销物资部门,负责抗灾抢险器材储备,保证及时供应;气象、水文部门负责风、雨、潮的测报工作,保证测报质量,及时提供雨情和水情趋势;建设、交通部门,负责城镇泵站排水和做好行道树的整枝、绑扎、加固,确保交通安全畅通;房管部门,做好危房维修、下水道的疏理;供电、电话、广播部门,加强设备检查和维护,确保安全供电,保证排涝用电,确保通讯畅通;公安部门,加强巡查,维护好社会治安。

⑤ 做好汛情预测预报工作。加强值班,认真收听气象预报。无线通讯电台接到上级指示,出现情况,用无线通讯电台和电话向各有关部门通报。

(3)组织调度。

① 确保重点区域不漫顶,确保重要排水片、生命线工程、重要企事业单位、仓库的安全。突击抢险,堆筑草包、充分利用河道的超高,力争河道强迫行洪。如人力不能抵御,先放弃不重要区域,确保城市安全。对水厂、变电站等关系国计民生的单位,必须抢筑围堤,保障运行。

② 逐步加高原基础设施的地坪,对供电、邮电、供水、煤气、排水(污水系统)、路灯、广播等基础设施,以及粮食、燃料、医疗、药品、副食品等仓库必须按新标准加以规划实施。

③ 对交通命脉等易涝的险要地区必须组织工程措施,当水位过高时,截留上游来水,加设临时泵站,扩大其周围片区的自成系统的排涝能力。

④ 建立、健全各级各类抢险队伍、专业队伍。包括值班值勤队伍、巡逻检查队伍、抢险队伍、供给保障队伍、疏散转移队伍。

⑤ 后方人员的组织撤离是以防万一的对策之一。除保证道路畅通组织抢险外,在城区各方向组织疏散场地,转移安置受灾群众。

2. 政策和法规

防汛工作严格按中华人民共和国防洪法、防汛条例、河道管理条例以及各市有关防洪除涝的法律、法规执行。加强水行政执法和水政管理力度,严肃查处各类违反防汛法律、法规的行为。

河道是影响区域防洪除涝能力的关键工程,尤其需要依法加强管理,采取有力措施制止未经批准随意侵占河道、河道设障、侵占河滩等现象,以确保城市区域除涝达到规划的标准。

对于涉及河道的开发方案,必须依法经过水利和防汛部门审查和批准,对不利于防汛的违法建筑,必须全部拆除并追究法律责任。

3. 发生超标准洪水的对策

根据国家防洪法规定和城市防汛指挥部的要求,要全面落实各项防台、防汛措施,立足于防大汛、抗大灾,在突发火害或多种灾害来临时,尽力保障人民的生命财产安全,把灾害损失减少到最低限度,力保内河沿线在防御标准内不出现险情。

(1)超标准洪水和防汛抢险预案的启用条件。在发布台风警报时,通知各单位做好预案启用的各项准备工作。一旦发布台风紧急警报时,立即启用预案,各项工作到岗到位,坚决服从市委、市政府的指挥。同时,在受灾地区境内将要接近防御标准时,也要立即启用预案,做到有备无患,减少损失。

(2)发生突发事故的抢险对策。

① 人员转移。当发生特大险情时,应千方百计减少人员伤亡,必须坚持先救人、后抢物资原则,切实做好人员的安全转移工作。按照规划做到有程序、有组织地疏散,尽最大努力避免人员伤亡事故的发生。当预报将发生特大灾害时,危房居民由各街道、镇、派出所负责及时转移。人员转移疏散按照就近、就地安置的原则,主要向附近学校或其他空旷的高地转移。

② 物资转移。重要物资由各业主单位和上级主管部门负责。凡遇特大灾情可能出现时,均采取措施,按转移、垫高或转存二楼等的方法制订应急预案。其中易燃、易爆、剧毒物品,明确专人负责。

③ 后勤保障。生活保障:确保特大灾害发生时人民正常的生活需要,由市商贸委负责落实所属部门备足食品。一旦断水、断电、断煤气的情况下,需保证供应干粮。医疗救护:由市卫生局组建一支医疗救护队伍,在受灾时24h待命。落实负责人和救护车辆、药品等。现场救护、组织、指挥、联系由市卫生局负责。在灾情发生后,有可能出现环境污染、病菌扩散等问题,应做好卫生防疫方面的工作,确保灾后无大疫。治安保卫:以市公安局为主负责,发挥公安干警和治安联防队的作用,加强巡逻,打击破坏防汛设施和趁火打劫的不法分子。

④ 宣传报道。由宣传部门负责,应利用广播、电视、报刊等新闻,创造出有利于防汛工作的舆论环境。

⑤ 救灾、赈灾及善后工作。各单位在灾情发生后,汇报受灾情况,灾后2天内再用书面报送市防汛指挥部,由市防汛指挥部负责核实和统一上报工作。赈灾工作由民政部门负责,红十字协会等有关部门负责协调。

4. 防汛管理、预报、决策支持系统

要实现从传统的管理手段转向现代化管理,制作防汛决策支持系统,对紧急情况下进行防汛决策,制定减灾措施。系统主要包含如下重要内容:

(1)内河防洪预警预报。利用实测水文资料预先编制好洪水预报方案,一般是根据当地降水或上游洪水情况预报城市水位和流量,并在洪水来临之前和来临之时通告群众和有关部门,以便及时做好抗洪工作,避免或减少洪灾损失。

(2)洪水调度。结合洪水预报方案和洪水警报制定合理的洪水调度方案,根据洪水情况决定各排水河道闸门启闭,水库、湖塘等调蓄运行,分洪道和分洪区运用,排涝泵站的运行等,降低洪水对城市的威胁。

(3)洪涝风险图。制作流域和城市洪涝风险图,标明各种重现期的暴雨洪水的淹没范围、淹没深度和可能的经济损失,人员撤退和物资转移的路径及安全地点,重要保护对象的位置等,供防汛决策参考。

5. 洪水保险

对遭受洪涝灾害的个人及集体支付赔偿,采用洪水保险业务使国家用于水利建设和救灾损失的资金得到合理地应用。洪水保险部门通过对洪水发生的可能性及后果经综合研究后做出科学评判,定出各种洪水情况下的经济赔偿方式和数额,促使单位与个人从经济角度对待洪水问题,使得城市规划、水利规划、区域开发,以至厂址布设、农田耕种、民房兴建等都需要考虑到遭遇洪水后受到的损失与实施各种计划的效益综合最优,即最经济。

(二)城市水生态环境管理

水生态环境管理是指用水质量、水生态系统及河湖沿岸生态系统的保护管理。要严格控制工业、城市居民排污水量及农肥、农药的面污染;要提高水的利用率,降低水量消耗;要注意整治排水河道,完善排水措施。

水生态环境管理涉及纵横多个方面:纵的方面有水资源本身地表水与地下水的开发利用和保护的统一管理;横的方面有城市工业、生活供水与用水的计划管理;还有买方与卖方的权益和经济管理等。这些均应在宏观管理的框架内,制定具体的管理法规、章程和细则,并试行和积累经验,不断调整和完善。城市水生态环境管理包括如下内容:

1. 污染物排放总量控制管理

污染物排放总量控制管理是我国水生态环境保护管理的主要政策手段。

(1)水污染防治的总量控制与浓度控制。之所以允许向天然水体排放一定量的污染物,是因为天然水体对该种污染物具有一定的环境容量。排放总量最根本的是要根据水体的允许纳污能力来确定。下面将要讨论的各种"总量"分类方法和分配方法,是从保护水质观点出发,都是以污染物不超过水体纳污能力的限度。我国逐步推行的总量控制排污许可制度,即是以水体纳污能力理论为基础,把定性与定量管理相结合,环境目标与工作目标相结合,点源单项治理与区域综合整治相结合,宣传教育与制度约束相结合,工作协调关系与环境管理责任制相结合,推进水污染防治工作的一个有效制度和措施。

总量控制,即是将给定区域内污染源的污染物排放负荷控制在一定数量之内,使之受纳水体满足给定水质目标。显然,水污染物排放总量的确定,与污染源、污染物、受纳水体及水质目标等四要素有关。

国内外的水污染控制制度都有一个从浓度控制到总量控制或二者并存双轨制过渡的过程。

水污染物总量控制与浓度控制制度相比,具有以下特点:

① 浓度控制仅规定单位体积或单位质量排放污染物的量。不论浓度标准值多么严格,只要通过稀释排放都可以达标。因此,浓度控制方法并不能从根本上限制水体污染趋势的增长。总量控制则可以从总体上将水体中的污染物控制在一定限度之内。

② 浓度控制方法不能解决新增污染源对水体增加的额外污染负荷,不论这种新增污染源浓度标准规定的有多么严格。总量控制则可以规定整个控制区域或控制单元的污染物排放限额,而不论该区域或该控制单元是否增加新的污染源。

③ 浓度控制方法即便是按规定浓度标准进行污染物排放,也不清楚水质状况距离水质目标还有多远。总量控制则可清楚地反映出水体满足特定功能需要的污染的排放量与水质保护目标的因果关系或输入响应关系。

④ 总量控制方法系将整个被保护区域或控制单元作为一个系统加以保护,能够调控系统,便于水体在满足功能要求的前提下使其对污染物的容纳量最大,也可使水体在允许纳污总量的前提下,使其治理投资最小。

⑤ 总量控制方法能做到高保护目标高要求,低保护目标低要求,因地制宜,可以实施总量控制系统内的污染物交易政策。

但是,如果仅仅满足总量控制的要求,而不对污染源的排放做出浓度控制的规定,则又可能导致高浓度排放而引起的暴发性污染事故或破坏局部水生生态系统。因此,实行总量控制与浓度控制双轨制是比较好的水污染防治制度和措施。

(2)实施总量控制应具备的基本条件

① 对实施总量控制区域的污染源有清楚的了解。即掌握工业企业的类型及分布,主要产品及原辅材料生产工艺,取水、用水和排水工艺流程,废水种类及水量、排放污染物量,排放位置、排放方式、排放规律及排放去向,废水处理状况及基建投资状况等情况。并且,有延续较长时期的排放水污染物申报登记经验和资料。这些是对总量进行分配的基础。

② 对实施总量控制区域的受纳水体有明确的功能区划。对受纳水体的水文特征,支流情况,沿岸污染物排放口分布等有清楚的了解。水体的使用功能不同,水体纳污能力也不同,因而要确定的允许容纳污染物总量也不同。

③ 熟悉总量控制类型及总量分配原则,结合本地区和水流的情况,能提出因地制宜的总量控制技术路线。

④ 具有对污染物总量进行计量的监测手段和方法,便于对总量控制进行操作和监督。

⑤ 具有实施总量控制的管理水平,包括一个能对区域总量进行调控的管理机构、管理队伍、规章制度和信息系统。

(3)总量控制方法类型

按"总量"确定方法分类,总量控制一般分三种类型:容量总量控制、目标总量控制和行业总量控制。

① 容量总量控制。把允许排放的污染物总量控制在受纳水体给定功能所确定的水质标准范围内,这种总量控制方法称之为容量总量控制法。即容量总量控制的"总量"系基于受纳水体中的污染物不超过水质标准所允许的排放限额。容量总量控制的特点是把水污染控制管理目标与水质目标紧密联系在一起,用水体纳污能力计算方法直接推算受纳水体的纳污总量,并将其分配到污染控制区及污染源。

② 目标总量控制。把允许排放污染物总量控制在管理目标所规定的污染负荷削减率范围内,这种总量确定方法称之为目标总量控制法。即目标总量控制的总量系基于源排放的污染物不超过人为规定的管理上能达的允许限额。该方法的特点是可达性清晰,用行政干预的方法,通过对控制区域内污染源治理所投入的代价及所产生的效益进行技术经济分析,可以确定污染负荷的适宜削减率,并将其分配到源。

③ 行业总量控制。从行业生产工艺着手,通过控制生产过程中资源和能源的投入以及控制污染物的产生,使排放的污染物总量限制在管理目标所规定的限额之内,这种总量确定

方法称之为行业总量控制法。即行业总量控制的"总量"系基于资源、能源的利用水平以及"少废"、"无废"工艺的发展水平。该方法的特点是把污染控制与生产工艺的改革及资源、能源的利用紧密联系起来,通过行业总量控制逐步将污染物限制或封闭在生产过程之中,并将允许排放的污染物总量分配到源。

由上述诸概念的叙述中可以看出,容量总量控制法是从水体出发推算出允许纳污总量,再分配到污染源,对污染物加以定量的控制。它适用于确定总量控制的最终目标;也可作为总量控制阶段性目标可达性分析的依据;对于水质较好,污染源治理的技术经济条件较强,管理水平较高的控制区域,容量总量控制法可直接作为现实可行的总量控制技术路线加以推行。

目标总量控制是从污染源出发规定排污削减率,再分配到源,对污染物的排放加以定量化控制。对于排污负荷较大,水质较差,而限于技术经济条件的制约,近期内又达不到远期水质功能目标的水污染控制区域,可以用较简单而易行的目标总量控制法确定阶段总量控制量。当然,对于已达到水功能目标的控制区,也可以用目标总量控制法,继续改善水环境质量。

行业总量控制是从生产工艺出发,规定资源能源的投入量以及污染物产出量,再将其分配到源,加以定量化控制,考虑到现阶段我国一些生产工艺比较落后,资源和能源利用率偏低,浪费现象较突出的现实,所有实施水污染物总量控制的区域或部门,都应首先从改革生产工艺入手,减少投入和污染物的产出,推广"少废"、"无废"生产工艺,努力提高行业总量控制的水平。

(4)实施排污许可制度

以行业手段推行总量控制,并发放排污许可证的制度是污染物排放总量控制的主要手段。

2. 入河排污口管理

(1)入河排污口管理要求

① 入河排污口排污单位必须按《河道管理条例》和《排放污染物申报登记管理办法》的规定,如实向水行政主管部门和环境保护行政主管部门申报登记排污口数量、位置以及所排放的主要污染物或产生的公害的种类、数量、浓度、排放去向等情况。

② 入河排污口必须符合"一明显,二合理,三便于"的要求,即环保标志明显;排污口设置合理,排污去向合理;便于采集样品,便于监测计量,便于公众监督管理。

③ 经规范化整治的排污口,必须按照国家环保局制定的《〈环境保护图形标志〉实施细则(试行)》(环监[1996]463号)的规定,设置与排污口相应的图形标志牌。

(4)对于不符合本办法规定的排污口,视同污染防治设施没有达到国家规定的要求,由环保部门按照管理权限下达限期整治通知。逾期未完成的,按环保法律、法规中关于污染防治设施监督管理的有关规定,予以处罚。

⑤ 建设项目需设置排污口,必须经负责审批环境影响报告书(表)的环保部门审查批准;凡需在水利工程管理范围内设置废水排污口的建设单位,还应当向水行政主管部门提出申请,办理报批手续。环保部门在对环境影响报告书(表)审批时,必须明确允许设置排污口的数量、位置和规范化建设要求,并作为环保设施竣工验收的重要内容之一。

⑥ 未经水利和环保主管部门许可,任何单位和个人不得擅自设置、移动和扩大排污口,

必须变更时,需履行排污变更申报登记手续,更换标志牌和更换登记注册内容。

⑦ 排污单位要根据国家和省环境保护档案管理的有关规定,建立排污口基础资料档案和监督检查档案。

⑧ 排污口有关建筑物及其监测计量装置、仪器设备和环保图形标志牌等都属环境保护设施,排污单位应将其纳入生产经营管理体系,建立维护保养制度。各地环保部门应按照环境保护监督管理规定,加强现场日常监督管理。

(2) 入河排污口规范化整治

① 合理确定污(废)水排放口位置。

② 凡生产经营场所集中在一个地点的单位,原则上只允许设污水和"清下水"排污口各一个;生产经营场所不在同一个地点的单位,每个地点原则上只允许设一个排污口,个别单位确因特殊原因,其排污口设置需要超过允许数量的,须报经环保部门审核同意。

③ 凡排放含《污水综合排放标准》(GB 8978—1996)中一类污染物的单位,应对产生该污染物的车间或车间废水处理设施专门设置规范的排放口。

④ 应按《污水综合排放标准》(GB 8978—1996)和《水质—采样方案设计技术规定》(GB 12997—1996)的规定,对一类污染物的监测,在车间或车间废水处理设施排污口设置采样点;对二类污染物的监测,在排污单位的总排污口设置采样点。

⑤ 采样点上应能满足采样要求。用暗管或暗渠排污的,要设置能满足采样条件的阴井或修建一段明渠。污水面在地面以下超过 1 m 的,应配建取样台阶或梯架。压力管道式排污口应安装取样阀门。

⑥ 凡排放一类污染物或日排放废水 100 t 以上的排污单位以及新建、扩建、改建项目的单位,必须在专门设置的一类污染物的排污口和单位总排污口上游能对全部污水束流的位置,修建一段特殊渠(管)道(测流段),以满足测量流量的要求。

⑦ 实施水污染物排放总量控制的排污单位的排污口应安装污染物在线检测仪,必须安装污水流量计和化学需氧量在线监测仪。

⑧ 确因情况特殊,不能修建测流段并安装污水流量计的排污单位,应向环保部门申明原因,其污(废)水流量计算方法应得到环保部门的认可。

⑨ 选用污水流量计和污染物在线监测仪,必须持有计量部门的质量认证证书和国家、省水利部门和环保部门推荐的证书,污水流量计投入运行后,排污单位每年应向当地计量部门申请检定,领取计量检定证书。

⑩ 排放污水的,环境保护图形标志牌原则上应设在排污口附近醒目处。若排污口隐蔽或距厂界较远的,则标志牌也可设在监测采样点附近醒目处。

(3) 入河排污口图形标志牌

① 入河排污口图形标志牌分警告和提示标志牌两类。对《污水综合排放标准》(GB 8978—1996)中第一类污染物排放口,树立固定式警告标志牌。

② 入河排污口图形标志牌按照国家标准《环境保护图形标志》(GB 15562.1—1995,GB 15562.2—1995)实行定点制作,并由省水利厅和省环保局监制。

(4) 入河排污口审批工作管理

① 新建、改建、扩建直接或间接向水体排放污染物的建设项目,必须按照国家、流域和省级有关规定办理审批手续。需要在水利工程管理范围内设置排污口的,建设单位应当在

项目的可行性研究阶段向当地水行政主管部门提出申请,办理报批手续。

② 水行政主管部门对排污口审批实行分级管理,各级审批的权限与环境保护部门现行建设项目环境保护管理权限相同。凡由流域审批的,各级地方水行政主管部门应逐级签署审核意见。排污口上、下游涉及不同行政区域的,应由上一级水行政主管部门签署审核意见。排污口建筑物设置的审批,按照河道管理范围内建设项目管理的有关规定执行。

③ 各级水利和环境保护部门应密切配合,共同做好排污口的审核和审批工作。

④ 项目建成后,由水利、环境保护行政主管部门分别对其取水、排水工程和水污染治理设施进行验收,并分别互相派员参加,验收合格后主体工程可投入生产和使用。

⑤ 凡是向水体排污的建设项目,建设单位按规定向环境保护行政主管部门履行排污申报登记手续时,应把水污染排放种类、数量和浓度情况,抄送所在地水行政主管部门。

⑥ 建设单位如不按上述规定,擅自设置或扩大排污口的,由环境保护部门和水行政主管部门按照有关规定进行处罚。

(5)入河排污口的监测

加强入河排污口监测是排污口管理的重要内容之一。在对入河排污口进行规范化整治之后,定量化测定污水排放量、污染物种类及污染物浓度。入河排污口监测应具备以下条件:

① 流量测定,视情况可采用水堰、流速仪、流量计或浮标法等测定流量。

② 掌握为总量测算服务的控制断面及监测点位布设原则和方法。

③ 有条件的地区最好设置连续采样和监测工具,以便为动态了解排污情况提供手段。

④ 掌握污水样品的保存及分析等系列化、规范化方法。

⑤ 有条件的地区应建立总量控制信息管理系统,为总控监督提供服务。

(6)河道保护管理

为加强河道管理,保障防洪安全和水生态系统良性循环,充分发挥河道的综合效益,根据《中华人民共和国水法》、《中华人民共和国防洪法》、《中华人民共和国河道管理条例》等,制定城市内河管理办法。概述如下:

① 在河道管理范围内,水域和土地的利用应当符合河道行洪、生态用水和景观的要求,符合断面河道的滩地利用,必须由河道主管部门制定规划。

② 禁止损毁堤防、护岸、闸坝等水工建筑物和防汛设施、水文监测和测量设施、河岸景观设施、花草树木等。

③ 禁止非管理人员操作河道上的涵闸闸门,禁止任何组织和个人干扰河道管理单位的正常工作。

④ 在河道管理范围内,禁止修建围堤、阻水渠道、阻水道路;种植高秆农作物;设置拦河渔具;弃置垃圾、矿渣、石渣、煤灰、泥土等。在堤防和护堤范围内,禁止建房、开渠、打井、葬坟、存放物料。

⑤ 在河道管理范围内进行下列活动,必须报经河道主管机关市水利局批准;涉及其他部门的,由水利局会同有关部门批准。a. 取土、弃置砂石或者淤泥;b. 爆破、探、挖筑鱼塘;c. 在河道滩地存放物料、修建厂房或者其他建筑设施;d. 在河道滩地开采地下资源及进行考古发掘。

⑥ 在堤防安全保护区内,禁止进行打井、勘探、爆破、挖筑鱼塘、采砂、取土等危害堤防

安全的活动。

⑦ 加强河道滩地、堤防和河岸的水土保持工作,防止水土流失、河道淤积。

⑧ 河道沿岸的景观带和护堤护岸林木,由河道管理所组织营造和管理,其他任何单位和个人不得侵占或者拆毁。

⑨ 内河河道上确实需要设置排污口时,必须满足污染物总量控制方案要求。

⑩ 排污口的设置和扩大,必须征得河道管理所的同意。

⑪ 内河管理范围内实行取水和排污许可制度。各取水和排污单位必须取得许可证,并严格按照许可证规定的要求进行。

⑫ 在河道管理范围内,禁止堆放、倾倒、掩埋、排放污染水体的物体。禁止在河道内清洗装储过油类或者有毒污染物的车辆、容器。河道管理所应当开展河道水质监测工作,对水污染防治实施监督管理。

⑬ 对河道管理范围内的阻水障碍物,按照"谁设障,谁清除"的原则,由市水利局提出清障计划和实施方案,由防汛指挥部责令设障者在规定的期限内清除。

⑭ 对壅水、阻水严重的桥梁、引道、码头和其他跨河工程设施,根据国家有关规定的防洪标准,责成原建设单位在规定的期限内改建或者拆除。汛期影响防洪安全的,必须服从防汛指挥部的紧急处理决定。

⑮ 建设单位需使用水量进行建设的,应按有关规定报经市水利局审查同意。

⑯ 凡经批准征用水面(包括行洪滩地)的应缴纳水域建设补偿费,补偿费按当地新建替代工程造价计算,并不得低于当地土地征用价的 2 倍,具体按物价部门核定的标准收取。

⑰ 凡经批准征用水面的,而又必须弥补水量损失的,征用单位和个人应根据水行政主管部门的统一规划和定点,按照征用的面积,负责新开河道增加水量,经水行政主管部门验收合格,可免缴水域建设补偿费。

⑱ 要在河道管理范围内修建临时设施,需经河道管理所同意,并交付保证金。

(三)城市饮用水源管理

做好饮用水水源地安全保障工作,是确保饮水安全和健康生活质量的首要条件,是落实科学发展观,实现首都经济社会又好又快发展和构建社会主义和谐社会首善之区的必要前提。近几年来,因水源污染导致群众健康受到危害的事件时有发生,饮用水源地的保护与管理受到全社会的普遍关注。随着经济社会的快速增长,排污总量与环境容量间的矛盾更加突出,环境事件增多,水源安全面临巨大挑战。

1. 城市饮用水源地存在的主要问题

(1)水源保护力度有待进一步加大。水源保护区上游农田化肥、农药使用量大,养殖粪便大量排放,水源保护区内水源涵养能力不足,面源污染较严重。

(2)基础设施建设滞后。农村污水和雨水排放系统还不完善,村庄排水多为地表漫流,生活污水随意排放,水冲厕所普及率不足 20%,垃圾随意堆放、就地填埋。水源防护区内村庄污水没有处理,未经处理的污水就近排入沟渠、河道、渗坑、渗井,对地表水源和地下水源造成影响。

(3)农村水源区域管理缺位。在水源保护区附近存在非法开矿、建厂、建度假村、挖沙取石等现象。农村企业污染缺乏有效治理,租赁农村土地的企业,管理比较混乱,村庄难以对其进行有效管理,部分企业急功近利,污染严重。

(4)饮用水水源地立法工作滞后,监督管理和执法力度不够。仍存在向水源保护区随意倾倒垃圾、排放污水等现象,有的污水处理设施因不想多支付运行成本而间断运行,甚至有的污水不加处理就直接排出,违法成本远低于处理成本,缺乏严格管理制度、保护措施和责任追究制度。

(5)需进一步完善水源地保护与管理的长效管理机制。建立水源区污染治理的生态、环境与经济补偿机制。农村地区多为单村供水,在本村打井取水,长期的卫生习惯及基础设施的缺失,对饮用水水质造成威胁。另外,部分污水处理设施不能正常运行,建设与运行管护资金不足。

(6)干部群众的环保意识和守法意识有待进一步提高。

2.水源地保护的总体思路与原则

(1)总体思路

坚持以小流域污染综合防治为重点,统筹污染源、地表水和地下水管理,统筹区域与流域管理,统筹污染治理与经济发展,统筹流域上下游,依靠科技进步,完善环境法制,强化监管制度,综合运用法律、经济、技术、宣传和必要的行政手段解决水源地保护问题。大力发展循环水务,建设资源节约型、环境友好型社会,确保水源地水质安全,让群众喝上干净的水。

(2)水源地保护原则

① 污染治理与经济发展协调,统筹规划、突出重点。在全面普查饮用水水源地状况的基础上,制定水源地保护规划。坚持节约、清洁、安全发展,在发展中落实保护,在保护中促进发展,实现可持续的科学发展。

② 水源地优先原则。优先治理地表水源保护区、城市水源地保护区、城市、规划新城及村镇地下饮用水水源保护区内的污染。保护水源地水质,确保供水安全。

③ 防治并重,建管并举。预防为主,综合治理,运用法律、行政、技术和宣传等手段,注重源头控制,强化管理,全过程防治污染,解决水源地保护问题。

④ 改革创新,加强监管。充分发挥政府的引导、指导作用,强化水源地监管。坚持政策创新、制度创新、科技创新,探索水源地监管新思路。运用现代科技手段实施监控,提供决策的科学依据,突出环境规划,抓好总量控制,加强环境评价,强化执法监督,严格环境标准,确保水源地安全。

⑤ 统筹污染源与水源地管理、地表水与地下水管理,统筹区域与流域管理、污水治理与再生水回用,统筹法律、制度与机制建设,因地制宜,分步分类实施。针对不同地区、不同规模、不同产业类型的村庄,确定不同的治理标准和治理管理模式。以小流域为单元,按照"三道防线"建设生态清洁小流域。充分运用市场机制,建立多元化投融资机制和运行有效的水源地保护补偿机制,调动企业、社会组织和公众参与生态建设与水源保护的积极性。坚持分级负责、规范管理、农民参与、政府指导与社会共同参与相结合的原则。建立市级相关部门联动工作机制、政策集成、资金支持。实行专业化队伍运营和农民参与管理相结合。

3.城市饮用水源地保护管理实践与措施建议

(1)完善饮用水水源保护区规划

城市郊区饮用水水源地较分散,很大一部分水源地尚未划定保护区,应进一步开展饮用水水源保护区普查,科学合理地划定和调整饮用水水源保护区。

开展土壤和地下水污染现状、污染成因调查和评价,建立污染源台账,制定环境质量监测制度,明确污染优先控制区域及控制对象,进行污染风险评价、安全区划及污染防治规划,制定城市和农村水源地保护规划。

(2)加强污染综合防治,开展流域综合治理

以小流域为单元,强化水源地、涵养区以及山区丘陵等自然生态系统的保护与建设,构筑"三道防线",建设生态清洁小流域,实施污水、农药、垃圾、厕所、河道、环境等多项同步治理。

① 加强农村污水治理,建设农村污水处理设施。优先考虑再生水回用于农业灌溉。

② 引导农民科学使用化肥、农药,禁止使用高毒、高残留化学农药,大力发展生态农业和有机农业。

③ 推广测土配方施肥、节水灌溉技术及病虫害生物防治技术。

④ 鼓励秸秆还田和秸秆气化、青贮氨化、发电、养畜等综合利用。实施规模化畜禽养殖场的废水废物处理,推进乡村工业结构调整,推广清洁生产技术。加快污染治理和工业企业调整搬迁,优化产业结构。

⑤ 加强垃圾管理,对垃圾及废物进行收集、运输、储存和处理。

⑥ 大力推进农村改水、改厕、改圈、改厨,解决"脏、乱、差",改善农村环境卫生条件。

⑦ 开发整理土地,实施绿化造林,修复废弃矿山生态,封山育林。

(3)完善水源地保护制度,加强水源地监管

完善地方法规标准体系,建立水源地保护与执法监督管理制度,强化监管能力建设,加大执法监管力度。

① 建立水源地管理机构,可由乡镇水务站、农村水管员或聘请特约监督员开展监督检查。

② 严把环境准入关,强化环境影响评价制度。加快实施排污许可制度,依法规范取水和排水行为。制订禁止类、限制类、鼓励类产业发展名录。依据环境容量科学确定污染物总量控制指标,落实污染物总量削减计划,将总量削减指标分解落实到重点排污单位。实施最严格的总量控制制度、定期考核、公布制度和"三同时"制度。进一步强化排污许可证的发证与管理工作。排污企业必须申请领取排污许可证并按照规定进行排污申报登记。

③ 建立健全环境执法与监督管理体系,依法追究责任,加大执法力度。坚决惩处各类违法排污行为,严格清理整顿违法排污企业。坚决取缔水源地一级保护区内的工业排污口,关闭饮用水水源地二级保护区内的直接排污口。严防养殖业污染水源,禁止有毒有害物质进入饮用水水源保护区。加快《北京市排水管理办法》立法进程,加大对非法排污的处罚力度,从根本上解决违法成本低、守法和执法成本高的问题。

④ 建立健全饮用水水源保护区突发污染事件预警体系和应急反应体系,定期检查掌握饮用水水源环境与供水水质状况,建立饮用水水源水质定期信息公告制度。开展农村供水水源地保护,设立饮水安全标志,依法查处涉及饮用水安全保障方面的案件。

⑤ 建立健全饮用水安全保障体系和应急机制,在特殊情况下及时启动应急预案或城乡供水联合调度方案。

⑥ 实行由市发改委、规划委、财政局、水务局、爱委会、环保局等多部门联动的工作机制,提高工作水平和效率。

（四）城市航道运输管理

我国内河水运管理应做到以下四点。

（1）航道为基础，促进内河水运现代化

我国发展内河航道的战略目标为"三横一纵两网十八线"，这一目标具有重要意义。我国航道的发展跟国外相比，还是比较落后的，设备陈旧，管理不完善，劳动生产率低，优势没有得到充分发挥。为促进内河水运现代化，需不断更新设施，实行科学管理。

（2）优化内河船型、统一航道标准

合理船型是内河水运发展的关键节点。大力推进大型化、标准化、环保型内河船型的使用，以提高内河水运的通过能力和效率，是内河水运的发展任务之一。

长江水系、黑龙江水系和珠江水系以及港澳航线都形成各自的航道网，具有相应的航道标准，这些具备一定自然地理条件的水域都重视优化船型。虽然各大水系设计标准不统一，但随着水运的快速发展，在不久的将来，尽可能做到全国各个水系互相衔接，江河湖海相通，逐步形成四通八达的水运体系，以便充分发挥水运在国民经济中的作用。

（3）促进与其他运输形式的协调发展

在目前的综合运输结构体系下，要提高内河水运在综合运输体系中的地位和作用。虽然水运的发展呈逐年增长的趋势，但在整个运输体系中所占的份额不大，故加大水运建设，必须加大内河水运建设的投资力度，与此同时还要加强内河水运与其他运输形式的协调发展。

（4）加强与水利水电枢纽工程的密切关系

水利水电枢纽工程通常是综合开发利用内河水资源的重要手段。其不仅要考虑水运的基本要求，而且应尽可能满足防洪、发电、灌溉、工业及民用供水的整体需要，对整个社会和内河水运本身的可持续发展都具有极其重要的作用。

航道工程项目一般多属于战略性投资项目，主要为国家长远经济发展服务。我国内河流域众多，实现内河水运的可持续发展，必然带动流域和社会经济的发展。新中国成立60多年来，我国在内河航道整治上取得了丰硕成果和宝贵经验，其中大中型山区河流航道整治技术水平处于国际领先地位，曾受到国内外同行赞誉。随着我国国力增强，预计在21世纪内，我国一些有开发价值的山区河流和部分丘陵区河流，有可能通过渠化工程或综合性的梯级开发实现航道的渠化，真正实现航道网成综合性运输体系。

（五）其他

1. 水景观、水文化和水经济管理

水景观管理范围是水生态系统红线控制区范围内的景规设施及区域，包括水系沿岸绿化带内草坪的维护、乔灌木的培植养护、人工景观设施的保护和清洁等。对水景观的管理要首先制定详细完善的管理规则和制度，规范景观服务主体的行为，有效保护水景观的建设成果；其次要成立专门的管理部门进行日常的景观维护和管理监督工作，确保管理制度的成效。

水文化管理是指对所有水文化设施进行维护管理，制定相应的管理规则，负责水文化的宣传并指导水文化的建设。

水经济管理是对涉水经济活动的管理，包括水面旅游经济的开发管理、水体沿岸经济活动的实施管理及水生态系统中生物资源的开发管理等方面。对水经济的管理一般通过专门的经济开发部门,依靠市场的调节进行运作,实现对水经济的有效开发,为城市水生态系统的建设提供支持。

2. 水资源利用管理

(1)水资源产权(水权)的管理。水资源产权或水权是指水的所有权、开发权、使用权以及与水开发利用有关的各种用水权利的总称,是一个复杂的概念。它是调节个人之间、地区与部门之间以及个人、集体与国家之间使用水资源及相邻资源的一种权益界定的规则,也是水资源规划与管理的法律依据和经济基础。我国《水法》(1988 年颁布)规定水资源所有权,即"水资源属于国家所有,即全民所有,农业集体经济组织所有的水塘、水库中的水,属于集体所有"。除此,并未对开发权、使用权、经营权等做明确的规定。为了水的可持续利用和环境与经济持续发展,有必将其要作为管理中的两项大事进行研究和界定。

(2)水资源合理配置管理。水资源合理配置方式是水资源持续利用的具体体现。水资源配置如何,关系到水资源开发利用的效益、公平原则及资源、环境可持续利用能力的强弱,因此,这个问题应作为一个重要的管理问题进行研讨。资源配置方式直接受经济体制、资源产权及其产权转让关系支配,有计划配置和市场配置之分。我们正在实施经济体制和经济增长方式的转变,有人认为,计划配置资源弊病多端,主张应按市场机制来配置。这有一定的道理,但根据我国国情和水资源特性,完全的市场配置方式,即通过灵活变动的市场信息——价格,配置与人人有关的、无法替代的水资源,只重视了经济效益,而忽略了社会公平和福利。我们认为,按照生态经济持续发展理论,为满足今天和明天的社会发展用水需要,应探索计划配置与市场配置相结合的办法,即使水资源配置取得高效利用,又使资源分配公平、取得最大的社会效益。这样的水资源配置方式和政策,应是我国可持续发展应走的道路。

(3)水资源政策管理。水资源政策管理有宏观和微观管理的诸多方面。首先是与人类生存发展有关的环境与发展的协调持续性政策,如水权、水法、水资源时空配置、水资源长期供需平衡和开发、保护、节约用水等政策;其次是水资源工程开发、利用、经营和水环境保护管理、技术管理等。水资源管理必须有组织和制度的强力支持。在制度方面,符合可持续发展战略的水资源法是管理制度的基础;取水许可、征收水资源费、合理的水价等管理制度是完全必需和切实加强的。水资源管理的组织机构通常是递阶层次的、上下统一领导的机构。

(4)水资源开发利用。这项管理工作是在上述几项宏观管理的基础上和取得水资源开发使用权的条件下进行的、较具体地开发与保护的管理工作。有水资源开发利用管理,是指地表水的开发、治理与利用和地下水开采、补给和利用的全过程管理。地表水开发、水患防治和有效利用,主要是靠修建水利工程设施、采用工程和非工程的技术措施实施的,因此要有一套水工建设和运行管理的措施。利用水是为了满足人民和工农业用水,因而要有水的长短期供水计划、节约用水和配额供水以及不同类型用水的费用管理等。

(5)水资源信息与技术管理。水资源规划与管理离不开自然和社会的基本资料和系统的信息供给,因此,加强水文观测、水质监测、水情预报、工程前期的调查、勘测和运行管理中的跟踪监测等,是管好水资源开发、利用、保护、防治的基础。没有或轻视这项基础工作和它所提供的系统、准确的资料,是无法开展水利工作的。所有为水资源管理服务的、能够提供科学依据的各项基础工作的组织实施均应改善和加强,如除上述几项工作外,还有水资源综合考察、调查和评价、水资源的区域规划、区域保护和社会的长期供水计划等,都是水资源管理的基础工作。

建立水资源综合管理信息系统,及时掌握水资源变动情况,如水量与水质变化、供水能力与需求变化、各行业用水与需水情况变化,为科学管理和调配提供依据。在此基础上要推行水资源持续利用评价,建立一种水资源政策分析机制,以便持久地调整或评价现在与未来的政策,审视水资源管理政策有利或不利于总体可持续发展战略的动态和改进。

(6)水资源组织与协调管理。我国水的管理体制从中央到地方已确立了一套组织机构,是非常必要的。但就实施可持续发展战略而言,应对这些机构的组织结构、职能范围、协调机制和执行监督权等予以调整、改革和加强,以利水资源持续利用和发展的统一管理。要完善和健全城市水资源统一管理体制,把地表水与地下水、水量和水质、开发和治理、利用和保护、水污染控制与治理统一起来,并对水管理范围、责权利和合作关系等明晰界定,增强协调和监督的机制与作用。另外,要按可持续发展战略要求统一管好水资源,必然要与本系统外的一些部门打交道,因此建立专门的协调机构,或调整某些部门职能,加强统一管理是必要的。

3. 水利工程日常管理

水利工程的运用、操作、维修和保护工作,是水利管理的重要组成部分。水利工程建成后,必须通过有效的管理,才能实现预期的效果和验证原来规划、设计的正确性。工程管理的基本任务是:保持工程建筑物和设备的完整、安全,经常处于良好的技术状况;正确运用工程设备,以控制、调节、分配、使用水源,充分发挥其防洪、灌溉、供水、排水、发电、航运、水产、环境保护等效益;正确操作闸门启闭和各类机械、电机设备,提高效率,防止事故;改善经营管理,不断更新改造工程设备和提高管理水平。主要工作内容:①开展水利工程检查观测;②组织进行水利工程养护修理;③运用工程进行水利调度;④更新工程设备,适当进行技术改造。工作方法是:①制定和贯彻有关水利工程管理的行政法规;②制定、修订和执行技术管理规范、规程,如:工程检查观测规范、工程养护修理规范、水利调度规程、闸门启闭操作规程等;③建立健全各项工作制度,据以开展管理工作,主要工作制度有:计划管理制度、技术管理制度、经济管理制度、财务器材管理制度和安全保卫制度等。

(1)水库管理

水库是调节径流的工程。水库管理的突出重点是做好大坝安全管理工作,防止溃坝而造成严重后果。水库效益是通过水库调度实现的。在水库调度中,要坚持兴利服从安全的原则。水库的兴利调度要权衡轻重缓急,考虑多方面需要,如工、农业和城市供水、水力发电、改善通航条件、发展水库渔业(见水利渔业),以及维护生态平衡和水体自净能力等需要。为了充分发挥水库的综合效益,在水库调度中,需要进行许多技术工作(见水库调度图、水库预报调度、水库群调度)。多泥沙河流上的水库调度,为了减少库区淤积、延长水库寿命,还需要进行水库泥沙观测和专门研究水沙调度问题。

(2)水闸管理

水闸是用以挡水,控制过闸流量,调节闸上、下游水位的低水头水工建筑物,有节制闸、分洪闸、进水闸、排水闸、冲沙闸和挡潮闸等类。发挥水闸的作用是通过水闸调度实现的。水闸管理中最常见的问题是:过闸流量的测定不准确,闸门启闭不灵、闸门漏水、锈蚀和腐蚀,闸基渗漏和变形,闸上下游冲刷和淤积等。为保持水闸的正常运用,需要做好技术管理工作。①率定闸上下游水位、闸门开度与过闸流量之间的关系,保证过闸流量的测读准确性;②进行泄流观测和其他各种水工观测;③按规章制度启闭闸门;④按规章制度进行闸门启闭设备、闸室消能工等和水工建筑物的养护修理;⑤靠动力启闭的水闸,必须有备用的动力机械设备或电源。

(3)堤防管理

堤防是约束水流的挡水建筑物,特点是堤线长、穿堤涵闸、管线等与堤身结合部容易形成弱点,土堤所占比例较大,河道堤防往往由于河势变化而形成险工,堤身内部往往存在隐患。堤防管理的中心任务就是防备出险和决口。管理工作的特点是:①堤防与相对应的河道由一个机构统一管理并实行分段管理;②进行堤防外观检查测量和必要的河道观测,根据堤身变形和河势变化及时采取堤防的加固除险措施;③有计划地开展堤坝隐患探测,发现隐患及时处理;④堤防养护除工程措施外,生物措施往往更经济有效,如:绿化堤坡代替护坡,护堤地营造防浪林等;⑤汛期组织防汛队伍准备抢险料物以应急需等。

(4)引水工程管理

引水工程的作用是把天然河、湖或水库中可以调出的水输送到需要地点。引水线路有的利用天然河道,有的是人工开渠或敷设管道,沿线可能有泵站、调节水库以及分水、跌水、平面或立体交叉等建筑物。引水工程建筑物种类和数量多,技术经济关系比较复杂,运行管理任务比较繁重。引水工程特有的管理工作主要是:①对来水、用水情况经常进行分析预测;②按照需要与可能统筹安排,有计划地引水、输水和分配水,并做好计量管理工作;③设法降低输水损失,提高输水效率;④提水泵站要设法降低能源消耗;⑤采取有效措施,防止沿线水源污染,以满足用户的水质要求;⑥工程设施的养护维修。

(5)灌溉工程管理

工程管理是灌溉管理工作实现灌溉节水高产目标的物质基础。灌溉工程一般包括水源工程、渠道和渠系建筑物三部分。其管理要点分别如下:

水源工程包括水库、拦河闸坝和引水渠首。水源工程的管理实际上也就是水库、水闸的管理。渠首工程还包括泵站和机电井,其管理特点是水泵、动力设备的操作、检修工作量所占比重较大。

渠道一般分干渠、支渠、斗渠、农渠、毛渠五级,视灌区规模大小而异。灌溉渠道是一个系统,较大灌区的渠道需要按渠道的性质和自然条件,因地制宜分级管理,适当划分各级管理的范围和权限,制定各级渠道的检查养护制度,开展正常管理工作。渠道管理的主要任务是保持输水能力和降低输水损失。

渠系建筑物种类繁多,有节制闸、进水闸、分水闸、冲沙闸、退水闸、渡槽、跌水、倒虹吸管、隧洞、涵管、桥梁和量水建筑物等。需要针对各类建筑物的不同功能、结构形式和所处的不同环境,制定规程、规范,进行检查养护和操作运用。渠系是一个整体,渠系建筑物的运用,必须服从统一调度安排。

复习思考题:

1. 城市水系管理的基本原则是什么?

2. 城市水系管理有哪些主要方法?

3. 城市水系管理有哪些保障措施?

4. 我国城市水系管理的体制是什么样的？其未来的发展趋势又如何？

5. 城市防洪排涝管理包括哪些内容？

6. 城市水生态环境管理包括哪些内容？

7. 城市饮用水源地保护管理需完善哪些措施？

8. 城市航道运输管理包括哪几方面内容？

附　录

附录一　城市水系规划编制提纲及成果要求

1.1　城市水系规划编制提纲

1　总论
1.1　规划目的意义
1.2　规划指导思想
1.3　规划原则
1.4　规划依据
1.5　规划范围
1.6　规划基准和水平年
1.7　城市水系规划的技术工作程序
1.8　规划主要成果

2　城市水系规划区域概况
2.1　自然条件
2.2　经济社会发展
2.3　供水排水
2.4　污染源分析
2.5　水污染防治
2.6　河湖水环境质量状况
2.7　河湖生态特征

3　城市水系现状及分析
3.1　现状水系
3.2　水系历史演变
3.3　经济社会发展对水系布局的要求
3.4　水系存在问题分析

4　城市水系布局和水面规划
4.1　城市水系布局
4.1.1　水系分类与水系等级划分

4.1.2　水系总体框架和布局规划

4.1.3　水系防洪排涝功能分析

4.2　城市水面规划

4.2.1　水面面积及水面组合形式现状

4.2.2　适宜水面面积

4.2.3　水面修复与补偿

5　城市河湖生态水量的控制和保障

5.1　河湖生态水量确定方法

5.2　河湖生态水量计算

5.3　河湖生态水量保障措施

6　城市河湖水质控制和工程措施

6.1　河湖水污染与水质现状

6.2　河湖水功能区划分与水质目标

6.3　河湖水质控制方案

6.4　改善河湖水质的水系整治方案

6.5　河湖生态修复方案

7　城市水景观与水文化

7.1　城市水景观

7.1.1　定位及目标

7.1.2　水系景观功能划分

7.1.3　水景观建设方案

7.1.4　景观节点工程要求

7.2　城市水文化

7.2.1　水文化建设的框架体系

7.2.2　历史水文化建设

7.2.3　现代水文化建设

7.2.4　水文化节点工程要求

8　城市河湖生态型护岸

8.1　堤防护岸现状

8.2　生态型护岸规划方案

8.3　典型护岸工程分析

9　城市水系管理

9.1　水系管理范围划定

9.2　水系管理内容

　　9.3　水系管理法规

　　9.4　水系管理机构

10　城市水系规划工程建设意见

　　10.1　水系规划工程系统

　　10.2　规划工程投资

　　10.3　工程实施进度安排

　　10.4　近期工程建设意见

11　城市水系规划经济分析

　　11.1　经济评价与综合分析

　　11.2　资金投入计划及途径

12　规划实施效果评价分析

　　12.1　规划环境影响评价

　　12.2　宏观效益分析

13　城市水系规划成果要求

　　13.1　城市水系规划文本报告

　　13.2　城市水系规划技术报告

　　13.3　城市水系规划附图

　　城市行政区域图

　　城市总体规划图

　　城市水系现状图

　　城市水系规划图

　　城市骨干型河道纵横断面图

　　城市防洪排涝工程布局图

　　城市饮用水源地布局图

　　城市水系水功能区划图

　　城市水系景观功能区划图

　　城市河湖景观工程节点图

　　城市水系旅游开发规划图

　　城市航道运输水系布局图

　　城市适宜水面控制规划图

　　城市水系整治工程规划图

　　城市河湖生态型护岸工程图

　　城市水系管理范围划分图

　　城市水系管理体系框架图

附录二　××市城市水系规划

一、总则

规划目的:为规范保护和利用城市水系的行为,确保城市水系综合功能持续高效的发挥,促进城市健康发展,根据国家相关法规和××市城市总体规划,制定本规划。

水系分类:将水系按形态特征分为外江、湖库、内河涌,其中芦苞涌、西南涌、××水道属于一端受控的分洪河道。

规划范围:本次规划范围为××市行政辖区的范围,面积 3 848.49 km²。重点针对西江北江水系的外江、中型以上水库和部分流经 2+5 组团的主干内河涌。对于其他内河涌、小型水库、湿地和泉水等水体只提出保护和利用的原则性建议,具体规划要求在下层次规划中明确。

规划依据:

1.《中华人民共和国城乡规划法》(2008)

2.《中华人民共和国水法》(1988)

3.《中华人民共和国环境保护法》(1989)

4.《中华人民共和国防洪法》(1997)

5.《中华人民共和国水污染防治法》(1996)

6.《中华人民共和国环境影响评价法》(2002)

7.《城市规划编制办法》(2006)

8.《城市蓝线管理办法》(2006)

9.《航道管理条例》(1987)

10.《河道管理条例》(1988)

11.《××省防洪(潮)标准和治涝标准》(1997)

12.《××省饮用水源水质保护条例》(2007)

13.《××省航道管理条例》(1995)

14.《××省水利工程管理条例》(2000)

15.《××省河道堤防管理条例》(1996)

16.《××省湿地保护条例》(2006)

17.《××市城市规划管理技术规定》(2006)

18.《××市围内主干河涌管理暂行规定》

19.《城市水系规划规范(征求意见稿)》

20.《饮用水水源保护区污染防治管理规定》(1989)

21.《饮用水源保护区划分技术规范》(HJ/T338—2007)

规划目标:按照城市发展总体目标,尊重水系自然条件,维持水系健康生命,正确处理水系保护与综合利用的关系,体现城市规划对水系功能的引导和控制,实现社会、环境与经济并重的综合效益。

规划原则：

1. 饮水安全优先原则；

2. 生态优先原则；

3. 统筹兼顾上下游、左右岸、干支流、城市与乡村、开发与保护的原则；

4. 水体、岸线和滨水陆域空间相协调原则；

5. 滨水空间的公共性原则。

规划期限：本次规划整合的期限为 2008—2020 年，其中近期行动规划的年限是 2008—2010 年。对××城市水系的重要功能和某些重要组成部分还应进行永久性的谋划和控制。

本规划与其他规划之关系：作为市域层面专项规划，本规划与各专业部门编制的专项规划相衔接，指导各分区规划、各涉及城市水系的控制性详细规划，并为其他涉及城市水系的规划编制提供指引，其中涉及水利、环保、交通、国土、建设、航道、海事、文物等专业要求的需按专业部门相关规划、规范和技术标准执行。有下划线的部分为本规划的强制性内容，必须严格执行。

二、水体功能规划

根据城市水系规划规范，按照城市发展建设的要求将水体功能分为城市水源、航运和滨水生产、排水调蓄、珍稀水生生物栖息地、生态调节和保育、行洪蓄洪、景观游憩、水产养殖等，不同水体在一种核心功能之外兼有多种功能。

本规划的水体功能是从城乡发展角度出发，与环保部门主导的地表水环境功能区和水利部门主导开展的水功能区划工作相衔接，市域内水体适用的环境质量标准应严格执行《××省地表水环境功能区划》。

水体功能规划原则：

1. 本规划优先确定水源和备用水源，确保城市用水安全；

2. 有行洪、蓄洪要求的水体必须保证其行洪、蓄洪功能的发挥，保证城市防洪安全；

3. 有珍稀水生生物栖息水体水域的原生态受到保护，该类水体其他功能的设置必须经过严格的环境保护评价之后才可确定；

4. 航道或有条件作为航道的水体，应保留或预留航运功能；

5. 位于城市主城区，尤其是位于城市中心区范围内的水体，应该充分考虑和确保相应的景观塑造和游憩功能。

表 1　外江水体功能区划表

序号	名称	首位功能	水体功能				
			城市水源	行洪蓄洪	生态调节与保育	航运及滨水生产	景观游憩
1	西江下游	城市水源	●	●	●	●	●
2	均安水道	城市水源	●	●	●	●	
3	容桂水道	城市水源	●	●	●	●	●
4	顺德支流	行洪蓄洪		●	●	●	
5	甘竹溪	行洪蓄洪		●	●	●	●

（续表）

序号	名称	首位功能	水体功能				
			城市水源	行洪蓄洪	生态调节与保育	航运及滨水生产	景观游憩
6	顺德水道	城市水源	●	●	●	●	
7	罗行涌	行洪蓄洪		●	●		
8	南沙涌	行洪蓄洪		●	●		
9	思贤滘	城市水源	●	●	●	●	
10	北江	城市水源	●	●	●	●	
11	东平水道	城市水源	●	●	●	●	●
12	吉利涌	行洪蓄洪		●	●	●	●
13	水口水道	行洪蓄洪		●	●	●	●
14	白坭水道	行洪蓄洪		●	●	●	●
15	白沙河	行洪蓄洪		●		●	●
16	陈村水道	行洪蓄洪			●	●	●
17	橹尾橇	行洪蓄洪		●			
18	陈村涌	行洪蓄洪		●			●
19	潭州水道	行洪蓄洪		●	●	●	
20	鲁岗涌	行洪蓄洪		●	●		
21	赤坭水道	行洪蓄洪		●	●		

表 2　一端受控的分洪河道水体功能区划表

序号	名称	首位功能	水体功能				
			城市水源	行洪蓄洪	生态调节与保育	航运及滨水生产	景观游憩
1	芦苞涌	行洪蓄洪		●	●	●	
2	西南涌	行洪蓄洪		●	●	●	●
3	××水道	行洪蓄洪		●			●

表 3　中型水库水体功能区划表

序号	名称	首位功能	水体功能				
			城市水源	行洪蓄洪	生态调节与保育	航运及滨水生产	景观游憩
1	深垀水水库	蓄洪		●	●		●
2	西坑水库	城市水源	●	●			
3	东风水库	蓄洪		●	●		●

三、岸线分配和利用

滨水岸线是城市不可再生的稀缺资源。岸线按功能分为生态性岸线、生产性岸线和生活性岸线。

生态性岸线是为保护城市生态环境而保留的自然岸线,结合市域内的山林等区域绿地和生态廊道布置,作为阻断城市滨水蔓延式发展的有效隔离措施,生态岸线应尽可能连贯,驳岸形式应首选自然式,保障水体交换和生物迁徙畅通。

生产性岸线属于专用岸线,有航运功能的水体,应坚持"深水深用、浅水浅用"的原则,应根据水深条件优先确定用于船只停泊和作业的深水岸线,保证深水资源得到有效利用,同时滨水生产应尽可能集约发展,以节约岸线资源。

生活性岸线为城市公共活动岸线,城区内除了必要的水上客运码头等之外,应尽可能划为生活性岸线,生活性岸线应对公众开放。

四、滨水区规划控制

水体及其周边一定范围的陆域共同构成承担特定城市功能的滨水区。滨水城市功能区包括滨水公共活动区、滨水作业区、滨水生态保护区和风景区。滨水区建设不得损害水体和岸线规划功能的发挥,应有利于对水体和岸线的保护,有利于滨水景观的塑造。滨水区建设强度控制应与城市总体规划的用地布局相协调,并符合城市规划管理技术规定的要求。

滨水区建设分为Ⅰ、Ⅱ、Ⅲ、Ⅳ级强度控制区:Ⅰ区包括"2+5"组团的城市中心区以及港口和滨水产业用地,可做高强度开发;Ⅱ区包括一般城市居住综合用地,为中等强度开发;Ⅲ区包括低密度居住区和公园等,为低强度开发;Ⅳ区为区域性生态绿地生态走廊穿越的滨水区,属于禁止开发区。除港口作业区和滨水生产区外,开发强度越高的地段越应确保其公共性。

表 4　滨水建设强度控制

分区	滨水建设强度控制	建筑形态控制
Ⅰ区	高强度区	除重点节点和标志性建筑物外,建筑高度一般不超过 100 m,应保留一定比例滨水开放空间
Ⅱ区	中强度区	一般不超过 24 m 且临水连续长度不超过 100 m,高层建筑宜为点式且临水面宽不宜超过 50 m
Ⅲ区	低强度区	不应追求建筑滨水的连续界面,临水第一线建筑不宜超过 12 m,此类岸线应穿插有不小于 100 m 宽的公园绿地
Ⅳ区	禁止开发区	—

不同建设强度控制的滨水区域应根据滨水区城市设计导则和历史文化名城保护规划等要求实行相应的建筑高度控制。

规划应控制水面纵向通向山体等对景的视线通廊;从滨水区通向水体的横向视线通廊由道路、公园、广场、高压走廊绿带等构成;水边的古塔、埠头、古树等标志物应纳入视线通廊保护。

五、城市水系改造

应根据区域水系分布特征及水系综合利用要求,充分研究水体现状及历史演变规律,结合城市总体规划布局和水体综合功能,考虑水动力学要求、污染物与致病生物的迁移、水体的权属、对城市地区的功能影响、建设成本、城市特色和水上交通的组织等因素,合理调整城市水系布局和形态。

对水体的改造特别是对自然水体的改造必须经过充分的论证,并不得减少各水体水面面积,不得跨水体调剂水面面积指标。

对水体的改造应有利于城市防洪排涝的需要,在满足过水流量和调蓄库容需求前提下调整江河港渠的断面和湖泊形态。

城市建设区建议水面率:南海顺德为 15％;禅城、三水为 12％;高明为 8％(含主干河涌和中型以上水库)。鼓励城镇、乡村在未来建设中有更高的水面率。

六、城市水系保护

应严格保护城市水源地水质,根据饮用水源保护规划,逐步将城市水源转到外江并适当归并,从仅依赖北江转向北江西江兼用,提高供水安全性。

城市水系包含着大量的历史信息,滨水开发建设时应根据历史文化名城保护规划,对涉及水系的历史文化重点保护区、历史文化街区和文物古迹予以保护。

城市蓝线是指城市规划确定的江、河、湖、库、渠和湿地等城市地表水体保护和控制的地域界线。本规划确定市域范围内的主要地表水体,划定其城市蓝线。各相关控制性详细规划应当依据本规划的原则规定,补充主干内河涌、小型水库的城市蓝线,具体落实城市蓝线范围界址坐标和保护控制要求。城市蓝线应包括水利工程管理范围和主干内河涌管理范围。

表 5　涉及水利工程和主干内河涌的城市蓝线划定原则

类　型	城市蓝线范围界定	备　注
水库工程区	挡水、泄水、引水建筑物及厂房的占地范围及其周边 50 至 100 m,主、副坝下游坝脚线外 200 至 300 m	
水库库区	水库坝址上游坝顶高程线或土地征用线以下的土地和水域	
樵桑联围	50 m 退线	
西北江堤围 (外江,含顺德支流)	从背水坡堤脚以外 30 至 50 m 北江大堤从背水坡堤脚以外 100 m 控制	含捍卫 1 万亩以上的堤围(含顺德支流)
水闸	水闸工程各组成部分的覆盖范围以及大型水闸上下游 300 至 1 000 m,两侧 50 至 200 m;中型水闸上下游 50 至 300 m,两侧 30 至 50 m	
灌区	主要建筑物占地范围及周边:大型工程 50 至 100 m,中型工程 30 至 50 m;渠道:外边坡脚线之间用地范围	

（续表）

类　型	城市蓝线范围界定	备　注
水利工程生产区	生产及管理用房用地范围	
一端受控的分洪河道	两岸堤防背水坡脚以外 30 m 之间的全部区域（包括水域、滩地、护河地）	适用于西南涌、芦苞涌、××水道
有堤围的主干内河涌	两岸堤防背水坡脚以外 10 m 之间的全部区域（包括水域、滩地、护河地）	
无堤围的主干内河涌	从最高水位时河涌两岸岸线起算，每侧外拓 10 m	

城市蓝线与其他控制线的关系。

1. 蓝线与绿线：蓝线外侧有滨水公园绿地的，城市蓝线应与绿线相衔接。

2. 蓝线与红线：水体沿岸有滨水道路的，城市蓝线应与道路红线相衔接，滨水道路采取路堤合一形式的，城市蓝线可包括该道路。

3. 蓝线与紫线：城市蓝线涉及滨水历史文化街区和文物古迹的，蓝线与紫线可以重叠，重叠部分应同时执行城市紫线和蓝线的规划控制措施。

4. 蓝线与黄线：城市水运码头、取水（含取水点、取水构筑物及一级泵站）和水处理工程设施、排水设施、防洪堤墙、排洪沟与截洪沟、防洪闸等与取水、排水、防洪、调蓄等相关的滨水市政设施用地应划入城市蓝线，同时执行蓝线和黄线的规划控制措施。

在城市蓝线内进行各项建设，必须符合经批准的城市规划并满足水系保护的要求。禁止擅自填埋、占用城市蓝线内水体；蓝线内禁止擅自建设各类排污设施，禁止进行违反城市蓝线保护和控制要求的建设活动；禁止进行影响水系安全的爆破、采石、取土。

七、基础工程规划

水源工程规划：

1. 根据《××市供水系统专项规划（2006—2020）》，规划期城市用水确定如下：

表 6　规划期用水总量预测

片区名称			近期（2010 年）		远期（2020 年）	
			人口（万人）	水量（万 m^3/d）	人口（万人）	水量（万 m^3/d）
中心组团片区			286	230	350	298
南海北片区	全片区		133	103	166	142
	其中	狮山组团	45	36	65	55
		大沥组团	61	49	75	64
	南海南片区		44	32	60	51
顺德片区	全片区		159	110	190	153
	其中：大良容桂组团		108	86	136	116

（续表）

片区名称		近期（2010 年）		远期（2020 年）	
		人口 （万人）	水量 （万 m³/d）	人口 （万人）	水量 （万 m³/d）
高明片区		53	36	63	51
三水片区	全片区	58	44	71	62
	其中:西南组团	36	26	45	38
九江龙江片		47	33	60	48
合计		780	588	960	805

注:本表需水量为规划期最高日需水量,已包括管网漏损水量。另据《高明区近期建设规划（2006—2010)》,该区近期人口规模为 61 万,此表用水量预测仍根据《××市供水专项规划(2006—2020)》。

2. 根据《××市供水系统专项规划(2006—2020)》规划近、远期净水厂。

3. 根据《××市饮用水源保护规划（修编)》确定水源地保护范围。

饮用水源保护区范围:

一级保护区:水厂取水口上游 1 000 m,下游 500 m;河段宽度 500 m 及以上的宽度为以河道中泓线为界限到取水口范围;河段宽度 500 m 以下的宽度为整个河道范围。陆域范围为沿岸长度相应的一级保护区水域长度及沿岸纵深与河岸的水平距离 150 m。

二级保护区:水源地一级保护区上游边界以上 2 000 m,下游边界以下 1 500 m;陆域范围为沿岸长度相应的二级保护区水域长度及沿岸纵深与河岸的水平距离 1 000 m。

具体保护范围按照××省政府对××市生活饮用水地表水源保护区的批复执行,对未来取水口需要迁移、水厂需要转变功能或关闭的,在迁移、转变功能和关闭之前,仍按现状水源保护区进行保护,不得随意侵占。

防洪排涝规划:

1. 排水:根据《××2＋5 组团排水系统专项规划》,2＋5 组团规划污水处理厂 48 座,加上组团外污水处理厂,全市处理规模 612 万 t/日。

2. 排涝标准:根据《××市排涝规划》,中心组团片区标准为"近期 10 年一遇最大 24 小时暴雨 1 天排完且不致灾,远期 20 年一遇最大 24 小时暴雨 1 天排完且不致灾",其余片区的标准均为"近期 10 年一遇最大 24 小时暴雨 1～2 天平均排除,远期 10 年一遇最大 24 小时暴雨 1 天排完且不致灾"。

3. 根据《××市排涝规划》,利用部分规划绿地、高压线走廊,部分村内空地和鱼塘,规划建设调蓄湖。各区、各组团、镇总体规划应具体落实调蓄湖用地,并将调蓄湖建设与城市景观和绿地系统建设结合起来。

水运及路桥工程规划:

1. 港口规划

充分开发利用宝贵的港口岸线资源,坚持统筹发展和集约化、规模化、专业化的原则,协调好港、城之间的发展关系,注重环境和生态保护,促进港口与腹地经济社会的协调持续发展。

根据《××港总体规划》,适时调整澜石、新市、石湾等港区的功能;保留河口、西南、容奇等老港区以及平洲、板沙尾等客运港区,维持其现有发展规模;进一步开发建设三水、三山、北滘、高明等港区,扩大港口规模;开辟建设容奇、九江、禅城等集约化、现代化的新港区和作业区。

规划将形成以三山、三水、九江、高明、容奇、北滘、勒流、禅城等8个重要港区为重点、以大塘、西南、乐平、狮山、丹灶、西樵、里水、大沥、乐从、陈村、伦教、了哥山等12个一般港区为基础的功能明确、优势互补、民营化特色突出、各港区联动发展的综合性港口。

2. 航道规划

以西江下游出海航道、陈村水道、东平水道、莲沙容水道、顺德水道"两纵三横"千吨级及以上航道为骨架,以三、五百吨级航道为基础的纵横交错、江海直达、连通港澳的航道网。规划将××市航道划分为骨干航道、重要航道和一般航道三个层次。

骨干航道由西江下游出海航道、陈村水道、东平水道、莲沙容水道、顺德水道"两纵三横"组成,规划总里程249 km,均为1 000 t级及其以上航道。

重要航道由北江干流、顺德支流及甘竹溪组成,规划总里程81 km,均为四级航道。

一般航道由水口水道、白坭水道等航道组成,规划里程754 km,其中四级航道13 km,五级航道55 km,六级及以下航道686 km。

3. 锚地规划

结合航道条件、港口分布,按照适度分散、相对集中的原则,共规划锚地9处,以靠岸系泊锚地为主。

4. 滨水道路

滨水道路应有利于滨水空间的合理利用,保证滨水活动空间的共享性和可达性。滨水公共活动区的临水道路宜为生活性次干道或支路,不宜为高(快)速路,不宜为追求道路等级而破坏滨水空间的原有格局。

5. 跨水桥梁

需要穿越水体的道路必须保证水体的完整,不得影响水体自然流动。桥位应离开险滩、弯道、汇流口或港口作业区及锚地。城市支路不得跨越宽度大于道路红线宽度2倍的水体,次干道不宜跨越宽度大于道路红线4倍的湖泊。

八、重点区域与行动规划

除狮山组团之外的2+5组团的新中心区都是毗邻外江,规划上应评估其水系的作用价值、分别采取不同对策,建立新岭南水乡的城市景观特色。在流经"2+5"组团和镇街中心的生活性主干内河涌沿岸,鼓励建设亲水的公共中心,与临外江的大尺度中心区共同构成双重尺度的滨水生活中心体系。

1. 水系重点区域

(1)自然和历史文化遗产河段。思贤滘、西樵山—顺德水道、璜玑鹭鸟自然保护区、涉及水系的9个历史文化街区和11个历史文化重点保护区。

(2)基塘农业和生态农业区域。基塘农业和生态农业区域既是体现传统岭南水乡特色的传统文化载体,也承担着调蓄洪水和生态绿廊的作用,规划重点保护包括青歧农业示范区(思贤滘)、陈村花田(含花卉世界、平洲水道)、杏坛—均安基塘农业区(顺德支流/甘竹河/容桂水道/海洲水道)。

（3）湿地是城市之肺，根据《××市城市总体规划》，保护草场湿地公园、太平沙湿地公园、云东海湿地自然保护区、横沙围湿地公园、马岗湿地公园、顺风岛湿地公园、鲤鱼沙湿地公园、海寿沙湿地公园、金沙湿地公园等湿地。

（4）中型水库，包括深埗水水库、西坑水库和东风水库。

表7 各类水系重点区域规划控制要点

重点区域类型	水体	岸线	滨水陆域
外江滨水中心	不宜设取水口，禁止排污，保证景观水质，可新辟人工水面兼做调蓄	有条件的采取复式断面，结合滨水绿带，水位变化较大的做梯级平台，方便观看龙舟竞渡等水上活动，除渡口和客运码头外其他港口应迁出	用地性质保证公共性，宜为公共设施或居住用地，不宜工业或仓储用地，方便市民亲近水体，滨水集中活动空间宜与城市公园广场相结合，垂直通往水边的通道间距不宜大于500 m，中心区不宜大于300 m，滨水道路应为生活性道路，高快速路和交通性主干道不宜直接滨水
外江城区段江心洲	不宜设取水口，禁止排污，保证景观水质，保持河道行洪能力	保证洪水宣泄，不应建人工直立护岸、防洪墙，禁建阻水建构筑物	保持原生态，不做大规模城市开发，禁建度假村、酒店、大规模游乐设施等，保留城市中的绿洲，标志性建构筑物应与风貌协调
重要湿地	严禁排污，限制取水，生态公园不应引入大量人流的水上游乐项目	优先采用自然式驳岸或复式断面，驳岸及其设施宜简单，减少对自然人为干扰，禁止树立大型广告牌	严格控制建设，不兴建除水文水利、市政基础设施外的其他项目，滨水道路在满足防洪和当地村民出行要求后不应盲目拓宽。保证从山体到水体的生态廊道的连贯性，湿地公园应按生态保育要求核定游客容量
基塘农业和生态农业区域	严禁排污，限制取水，保护基塘农业湿地	满足防洪排涝要求	发展生态农业、观光农业，减少农药使用，严禁非农建设，村庄建设应集中紧凑，体现岭南水乡风貌特色
重要水库	禁止排污	宜建自然护岸	禁止有污染的工业，鼓励公园绿地
内河涌城区段	禁止排污，景观水质	宜建复式断面	保证滨水区的公共性，滨水道路不应是交通性主干道，滨水道路宽不宜超过水体宽度，高层建筑不宜压占滨水第一线，主要公建正立面宜临水
自然和历史文化遗产河段	禁止排污，景观水质	有条件的应保持传统岸线形式	应保护大尺度山水格局、历史性视线通廊以及周边基塘农业景观

2. 城市水系近期行动规划

（1）城市水系整治与建设示范工程

（2）滨水工业区再开发示范工程

（3）水库湿地示范性保护与利用工程

（4）传统水乡风貌保护工程

（5）重点协调区域

(6)生活性主干河涌整治工程

九、规划实施保障措施

建立涉及城市水系规划的联合评审机制。涉及城市水系管理的各个部门在做好各自职能任务的同时,还应加强部门之间的协调联动,增强合作及应对突发事故能力,实现水源地、污染源、流域水文资料、专业规划等有关信息的共享。

继续组织技术深化,在编制各组团、各镇总体规划以及控制性详细规划时分层次具体落实城市蓝线;在滚动编制近期建设规划时,应对城市水系近期建设提出具体措施;在本规划所确定的原则基础上,尽快完善或修编包括供水、排水、道路交通、水运、港口、水源保护等相关专项规划涉及城市水系的内容。

城市蓝线一经批准,不得擅自调整。因城市发展和城市布局结构变化等原因,确需调整城市蓝线的,应当依法调整城市规划,并相应调整城市蓝线。调整后的城市蓝线,应当随调整后的城市规划一并报批。

建立健全公众参与机制,增强全体市民的城市规划和水系保护意识,使全市人民了解城市水系规划,共同保护好、规划好、建设好、管理好××城市水系。

加大对涉及城市水系保护建设的规划管理力度,强化城市蓝线管理。任何单位和个人都有服从城市蓝线管理的义务,有权监督城市蓝线管理、对违反城市蓝线管理行为进行检举。对涉及城市蓝线的所有建设活动要按照城乡规划法和城市蓝线管理办法等,进行集中统一的规划管理并依法备案,对于破坏城市水系的违规开发建设行为依法查处。

附录三 ××市城市水系规划

总 则

第一条 规划目的

河道水系是××市建设的基础和重要组成部分,既是城市防洪排涝的通道,又是建设生态宜居城市所必需的极为宝贵的自然资源。通过对××市的水系进行科学规划,协调城市与水系之间的关系,统一调配水系"防洪、排涝、供水、环境、景观、生态"各种功能之间的关系,建立防洪排水安全保障、供水保障、水质保障体系和水生态、水文化、水景观等城市环境建设体系,使其综合效益得到最大程度地发挥,统筹人与自然和谐,缓解人口、资源、经济、环境矛盾,支持××市建设北方经济中心、生态城市目标的实现。

第二条 规划原则

1. 保障功能,统筹协调的原则。统筹协调好水系的各种功能,确保防洪、排水、供水安全与水生态趋于良好。

2. 可持续发展原则。从建设生态城市角度出发,将城市河湖、水面作为城市生态调节中最重要的自然资源,确保这些资源可以永续利用。

3. 与流域规划、城市总体规划、土地利用总体规划、各专项规划相协调的原则。规划中要遵从水系的流域特点,并根据海河流域规划和××市城市总体规划、土地利用总体规划,满足流域防洪安全、供水安全、生态环境改善,对水系进行合理规划。

4. 人水和谐的原则。本着人与自然和谐相处的现代水利工程理念,围绕人类对水的功能需求和水系生存的空间需求相协调的原则,给洪水、涝水以出路,协调好岸线空间利用,体现人水和谐共处。

5. 综合治理、发挥多种功能的原则。统筹考虑河道对防洪、排涝、供水、水质保护、亲水景观、旅游通航及水生态环境改善等方面的综合要求,融水安全、水环境、水文化、水景观于一体,发挥水体的多种功能作用。做到防洪排涝工程与雨洪水资源利用相结合,改善区域水质与建设宜居生活环境相结合,修复水生态环境与旅游资源配置相结合。

6. 开发与保护并重的原则。在开发利用的同时,注重保护,在截污治污的同时,通过河道与水库、湿地的联通,提升河湖水质,改善区域水环境。

7. 统筹兼顾、突出重点、分期实施的原则。通过以中心城区和滨海新区为重点的河湖水系综合整治,带动周边新城及全市的水系建设。

第三条 规划目标

1. 完善防洪工程建设,确保防洪安全。

2. 调整排水格局,确保排水河道畅通,行洪河道安全。

3. 优化配置资源,确保城乡供水安全。近期要确保城市生产、生活和环境景观用水,远期增加水库湿地生态补水。

4. 开发保护并重,注重水生态修复,建成生态城市。

第四条 规划依据及参考文献[略]

第五条 规划期限[略]

第六条　规划范围

水系规划范围涵盖全市域,水环境规划主要为城市区的河湖水面,水生态规划为重要的湿地和生态廊道河流。

第七条　水系功能划分

根据××水系的形成及特点,把××水系按照与之密切相关的防洪、排水、供水、水环境、水生态、水文化等六大体系进行分类规划。

1. 防洪体系

包括排泄洪水的行洪河道(即一级河道),滞蓄、分泄洪水的大中型水库、蓄滞洪区、海挡防潮工程。

2. 排水体系

包括农田排涝体系、城市雨水系统和工业、生活等污水排水系统。水系规划中特指排除上述各类水体的渠道,不包括城市内的雨水管道和污水集结、处理系统。

3. 供水体系

主要指为城市生产生活提供水源的储存和运输系统。

4. 城市水环境体系

水环境建设包括疏通河渠,联通河道与水面,治理污染和为维持正常水面提供足够的优质水源。同时结合城市规划,进行绿化及周边景观建设。

5. 水生态体系

水系既是人们用来防御水灾、利用水的功能的产物,同时也是水生动植物的乐园。历史形成的蜿蜒的水系有其自然的美学价值和地理学价值,因其又是生物生活和移动的廊道,因此又有极高的生态学价值。针对不同的水体,开发、修复、保护水系的生态功能,形成人与自然和谐,生产开发与生态保护并重的发展格局。

6. 水文化体系

水文化是人类抗御水害和利用水的过程中流传下来的有历史文化价值的东西,是人类文明的重要组成部分。通过对水文化的挖掘、整理、修复、兴建,使得以文字形式的水文化供人们纪念、学习、继承和发扬;以建筑形式的水文化成为旅游的重要资源。

第一章　防洪体系规划

第八条　××市水系在海河流域防洪排涝体系中的地位

××市地处海河流域最下游,渤海之滨,历史上素有"九河下梢"之称,××市国土面积虽然仅有 1.19 万 km^2,却承担着海河水系 23.25 万 km^2、75%的洪水宣泄任务。××地势低洼,且降雨集中,极易发生内涝。××毗邻渤海,海岸线也常受渤海风暴潮的袭击。特殊的地理位置、地形特点,决定了××市水系必须承担上防洪水、中排沥涝、下挡海潮的多重任务。

第九条　××市防洪体系组成

1. 行洪河道;2. 海挡;3. 蓄滞洪区;4. 城市防洪圈。

第十条　××市防洪体系总体布局

××市北部地区蓟运河、潮白新河、北运河、永定河(简称北四河)的洪水最终汇集到永定新河入海;南部地区的洪水(大清河)汇入独流减河入海;北运河、子牙河(大清河)的部分洪水从海河入海;海河流域子牙河系的洪水由最南部的子牙新河入海;东部沿海有海挡的保护。为了加强中心城市区的防洪安全,中心城区和滨海新区核心区周围建设了防洪圈。

第十一条　洪水调度原则

1. 北部地区:发生中小洪水(设计标准以内洪水)时,北部地区的洪水汇流到永定新河入海,当上游来水达到设计标准洪水时要启用青甸洼、盛庄洼、大黄堡洼、黄庄洼、永定河泛区、七里海等一般蓄滞洪区,发生特大洪水(即超标准洪水)时要启用淀北、三角淀等非常滞洪区。

2. 南部地区:发生中小洪水(设计标准以内洪水)时,南部地区的洪水汇流到独流减河入海,当上游来水达到设计标准洪水时要启用东淀、文安洼、贾口洼等一般滞洪区,发生特大洪水(即超标准洪水)时要启用团泊洼、沙井子行洪道等非常滞洪区。

第十二条　河道防洪体系[略]

第十三条　蓄滞洪区防洪体系[略]

第十四条　海挡防潮体系

第十五条　城市防洪圈

第二章　排水体系规划

第十六条　排水系统组成

1. 排水包括了城市区雨水、农村区的沥涝水,以及污水的排放。

2. 排水小区是排涝系统的基本单元。××境内沥水一般主要由排水小区内的雨污排水管网系统或末级排水渠系汇集,自流或机排入二级河道,经二级河道自流或通过二级河道出口泵站机排入一级河道,最后由一级河道宣泄入海,或经各级渠道排入水库、坑塘等蓄水设施。因此,排水体系主要由各排水小区内的排水管网或渠系、一二级河道、各级泵站三部分组成。

第十七条　排水规划总体思路

1. 以蓟运河、北运河、潮白新河、永定新河、海河、独流减河等一级河道为规划水系主要框架,合理规划二级河道及排水骨干河道布局和滞蓄水面,排水通过二级河道和排水骨干河道汇集,由一级河道排入渤海,共同解决排水问题。

2. 其规划原则是结合城市总体规划,优化排水河网布局;通过预测城区排水和农田排水流量,调整排水分区,以满足防洪的要求。

3. 通过"以蓄代排,排蓄结合"的措施,充分利用水库、坑塘、深渠蓄水,以减轻排水压力,提高河道的调蓄能力,充分利用雨洪水资源,增加水面面积,改善区域水环境。

第十八条　排水河网布局调整

结合城市规划及路网规划,并保持功能区的完整性,对区域排水河网做出必要的调整,必要时将现有的二级河道改线、拓宽,尽量沿公路布置。通过调整,使排水系统适应城市规划布局,同时优化排水河网布局,满足区域排水要求。

需要调整的区域主要是城市发展较快的地区,如东丽、西青、塘沽区等,这些区域已经提出了城市发展规划,在保证排水安全的前提下,以现有河道为基础,并结合水功能区划要求和污水处理厂布局,统筹规划排水河道线路和进行排水分区调整,使这些排水河道能成为今后建成区的景观水面。

第十九条　排水分区调整

为满足防洪要求,需要对一级河道排水分区做必要调整。中心城市区的城市面积增大,排水径流量加大,需要将原属于海河的排水区域调整到北边的永定新河和南边的独流减河,以减轻海河的防洪压力。

规划对环城四区和滨海新区的部分排水河道采取永久调头和临时调头相结合的治理措施。对调头条件较好的排水小区,采取永久调头措施,今后这部分小区的沥水不再汇入海河;另一部分排水小区,采取临时调头措施,即当排水流量较小时,将水排入其他河道,而当发生较大沥水,排水调头工程规模不能满足调头需要时,这部分排水小区的水仍可以利用现有海河沿岸的排水设施排入海河。

规划根据复核的各条二级河道和排水骨干河道设计规模,对现有骨干排水河道、沟渠进行清淤、扩挖,新开挖部分排水渠道;新建和改造部分排水调头泵站,减少进入海河的涝水,增加排向独流减河、永定新河或入海的水量,减轻海河排水的水量。

第三章　供水体系规划

第二十条　水资源需求分析

根据国家发改委、水利部联合编制的全国水资源综合规划,考虑××市城市发展及滨海新区的定位,到 2012 年,全市生活、生产、生态环境需水量将达到 38.49 亿 m^3,到 2020 年将达到 43.29 亿 m^3。

第二十一条　城市供水工程布局

1. 城市供水系统主要由引滦供水系统、正在实施的南水北调中线供水系统、引黄应急供水系统和未来的南水北调东线供水系统组成,并以地下水、海水、再生水作为补充;

2. 多水源补偿运用方式的建立;

3. 水源的空间配置规划;

4. 输水工程布局。

第二十二条　南水北调中线工程[略]

第二十三条　引黄及南水北调东线工程[略]

第二十四条　地下水水源地供水工程

全市地下水可开采量为 7.34 亿 m^3。大部分供给农业,其中可集中开采供给城市的地下水水源地有 6 处,可开采量 1.36 亿 m^3。

第二十五条　雨洪水利用规划

1. 北水南调东线工程:海河北系的雨洪水资源相对丰富,每年都有洪水入海,雨洪水主要来自潮白新河或蓟运河。保证率 50% 的条件下可从北部地区的潮白新河和蓟运河向南部地区调水 1.24 亿 m^3。

2. 蓄水工程:××市北四河平原区地表水资源调蓄工程较少,新建蓄水工程的目的是增加雨洪水利用。规划建设有大黄堡水库、黄庄洼水库、泗村店水库,可增加供水量 0.88 亿 m^3。

3. 北大港水库分库工程:北大港水库分库治理是南水北调东线工程建设内容之一,即通过建设隔堤把水库分为东、西两部分,其中西库面积约 110 km^2,维持城市备用水源地功能;东库面积约 40 km^2,用于调蓄雨洪水,供城市河湖环境用水。同时规划对独流减河宽河槽进行改造,建设湿地净化处理系统,净化后的水可用于河道景观环境,实现水的循环利用。

第二十六条　非常规水源利用规划

1. 再生水利用:通过污水处理厂和再生水厂建设,可增加供水量 6.7 亿 m³。

2. 海水利用工程:通过建设北疆、大港新泉、临港工业区等海水淡化项目,以及一些海水直接利用项目,可增加供水量 2.1 亿 m³。

第四章　城市水环境体系建设规划

根据××市城市总体规划确定的市域空间布局,水环境规划以中心城区和滨海新区及新城为重点,结合××市河湖水系具体情况,除了对河道本身的治理、加强两岸的绿化等措施外,为了使城市内的水系保持良好状态,水系的联通循环是改善水系环境的重要手段。把性质相同的水系连通起来,实现水源的补给;循环流动可以提高水体自净能力,在水质变差后能及时更换。

中心城市包括中心城区和滨海新区核心区,是××市城市化程度最高、人口最为集中、经济最为发达的地区,该区域内水系密集,基础条件较好。由于特定的社会经济环境,重点对该区域进行水环境规划。

第二十七条　中心城市水系联通循环规划总体布局

中心城市区的环境水系布局,是在全面截污、治污的基础上,通过实施一系列治理工程,构筑一个联通、六个循环体系,改善区域水环境。

第二十八条　区县新城城区水系规划布局[略]

第二十九条　水质保障措施

1. 加大污水处理力度;2. 建立河道水质监测系统;3. 大力推行清洁生产,严格禁止点污染源直接排入河道;4. 加强面源污染管理;5. 提高生态系统的自我修复能力;6. 加强节水型社会建设。

第五章　水系生态规划

第三十条　河流生态修复

1. 蓟运河生态修复[略]

2. 南北运河生态修复[略]

3. 海河生态修复规划[略]

4. 中小河流修复

中小河流包括城市排沥河、排污河、输水河道等。目前,××市中小河流多为人工渠道,水位变幅小,水流缓慢。中小河流是××市河流生态廊道的延展,对全局水系生态系统具有辅助性作用。在对各类河流的功能定位基础上,对中小河流河床、滩地、岸边空间进行生态保护和修复,形成多自然型河流。多自然型河流建设并不是简单地保护河流自然环境,而是在采取必要的防洪抗旱措施的同时,将人类对河流环境的干扰降低到最小、达到与自然共存目的。

5. 输水河道

输水河道以水质保护为主,重点对岸边带进行修复,充分发挥岸边带的屏蔽及过滤作用。岸边带包括岸边区、中心区和外围区三部分。

岸边区:保护河流生态系统的物理和生态完整性,岸边为成熟森林,河流提供树荫,并防止岸坡侵蚀。中心区:从岸边区的边界向外延伸,其功能是在开发区和河流之间保持更大的距离。该区的植被目标是成熟的森林。外围区:是外围缓冲带,从中心区外边界再向增加100 m左右才能建设永久建筑物。

第三十一条　湿地生态修复

湿地的生物多样性丰富,具有得天独厚的生态资源,是候鸟的旅店,重要的生物栖息地。湿地有很强的水体净化能力,称为地球之肾。同时还起到改善周边小气候,增加城市舒适度,美化景观,提高环境质量的功效。

1. 湿地保护:保障湿地的生态需水量,防止湿地规模进一步萎缩退化。控制湿地补水质量,在实现持续的自净化能力的基础上,确保湿地核心区水质在地表水Ⅲ类以上。加强生物多样性的修复,坚决保证湿地核心区的安全,在湿地实验区加强生物多样性修复,改变芦苇为强势、单一水生植物的现状;加强对水生动物、各种留鸟、候鸟栖息环境的保护。

2. 湿地利用:对一般性湿地保护区,强化人与湿地的互动。环绕的湿地群则更多服务于改善自然生境,增加动植物多样性,要注重生态修复技术的运用,改善生态质量。对重点保护的湿地,可以开发以保护为主的湿地培训、教育,如观鸟胜地等。

第三十二条　地下水控制开采规划

为维系经济社会快速发展,××市自20世纪60年代以来开始过量开采地下水,目前已形成了大面积的地下水超采区。在地下水超采区,地下水水位持续下降,形成大面积的沉降漏斗区,面积达8 000余 km^2,地面沉降已成为××市的主要地质灾害,在某种程度上制约着城市的持续发展。

近期目标是在南水北调中线工程通水前,以控制地下水开采量不增加,遏制生态环境恶化趋势为主要目标。通过节水、污水处理回用、海(咸)水利用、水资源优化配置、加强水资源管理、调整产业结构等措施,逐步控制地下水开采量不再增加,基本维持在2003年的地下水的开采水平,控制不发生新的超采区,控制现有的超采范围与程度不再扩大。

远期目标为南水北调工程通水后,随着南水北调配套工程逐步完善和供水量的增加、节水治污水平的提高和水资源的优化配置等,压缩地下水开采量,超采区地下水实现采补平衡,地下水资源储备和抗旱能力明显提高,逐步恢复生态环境的健康和地下水系统的良性循环。

考虑到农村经济结构的调整、城镇化建设进程,农村农业人口将进一步减少,农村生活用水量将在现在用水量水平的基础上进一步减少,经计算在远期保留6 000万 m^3 的深层地下水开采量以保证农村基本生活用水。

第六章　水文化规划

××市河湖水系众多,城市发展演变与水息息相关。人类生活生产方式、城市构架与水有着密不可分的联系,长久以来集聚了浓郁的水文化底蕴和内涵。

第三十三条　××市水文化的保护

1. 海河沿线

××城市的诞生与海河漕运史有关,而且根据××市城市总体规划,海河未来仍然是××城市发展的主轴线,其两岸承担着××经济、文化中心的重要任务,同时也是××市形象的展示舞台,是市民和外来人员了解××古老历史文化的重要途径,因此海河犹如介绍和展现××城市历史的教科书,是××诞生发展演变的见证。因此,海河是水文化建设与保护的重要对象。

2. 运河沿线[略]

3. 蓟运河沿线[略]

第三十四条　航运与旅游

1. 结合城市建设及河道沿线历史文脉、自然条件,初步规划三条旅游通航线路:

(1)子牙河—海河航线(西河闸~塘沽段)

可通行大型机动游船。通航规划在二道闸附近,原海河截弯取直所形成的海河故道上新建船闸,实现从三岔口至塘沽可通行大型机动游船。

(2)南运河航线(三岔口~杨柳青段)

南运河是历史悠久的京杭大运河的一部分,且此段河道连接××中心市区和历史名镇杨柳青,是一条极具历史文化内涵的旅游线路。规划自三岔口~杨柳青石家大院段实现旅游通航,通行小型游艇。

(3)新开河—金钟河航线(耳闸~东丽湖)

西起耳闸,东至东丽湖,新开河~金钟河治理后,可具备由海河耳闸沿新开河~金钟河、新地河直达东丽湖的通航条件。新开河~金钟河水面宽阔,游船可从中心城区直达东丽湖,是开展水上旅游观光、休闲度假活动的理想线路。

2. 湿地旅游资源:各主要湿地、水库构成的水文化展现节点。对七里海、大黄堡、北大港、团泊洼等湿地,主要展示其形成历史及其演变。建设科普园,教育人们认识湿地对人类的重要性和维持自然生态平衡的关键性。

第七章　岸线控制规划及水系功能定位

结合××市城市发展规划确定的城市功能定位、城市未来发展的人口规模及未来城市各个功能分区的定位,本着与城市总体规划相衔接的原则,结合规划范围内城市水系在城市中的位置及其自身和周边地区的景观资源条件,分别确定水体的功能。

水系功能定位主要从水功能区划要求、水系基本功能(防洪、排水、供水等)要求、水质及水源控制要求、岸线空间控制要求等方面规划。

第三十五条　××市水功能区划

水功能区划以水系为单元,针对水量与水质,通过水功能区划在宏观上对流域水资源的利用状况进行总体控制,合理解决有关用水的需求和矛盾。

水功能区划采用两级体系,一级区划是宏观上解决水资源开发利用与保护的问题,主要协调区域间用水关系,长远上考虑可持续发展的需求,一级功能区分四类:包括保护区、保留区、开发利用区、缓冲区。二级区划主要协调用水部门之间的关系,二级功能区划分是在一级功能区所划的开发利用区内进行,分七类:包括饮用水源区、工业用水区、农业用水区、渔业用水区、景观娱乐用水区、过渡区、排污控制区。

第三十六条　水源控制规划

严格执行《海河流域××市水功能区划》,要求再生水成独立循环系统,不能进入饮用水河道、水库。

第三十七条 岸线控制规划

1. 蓝线控制要求

蓝线控制要求应符合《××市规划控制线管理规定》(××市人民政府令第 17 号)。本规定所称蓝线,是指城乡规划确定的河、湖、库、渠和湿地等地表水体保护和控制的界线。一级行洪河道主要用来通过洪水,根据相关防洪规划,其功能明确,河道蓝线按照河道设计洪水位对应堤防的外堤脚控制。

排水河道主要用来排水,分有堤防和无堤防两种情况。有堤防的河道,河道蓝线按照河道设计洪水位对应堤防的外堤脚控制。无堤防的河道,河道蓝线按照河道设计洪水位加超高后对应的上口宽控制。

城市供水系统按照其管理范围确定。大中型水库按照水库管理范围确定。蓄滞洪区不控制。湿地按照湿地保护区要求控制。进行水体整治、修建控制引导水体流向的保护堤岸等工程,应当符合蓝线要求。蓝线范围内禁止进行下列活动:①违反蓝线保护和控制要求进行建设;②擅自填埋、占用蓝线内水域;③影响水系安全的挖沙、取土;④擅自建设各类排污设施;⑤其他对水系保护构成破坏的活动。

2. 绿线控制要求

根据《××市城市规划管理技术规定》(××市人民政府令第 16 号),沿河道有现状或者规划道路的,从河堤外坡脚或者护岸或者天然河岸起到道路红线之间作为绿带;沿河道没有现状或者规划道路的,以河道控制线为基线参照滨河道路绿化控制线要求预留绿化宽度。一级河道绿带不小于 25 m,二级河道绿带不小于 15 m。

(1)城市段

分为综合型、居住型和工业型岸线。设施为广场、城市公园等。地处城市核心区域,沿河道路两侧聚集高密度公建,河道景观具有较大亲水空间,避免单调的河岸景观;考虑通航的岸线景观;较大尺度的亲水平台;增强河道与周边用地的景观结合。堤岸设计要求尊重现有堤岸形式,刚性护坡为主,护坡结合亲水平台设计。在满足防洪要求下,降低堤顶高度,增强河道与城市的联系。

居住型岸线设施为绿地公园、休闲座椅、垃圾桶、长廊,以亲水景观为主,堤岸设计尊重现有堤岸形式,采用柔性护坡为主,护坡结合多种植被。在满足防洪要求下,降低堤顶高度,增强河道与居住区的联系。

工业型岸线设施为林地公园,以自然景观为主,体现自然的生态景观,较少使用人工景观。堤岸设计尊重现有堤岸形式,以柔性护坡为主,采取较宽的绿带,多种植被,保持生物多样性,形成生态效益的良性循环。

(2)城郊过渡段

该段河流处在城市建成区边缘,是分隔建成区与郊区的边界,河道一侧为城市建筑,另一侧反映生态护岸。城市建设区一侧的景观效果要较好,视野开阔。河道护坡种类不一,刚性护岸与柔性界面混合设置,景观亲水性体现不仅有硬性界面的亲水设施布置,而且有软性草坡。堤岸设计要求:城区侧主要考虑景观功能,增强居民的进入性与参与性;郊区侧考虑防洪要求,增强功能性。

(3)郊区原生段

该段河道处在市域郊区,大部分为原始河道,河道两侧绿化丰富,多未经人工修整,河道景观反映野生趣味。可采取刚性护坡与柔性护坡混合使用,满足防洪要求,增强安全性。河道两侧绿化范围内设计步行道,使原生河面转换成亲水河面。堤岸设计重点是满足防洪要求,避免不安全性设计。

第三十八条 水系功能定位

1. 一级行洪河道除了行洪功能,还有排涝、景观、生态等多种功能,一般根据需要,将河道划分为若干段。

2. 二级排水河道主要确定其排水流量、河道宽度,主导功能、水质控制标准等。

3. 大中型水库按其现有及规划划定的使用功能确定。

4. 蓄滞洪区功能按照蓄滞洪区有关规划来确定。

5. 其他主要水面的功能是结合其使用功能来确定。

6. 城市供水系统是独立的系统,其水质标准按照饮用水源标准确定。

第八章 水系管理规划

管理是规划中重要组成部分。通过建立有效的管理机制,明确界定水系的管理范围与保护范围,是发挥水系的各项功能的根本保障。

第三十九条 管理范围与保护范围

1. 管理范围是为保证工程安全和正常运用管理所必需适当扩大的范围,它包括工程本身的覆盖范围和运行、管理所需的设施占地。管理范围内需要永久占地征用的,在工程建设前期,它必须通过必要的审批手续和法律程序,实行划界确权,明确管理单位的土地使用权。

2. 保护范围是为保证工程安全,在工程管理范围以外划定的一定宽度,在此范围内,其土地产权性质不变,仍允许原有业主从事正常的生产建设活动,但必须限制或禁止在此范围内新建污染环境的设施和进行危害建筑物运行安全(含采砂、挖洞、建窑、打井、爆破等)的活动。

3. 河道管理范围与保护范围

根据《中华人民共和国水法》和《××市河道管理条例》,在河道管理范围内,水域和土地的利用必须符合河道行洪、排沥、输水、蓄水和航运的要求。

在河道管理范围内新建、扩建、改建建设项目,修建开发水利、防治水害、整治河道等工程,修建跨河、穿河、穿堤、临河的桥梁、码头、道路、渡口、管道、取水口、排污口、缆线等建筑物和设施,建设单位必须按照河道管理权限,将工程建设方案报河道行政主管部门审查同意,方可按照建设程序履行审批手续。不得在河道管理范围内建设影响河道功能正常发挥和防洪安全的项目。

(1)河道管理范围

为两岸堤防之间的水域、沙洲、滩地(包括可耕地)、行洪区、两岸堤防护岸、护堤地及河道入海口。

(2)河道的保护范围

护堤地以外15~20 m,市区和塘沽区、汉沽区城区内的行洪河道,区县管河道不设保护范围。

4. 河口管理范围与保护范围

河道入海口的管理范围,纵向由挡潮闸起,无挡潮闸的由河道入海口的海岸线起,向海侧延伸至拦门沙的外缘；横向由河道入海口的中心线起，向两侧各延伸1 500 m至4 000 m。

5. 供水线路的管理范围

(1)引滦供水线路的管理范围与保护范围

(a)管理范围　暗渠渠道为两侧各17 m范围；检修闸、节制闸、调节池、出口闸为周围50 m范围；微波通讯天线及各类天线为周围50 m范围；光缆为两侧10 m范围；永久性办公及办公区围墙范围；前池为外边缘30 m范围。

(b)保护范围　在工程管理范围以外设置保护区，保护区范围内禁止取土、乱伐林木，建造其他建筑物或构筑物等危害工程安全的活动。暗渠两侧10 m；闸及池50 m；各类天线50 m。

(2)南水北调的供水线路的管理范围

① ××干线

(a)管理范围　根据南水北调中线干线工程建设管理局的规定的原则，确定××干线建筑物的管理范围。保水堰、王庆坨连接井、子牙河北分流井、外环河出口闸距构筑物轮廓线外19 m，倒虹吸、通气孔距构筑物轮廓线外5 m，距构筑物轮廓线外19 m。对外交通道路管理范围××市段宽度为6 m，工程标识管理范围为其地面下基础平面投影范围。

(b)保护范围　无压段明渠为管理范围以外50 m；输水箱涵为箱涵顶部区域及两侧各50 m；控制性枢纽为管理范围以外50 m；通讯光缆、供电缆线的保护范围为埋设线路路由两侧各5 m。

② ××市内配套工程

(a)管理范围　南水北调××市内配套工程为全暗涵输水，管线部分不做永久征地，因此其管理范围为泵站、分水口等地面建筑物征地范围。实际数量以最终批复为准。

(b)保护范围　泵站自工程管理范围向外50 m；分水口自工程管理范围向外20 m；输水管线为管线顶部区域及两侧各20 m。

第四十条　管理机构及机制

为保证水系规划的实施，需要在有关法规的指导下，制定城市水系管理的法规体系框架，主要包括：

1. 设置统一协调的管理机构

××水系管理以水行政主管部门为龙头，按河系管理，河系管理部门负责河道的防洪、供水、水环境等全面管理。

2. 建立健全河流管理机制

除了现有的河道管理制度，要开展以"配水、截污、自然化、保洁"为重点的河道综合整治工作，充分体现"人与自然和谐相处"的治水理念，努力保护和修复河流生态系统。按照"长效管理、分级负责"的原则和"综合治理、长效管理、建管并重"的思路，建立健全河道保洁长效管理机制，巩固××城市生态水系建设成果。

参 考 文 献

[1] 中华人民共和国水利行业标准《城市水系规划导则》(SL 431—2008)

[2] 中华人民共和国国家标准《城市水系规划规范》(GB50513—2009)

[3] 叶炜. 中国传统城市水系的保护与利用[D]. 北京:清华大学,2005.

[4] 毕春伟. 水域保护规划方法研究[D]. 重庆:西南大学,2011.

[5] 陈林. 城市水系生态功能保护与恢复的空间对策[D]. 成都:西南交通大学,2006.

[6] 王金亭. 城市防洪[M]. 郑州:黄河水利出版社,2008.

[7] 任树梅. 工程水文与水利计算[M]. 北京:中国农业出版社,2005.

[8] 张建国. 工程地质与水文地质[M]. 北京:中国水利水电出版社,2009.

[9] 王丽达. 社区参与湖泊保护理论与实践[M]. 昆明:云南科技出版社,2009.

[10] 郝朝德. 对城市水利的认识和思考[J]. 中国水利,2001,(3).

[11] 李国英. 维持河流健康生命[J]. 中国水利,2005,(21).

[12] 刘昌明,刘晓燕. 河流健康理论初探[J]. 地理学报,2008,(7).

[13] 赵彦伟,杨志峰. 城市河流生态系统健康评价初探[J]. 水科学进展,2005,(5).

[14] 李德华. 城市规划原理(第三版)[M]. 北京:中国建筑工业出版社,2001.

[15] 朱党生,王超,陈小兵. 水资源保护规划理论及技术[M]. 北京:中国水利水电出版社,2001.

[16] 韩群. 城市水资源规划[M]. 北京:中国建筑工业出版社,1992.

[17] 刘善建. 水的开发与利用[M]. 北京:中国水利水电出版社,2000.

[18] 林洪孝. 水资源管理与实践(第二版)[M]. 北京:中国水利水电出版社,2012.

[19] 林洪孝. 城市水务系统与管理[M]. 北京:中国水利水电出版社,2009.

[20] 何冰,王延荣,等. 城市生态水利规划[M]. 郑州:黄河水利出版社,2006.

[21] 杨士弘. 城市生态环境学(第二版)[M]. 北京:科学出版社,2003.

[22] 常福田. 航道整治[M]. 北京:人民交通出版社,1995.

[23] 洪承礼. 港口规划与布置(第二版)[M]. 北京:人民交通出版社,1999.

[24] 尹安石. 现代城市景观设计[M]. 北京:中国林业出版社,2006.

[25] 郭红雨. 城市滨水景观设计研究[J]. 华中建筑,1998,(3).

[26] 王超,陈卫. 城市河湖水生态与水环境. 北京:中国建筑工业出版社,2010.

[27] 黄民生,陈振楼. 城市内河污染治理与生态修复—理论、方法与实践. 北京:科学出版社,2010.

[28] 汪霞. 城市理水:水域空间景观规划与建设. 郑州:郑州大学出版社,2009.

[29] 陈六汀. 滨水景观设计概论. 武汉:华中科技大学出版社,2012.

[30] 杨春侠. 城市跨河形态与设计. 南京:东南大学出版社,2006.

[31] 陈鸿汉,刘俊,高茂生. 城市人工水体水文效应与防灾减灾. 北京:科学出版社,2008.

[32] 董增川,胡文杰,梁忠民. 城市人工水体综合效应与调控. 北京:科学出版社,2008.

[33] 张丙印,倪广恒. 城市水环境工程. 北京:清华大学出版社,2005.

[34] 刘延恺. 城市水环境与生态建设. 北京:中国水利水电出版社,2009.

[35] 刘满平. 水资源利用与水环境保护工程. 北京:中国建材工业出版社,2005.

[36] 贺新春,郑江丽,邵东国. 城市适宜水域面积计算模型与方法研究. 水利水电技术. 2009.40(2):13~16.

[37] 王超,朱党生,程晓冰. 地表水功能区划分系统的研究. 河海大学学报(自然科学版). 2002.30(5):7~11.

[38] 郭怀成,王金凤,刘永,毛国柱,王真. 城市水系功能治理方法与应用. 地理研究. 2006.25(4):596—605

[39] 尚金城. 城市环境规划. 北京:高等教育出版社,2008.